U0207281

# 矿井地震勘探

朱国维　彭苏萍　著

科学出版社

北京

## 内 容 简 介

本书重点针对煤矿矿井越来越复杂的矿井地质保障技术，依据矿井地震勘探技术原理，开展煤岩声波速度测试、相似物理模型实验等基础地球物理工作，模拟分析典型隐蔽致灾地质因素地震波场激励与传播特征，设计井巷局限空间典型地震观测系统，利用高性能元器件与先进电子技术研发出本安型矿井三分量地震数据采集系统，并开展巷道超前探测全空间弹性波逆时偏移成像技术研究，开发矿井地震探测数据处理与可视化成像软件系统。研究的装备技术成果在煤矿井下进行广泛的试验与应用，初步形成一套适用于矿井工作面地质条件的地震探测装备技术体系。

本书以理论研究为基础，特别注重矿井生产实践应用。适用于从事矿井地球物理探测工作的科研、生产与服务等单位技术人员，亦可用做矿山地质、地球物理相关专业的研究生的参阅材料。

**图书在版编目（CIP）数据**

矿井地震勘探／朱国维，彭苏萍著．—北京：科学出版社，2020.9
ISBN 978-7-03-065828-9

Ⅰ．①矿… Ⅱ．①朱… ②彭… Ⅲ．①矿井 地震勘探–研究 Ⅳ．①P631.4

中国版本图书馆 CIP 数据核字（2020）第 150701 号

责任编辑：焦 健 姜德君 韩 鹏／责任校对：王 瑞
责任印制：吴兆东／封面设计：北京图阅盛世

科学出版社 出版
北京东黄城根北街 16 号
邮政编码：100717
http://www.sciencep.com

北京建宏印刷有限公司 印刷
科学出版社发行 各地新华书店经销

\*

2020 年 9 月第 一 版 开本：787×1092 1/16
2020 年 9 月第一次印刷 印张：18 1/4
字数：430 000
**定价：248.00 元**
（如有印装质量问题，我社负责调换）

# 前　　言

随着我国煤矿开发程度与开采深度的不断加大，矿井地质条件变得越来越复杂，现代煤矿安全生产要求更为精细地查明各种隐蔽致灾地质因素的分布，为煤矿安全高效生产提供保障，矿井地震探测作为矿井物探技术的常用方法之一，其对地质构造探测的精细程度仍然难以满足煤矿生产对地质条件勘探的要求，需要开展矿井地震探测装备及探测技术的研究，以满足煤矿现代化开采的需求。目前，针对矿井地震探测技术，众多矿井物探工作者开展了大量研究，取得了一些成果与认识，总的来说，目前矿井地震探测技术方法研究得还不够深入，系统研究工作及其文献总结薄弱。

本书笔者具有长期开展矿井地球物理探测装备技术的研究经验，针对不同矿井地质探测任务，研究开发了适用于矿井的地震探测设备。从 20 世纪 90 年代开始，笔者参与完成了"KDY-1 矿井地震仪"的研究，近年来，负责完成多项国家专项项目，如国家重点研发计划项目"煤矿隐蔽致灾地质因素动态智能探测技术研究"，国家自然科学基金仪器研究专项"新型分布式矿井三分量地震仪的研究与开发"，973 计划课题"深部矿井工作面地质条件精细探测"；国家科技支撑计划课题"井下地震勘探技术试验研究"等。同时，参加完成了国家科技支撑计划课题"复杂条件大型煤炭基地快速精细勘查技术"、国家大型企业重点项目"神华煤炭资源回采率提升关键技术及工程示范""矿井地震与地质雷达探测装备技术研究"等。研究成果"矿井（隧道）复杂地质构造探测装备与方法研究"获国家技术发明奖二等奖，"KDY-1 矿井地震仪、GJY-1 工程检测仪的研究"获国家科技进步奖二等奖。矿井地震探测装备技术的研究是在彭苏萍院士的领导下进行的，彭院士在煤炭地球物理勘探方面做出了整体规划，矿井物探是其中主要部分，包括矿井地震与地质雷达探测。在矿井地震仪及其关键技术研究上，彭院士身体力行，参与和指导了整个研究过程，书中的认识或成果都是在彭院士的指导下取得的。

本书以地球物理勘探的地震勘探原理为基础，结合矿井地震探测的特殊地质任务，开展了煤岩声波测试、相似物理模型实验等基础地球物理工作，并进行了典型矿井工作面地震观测系统设计，分析井巷全空间地震波场激励与传播特征、巷道超前探测逆时偏移成像技术，利用高性能元器件与先进电子技术研究出本安型矿井多波地震仪，开发矿井地震探测数据处理与可视化成像软件系统，研究成果在煤矿井下进行观测系统试验与应用，初步形成一套适用于矿井工作面地质条件地震探测技术体系。本书适用于从事矿井地球物理探测工作的科研、生产与服务单位技术人员，亦可用于矿山地质、地球物理相关专业的研究生参阅。

书中内容引用了王怀秀博士、韩堂惠博士、戴世鑫博士、狄帮让博士、程壮硕士、郭珍硕士、万雪林硕士等的学位论文的部分素材，周俊杰、朱晨阳、姚江凯、刘家豪、田正军、陈波、呼邦兵等在图件清绘、文字校对方面进行了大量工作，矿井多波地震仪研发初期得到苏红旗副教授、马小龙副教授的技术指导，在此一并表示衷心感谢！

　　本书部分章节是以相关研究生的毕业论文为基础编撰而成,其中:第 2、第 6 章主要摘取王怀秀博士的博士学位论文,第 3 章前两节主要取自郭珍的硕士学位论文,第 4 章主要取自韩堂惠与戴世鑫的博士学位论文,还包含了狄帮让的博士学位论文的部分内容,第 5、第 8 章主要摘自程壮的硕士学位论文,第 9 章主要取自万雪林的硕士学位论文。

　　本书的出版得到了国家重点研发计划课题"地质异常煤岩物性参数的地球物理响应规律"(编号:2018YFC0807801)、"隐蔽致灾体多方法综合探测智能识别及工程示范"(编号:2018YFC0807806)以及中国矿业大学(北京)"越崎杰出学者"资助计划和研究生教材出版基金资助,在此表示衷心感谢!

　　本书内容主要为研究团队在矿井地震探测装备技术方面部分研究工作成果的集成,由于矿井地震勘探的特殊性与复杂性,其在方法原理和装备技术等方面的研究深度远远不够,同时,在内容选材、结构与技术方法等方面必定存在许多不妥之处,真诚地希望业界同人批评指正,给予指导。

作　者

2019 年 10 月

# 目　　录

# 1 绪 论

煤炭是我国主要的能源,煤矿能否安全生产直接影响国民经济的发展。在煤矿的采掘过程中,小断层、小褶曲、采空区、陷落柱、煤层变薄带、冲刷与风化带、火成岩侵入体、顶底板岩性变化带、地应力分布、瓦斯富集带、裂隙发育带等地质现象对巷道的科学布置及采掘工作会产生重大影响。国内外有许多矿井常常由于不能准确预测巷道掘进前方与回采工作面内地质异常的性质、位置和规模大小,造成人员伤亡事故和巨大经济损失。我国煤矿地质构造相对比较复杂,而且随着现代化矿井综合机械化采煤的普及应用,对矿井地质小构造的预测工作日趋迫切,同时也提出了更高的要求。因此,及时而准确地查明采煤工作面内的地质构造、地质异常以及瓦斯富集区域,对于采掘工作面的合理布置,提高煤炭生产的经济效益和保障煤矿安全生产有十分重要的意义,已成为煤炭工业安全生产中急需解决的首要地质问题之一。

地震勘探是煤炭资源探查与煤矿采区精细勘探中最为重要的地球物理方法之一。近年来,国内外开展的煤矿采区高分辨率三维地震勘探技术有了较大的进展,用三维地震方法解决煤矿生产中地质问题的能力取得较大的突破和进步。在地震地质条件较好的地区能获得高质量的勘探成果,可以查明落差 5~10m 量级的断层,但更小规模的断层被遗漏的可能性较大,而对查明岩性变化带、裂隙发育带、瓦斯富集带和地应力分布等与岩石物理性质有关的地质任务则显得力不从心。近 20 年来,国内外的专家和学者就小构造、裂隙、多相介质、深部构造、复杂构造等问题(勘探界尚未很好解决的勘探问题)开展了高密度(多波多分量)地震勘探的研究与攻关,最近几年,高密度三维地震方法开始在煤矿采区勘探中试验并取得了积极的成果。

将地面地震勘探技术成果引入矿井地震勘探之中,针对不同矿井地质任务利用多种地震波进行敏感性探测是矿井高精度地震勘探的发展趋势和方向。在井下进行近源矿井物探,不受松散覆盖层的影响,可以实现井下高频地震数据采集,为进一步提高煤矿采区勘探的精度,要求地震勘探技术达到高信噪比、高分辨率,不仅能解决诸如断层、陷落柱、褶曲等地质构造问题,还可以解决探测煤层顶底板岩性、水文地质等问题。但由于井下极其狭窄的作业空间,难以和地面施工一样布置常规观测系统,只能利用有限的井下空间,灵活设计观测系统进行观测,所以,针对不同地质任务,需要开展局限空间下地震波场理论与观测方法的研究,形成相应的探测装备技术,借以提高探测分辨率和可靠性。

## 1.1 国内外地震勘探技术发展与现状

随着现代社会经济的快速发展,地震勘探技术得到越来越广泛的应用,为使地震勘探更好地满足资源勘探与矿井工程对地下地质条件精细探测的要求,地震数据采集从二维发展到三维,又由三维单分量勘探发展到三维三分量勘探,多波多分量地震勘探是近几年新近发展起来的地震勘探新技术。目前，地球物理学家正试图利用多波多分量地震采集实现高分辨率多属性反演的目的（石建新等，2006）。

## 1.1.1　国内外地面地震勘探技术发展概况

地震勘探始于 19 世纪中叶。1845 年，R. 马利特曾用人工激发的地震波来测量弹性波在地壳中的传播速度，这可以说是地震勘探方法的萌芽。在第一次世界大战期间，交战双方都曾利用重炮后坐力产生的地震波来确定对方的炮位。

反射法地震勘探最早起源于 1913 年前后 R. 费森登的工作，但当时的技术尚未达到能够实际应用的水平。1921 年，J. C. 卡彻将反射法地震勘探投入实际应用，在美国俄克拉荷马州首次记录到人工地震产生的清晰反射波。1930 年，通过反射法地震勘探工作，在该地区发现了 3 个油田。从此，反射法地震勘探进入工业应用阶段。

折射法地震勘探始于 20 世纪早期德国 L. 明特罗普的工作，20 世纪 20 年代，在墨西哥湾沿岸地区，其利用折射法地震勘探发现很多盐丘。30 年代末，苏联 Г. А. 甘布尔采夫等吸收了反射法的记录技术，对折射法作了相应的改进。早期的折射法只能记录最先到达的折射波，改进后的折射法还可以记录后到达的各个折射波，并可更细致地研究波形特征。50~60 年代，反射法的光点照相记录方式被模拟磁带记录方式所代替，从而可选用不同因素进行多次回放，提高了记录质量。70 年代，模拟磁带记录又为数字磁带记录所取代，形成了以高速数字计算机为基础的数字记录、多次覆盖技术、地震数据处理技术相互结合的完整技术系统，大大提高了记录精度和解决地质问题的能力。

1951 年我国开始进行地震勘探，并将其应用于石油和天然气资源勘查、煤田勘查、工程地质勘查及某些金属矿的勘查。作为当前全球石油、天然气、煤炭等地下天然矿产的主要勘探技术之一的三维地震技术，是在二维地震技术的基础上发展起来的，是地球物理勘探中最重要的方法，发达国家于 20 世纪 70 年代开始使用三维地震技术。

为了更好地解决资源勘探中的精细勘探方法，地震勘探技术逐步向多波多分量、高密度三维地震勘探方面发展。利用多波多分量三维地震勘探可以解决储层各向异性裂隙分布问题，利用高密度三维三分量地震勘探可以解决高分辨煤田精细地质构造分布问题。

## 1.1.2　地震仪器研究现状与发展趋势

地震勘探仪器、设备是随现代电子技术与计算机技术的发展而更新换代，按其装备结构总体分为两种，即集中式和分布式。受地震仪器的结构与性能方面限制，现有地震勘探仪器难以满足矿井多波多分量地震勘探的要求，主要表现在以下几个方面（韩堂惠，2008）：

（1）现用于煤矿井下勘探的地震仪器多为集中式，如矿井地震仪器、面波勘探仪器等，该类型设备的地震信号拾取和传输方式均为单分量、模拟信号传输，性能上主要存在的不足之处为：一般道数有限，且道数固定，如 6、12、24 道等，道数可选择性差，同时，设备动态范围普遍较小，抗干扰能力弱。

（2）遥测地震仪虽然具有道数多、分布式控制等特点，但现有的遥测地震仪器主要是针对地面大规模深层勘探而设计的，无论采样率还是便携性均不适用于煤矿井下勘探，且均不具有防爆功能，目前不能用于井下工作。

（3）结构上，遥测地震仪仍存在不足，在检波器和采集电路之间仍保留着一定距离的模拟传输线。现有的地面遥测地震仪的共同点是片面追求电气性能的高指标，而没有注重系统的整体性能，对于检波器的离散性和作为检波器通道信号传输的电缆长度变化很少关注。

目前，由于地震勘探常用的地震检波器的技术性能和指标相对于地震仪器本身存在过大的差距（王怀秀，2004；李宇志等，2006），所以，检波器被视为地震勘探的瓶颈；同时，检波器与采集电路之间的远近不同，使得连接检波器与采集电路的模拟电缆长度不等，这样会在传输过程中引起干扰，还会由于各道电阻不同而造成各道灵敏度不同，同时由于输入电容不同而引起可变的信号发生畸变。因此，要想改变地震勘探系统的现状，提高所采集地震信号的信噪比与分辨率，实现地震数据采集系统的全数字化是最佳途径。鉴于此，国外大的地球物理公司于 20 世纪末，投入巨资开展数字地震检波器及其装备系统的研究，以美国 I/O 公司和法国 Sercel 公司为代表，分别采用微机械电子加工技术研制出数字检波器，并推出适用于地面三维地震勘探的全数字遥测地震仪系统（Mougenot，2004；张丙和等，2005）。虽然这些系统实现了地震数据采集的全数字化，但它们仍然是在原遥测地震仪的基础上形成的，系统中包括较为庞大的中央控制系统、数字地震检波器、数据站或记录站、电源站、交叉站及其他外围设备，只适用于地面大规模二维、三维地震勘探。相对于国外的研究，国内在大型地震勘探仪器的研制方面相对落后，仅有有限的几家较大的地震仪器厂商，如西安石油勘探仪器有限公司和中国石油天然气集团公司物探局仪器总厂，主要进行引进国外设备试制超级检波器系列和遥测地震仪。

由于煤矿井下或工程现场环境条件恶劣，作业空间有限，因此，用于煤矿井下的地震勘探仪器其性能指标、功能结构要求与地面使用的常规仪器有诸多不同，就现状而言，矿井地震勘探的技术与装备发展更为落后，无法满足井下强干扰环境下高信噪比信号的采集，从而影响了勘探的分辨率与可靠性，同时也满足不了地震勘探新技术在矿井建设中的应用要求（王怀秀等，2003a）。随着我国经济建设的快速发展，能源开采与建筑工程等行业要求了解和掌握的地下地质条件越来越精细，所以对地震勘探技术手段提出了更高的精度要求。矿井开采不仅要求要探明地质体的空间位置和大小，而且要求弄清诸如不良地质体的物性变异状况、岩层岩性与裂隙发育状况及岩石承压、含水、含气三相介质变异的地球物理响应等与矿井采掘设计和安全生产直接相关的地质要素，现代大型矿井一井一面的作业组织方式，还要求在快速掘进（日掘进 40 多米）中进行大跨度、快速超前地质预报，目前已有的矿井物探装备如瑞利波、地质雷达、直流电法等传统超前地质预报技术只能达到 30~50m，无法满足此作业超前预报的要求。

因此，只有采用高分辨率地震勘探新技术、充分利用多分量地震全波场信息，根据多种地震波在介质体中传播的不同响应特性，进行综合分析才有可能解决上述精细、多参数、远距离探测问题，即实行井下近源、高分辨率多波多分量地震勘探。国内外目前尚没有可用于井下进行多波多分量勘探的专用装备，这势必要求我们利用先进的电子技术与通信技术，引入地震仪器设计的新理念，结合井下地震地质条件与精细勘探要求，采用低功耗、本安型设计，来研究开发新一代高性能矿井多分量地震数据采集装备及其成套技术（朱国维，2003）。

# 1.1.3  岩石声波速度测试与物理模型技术研究现状

1）岩石声波测试技术的研究现状

声波测试技术是近三十年来发展起来的一种新技术，目前主要是通过测定声波穿透岩、土体后的声波速度等参数，来了解岩土体的物理力学特性及结构特征。与静力学方法相比，声波测试技术具有无损、简便、快捷、可靠及经济的特点，因而，这种测试技术已得到国内外岩土工程界的广泛重视，目前较成功地用于岩土体动力弹性参数测试、简单岩体结构模型测试等方面。由声波测试参数获得岩体动力弹性参数与静力弹性参数之间的关系，国内外学者进行过大量的实验对比研究，取得了丰硕的成果和认识，并越来越被其他相关学科研究者重视与利用。

地震波传播速度是地震勘探的一个重要参数，地震勘探能否实现高分辨率精细勘探的目的，与高精度速度能否获取有直接关系。地震波速度的获取常通过地质钻孔测井曲线约束，结合速度分析取得速度值，但对于薄层复杂结构物性层却难以获得较为精确的岩层波速。地震波是声波范围内的一种，其波动特性与超声波基本相同，可以用声波测试获取准确波速值，用于地震数据的处理与解释之中。自 20 世纪 80 年代以来，不少煤田地质学者开展了煤系地层岩石声波速度测试与研究工作，张慎河及其合作者（张慎河，2004；张慎河等，2006）对淮南矿区顾桥矿典型煤系岩石样品进行了声波速度测试与统计分析，并对裂隙岩体声波速度特性进行了测试研究，根据测试成果数据设计不同顶底板结构煤层模型，开展采动岩体地质场与声波速度场测试分析，得出采动岩体声波速度变化规律，为声波测试技术在采动岩体稳定性评价等方面的应用提供了可参考的理论依据。孟召平等（2006b，2006c）测试研究了煤系岩石物理力学参数与声波速度之间的关系，获得了一些成果认识。彭苏萍等（2004）对淮南煤田含煤地层中各类岩石的密度以及纵、横波速度等物性参数进行了系统研究，并获得它们的密实度与纵波速度相关关系经验公式。董守华（2004）通过对煤层及顶底板岩石进行纵横波速度测试，讨论了煤层顶底板反射系数与入射角的关系。从总体上来看，声波测试技术在煤田地震勘探上的应用还处于起步阶段，滞后于油田勘探中应用较为广泛的其他研究，如应用声波参数进行岩石（体）结构性态研究以及开展物理模型声波测试研究。

2）物理模型技术的研究历程与现状

地震物理模型实验作为地震勘探领域的一项基础性研究工作，早在 20 世纪 20 年代就为人们所认识，当时英国地球物理学家 Bullard 曾提出用超声波模拟地震波，在小尺度的模型上研究地震学问题的设想。由于受技术条件的限制，没能取得实质性的成果。1936 年，Rieber 利用电火花震源拍摄了空气中波前通过曲面和尖形边界时 P 波的反射和绕射图像。1939 年，Schimidt 发表了一篇文章，对半透明的层状模型，用暗线摄像技术记录了界面上反射波的反射、折射和绕射波波前。他第一个验证了波由低速介质入射到高速介质时所产生的折射波曲面波前。这种波在 Schimidt 发表文章之前，一直没有为人们直观认识到。

到了 20 世纪 50 年代，无线电技术和压电陶瓷普遍应用于工业生产，超声波技术也有了很大的提高，地震模型实验系统开始逐步建立起来。美国和苏联等国家的地球物理学家先后用超声波成功地进行了地震模型实验。1954 年，美国地球物理学家 Olive 等利用 Love 的平面应力理论对二维地震模型理论做了较完善的论述，指出许多地球内部轴对称问题可以简单化在一个薄板模型上进行研究。60 年代到 70 年代初，地震物理模型实验取得了很快的进展。1966 年和 1972 年各国地球物理学家两次在捷克斯洛伐克召开模型地震学的专题学术讨论会。这一时期的工作主要集中在地震波在各种地质构造中传播的运动学和动力学特征的研究上。

20 世纪 70 年代以后，随着科学技术的迅速发展，物理模型技术也有了很大的提高。特别是计算机技术的飞速发展使得物理模型技术得以与计算机技术紧密相连，实现了记录数据数字化，得到了与野外地震生产一样的数字记录，使模型实验与实际生产紧密地联系在一起，地震物理模型实验也就从一般的室内理论研究发展到直接为野外生产服务。另外随着人们对能源的不断需求，这一时期的地震模型实验在勘探地球物理领域取得了很大的进展，利用三维模型实验模拟野外三维地震工作，为三维成像提供了有价值的认识。

20 世纪 70 年代末，由 32 家公司或赞助商出资，美国休斯敦大学地震声学实验室建立了一套高精度的大型水槽物理模型自动采集系统，从事地震物理模型的实验研究工作。1985 年美国埃克森美孚石油公司建立了固体地震物理模型观测系统，1990~1993 年，欧洲共同体勘探研究及发展计划中，特别加强地震物理模型的研究，强调了"以地震物理模型弥补数值计算的不足"，此外还有俄罗斯科学院、荷兰 Delft 科技大学、加拿大 Calgary 大学等都建立了地震物理模型实验测试系统，为物理模型的发展起到了推动作用。

我国地球物理学界的地震物理模型实验是在 20 世纪 50 年代初开始的。50 年代后期到 60 年代中期，中国科学院和北京大学等单位也都建立起了自己的超声波实验室，以光点、照相等方式进行记录，进行一些简单模型的 2D 和 3D 观测工作。80 年代开始，国内的一些单位和院校都相继建立了自己的大型地震物理模型测试系统（牟永光，2003；魏建新等，2002）。中国石化南京物探研究所于 1983 年设计完成了一套大型高精度地震物理模型定位系统和数据自动控制采集系统。1985 年同济大学也由石油系统多家单位赞助建立了物理模型实验系统。中国石油大学（北京）从 1983 年开始建设地震物理模型实验室，经过十几年的建设和设备改造，于 1996 年建成了有效范围（2.2m×2.2m×0.6m）、三维空间定位精度误差小于 0.1mm 的固体地震物理模型实验系统，并在 Windows 2000 平台上建立基于客户/服务器结构高度自动化的定位观测系统软件，研制了可调宽频脉冲组合超声震源和可调宽毫微秒组合高压脉冲发生器，提出了自动压力控制法（APCM），解决了固体地震模型发射探头、接收探头与固体地震物理模型的耦合问题（狄帮让，2006）。这些实验室的建立，也推动了国内地震物理模型实验技术的广泛开展（唐华风等，2007）。

近些年来，地震物理模型实验研究的内容有：地震波传播理论、地震三维观测系统优化设计、不同裂缝密度的物理模型研究、油气藏的识别、岩性勘探等（Chapman，2003；狄帮让，2006），煤田勘探着重于小构造、复合煤层及其厚度探测等（韩堂惠等，2011）。

## 1.1.4 煤田与矿井物探应用现状

地球物理勘探技术被应用于煤田资源勘探中最多的应是地面地震勘探，国际上，煤田地震勘探从 20 世纪 70 年代开始从理论向实践研究转变并开始推广三维地震野外采集、数据处理和三维偏移成像等方法（Roche，1999）。1975 年，在西德鲁尔矿区，普拉克拉-塞兹莫斯地球物理公司进行了世界上首例煤矿三维勘探，获得了引人注目的效果。世界一些主要产煤大国如英国、德国、法国、苏联、美国、澳大利亚和南非等国家，在煤矿水、瓦斯探测和预测方面做了大量工作。在美国，有学者采用地面地震探测技术来预测瓦斯富集部位，然后用地面抽排技术来降低矿井瓦斯浓度。苏联的地质学家则更重视利用各类地质参数和煤的物理、化学特征来预测预报瓦斯变化；德国在鲁尔矿区采用横波地震构造综合探测技术和沿煤层水平钻探探测来预测瓦斯的富集部位和煤矿开采前的瓦斯抽排，并认为横波地震探测瓦斯是最具前景的方法；澳大利亚主要应用沿煤层钻探、横波地震、地面地震及地震填图等手段预测工作面灾害事故。但因国外煤田赋存状态大多比中国好，因此煤矿三维地震勘探技术研究和推广意义都远远不如中国。

煤矿井下物探经历了几十年的发展和探索，先后出现了地震波法、直流电法、电磁波与槽波等勘探方法，这些方法在实践应用中都取得了一定的成果，但已有矿井物探仪器普遍存在精度低、稳定性差、功能单一和便携性不够等问题，并且，各种地球物理勘探基本理论与方法尚不完善，跟不上当今地球物理勘探技术与仪器装备的飞速发展，因此制约着它们在矿井下的应用。现代大型矿井一井一面的作业组织方式，其工作面顺利回采和稳定接续至关重要，目前的技术瓶颈在于快速掘进中的大跨度、快速超前地质预报技术。准确地质预报是安全高效掘进的保证，目前如瑞利波、地质雷达、直流电法等传统超前地质预报技术只能达到 30~50m，无法满足日掘进 40 多米的作业要求。由于深部煤层及其围岩构造复杂、探测难度比浅部更为困难、掌握程度比浅部少，给深部煤炭资源开发工程布置和科学决策带来重重困难，同时，深部矿井开采地球物理条件的改变使得矿井生产环境极为脆弱，构造、瓦斯与水等影响矿井安全生产的致灾地质因素威胁更加突出，并且，一些在"三高"环境下隐性的致灾地质因素随着采动的影响可能变为显性，而现有地球物理装备与技术难以解决此类高精度探测的问题。因此，必须在认真总结和完善现有探测理论和技术基础上，以提高探测分辨率、信噪比及精度为研究主线，加强深部煤岩层精细构造和致灾地质因素探测技术的研究（朱国维等，2008a，2008d）。

矿井地震勘探是在煤矿井下巷道中开展的地震勘探，由于巷道位于煤系岩层之中，因此，是一种近源探测，属于浅层工程地震勘探范畴。一般而言，工程物探技术装备落后于大中型资源地震勘探，而矿井物探的技术装备又相对滞后于工程物探，所以，尽管近几十年地球物理勘探技术装备得到日新月异的发展，但矿井物探装备技术则远远跟不上其发展的步伐。目前，矿井地震勘探多借用地面工程地震观测与处理方法，并开展了包括声波检测、瑞利波和槽波勘探等震波探测技术的研究，但由于井下巷道空间内地震勘探的理论和方法有别于地面地震，因此，这种简单移植未能很好发挥解决诸多矿井工程地质问题的作用，有必要进一步加强矿井地震勘探技术方法的研究，把当前大中型地震勘探新技术方法引入矿井地质工作之中，为现代化矿井生产提供精细地质探测服务（韩堂惠，2008a）。

## 1.2　矿井地震勘探方法及现状

### 1.2.1　矿井地震勘探方法

由于煤矿井下特殊环境和工作条件，井下开展地震波勘探的理论方法与装备技术等与地面三维地震勘探区别甚大，只能利用井巷有限空间，并根据全空间下弹性波场分布特点，开展独具特色的矿井地震勘探工作（朱国维等，2008a，2008d）。

1）井巷二维地震勘探

井巷二维地震勘探是沿巷道走向方向布设的多次覆盖观测系统，此种观测系统是目前地震反射波法中使用最广泛的，但在井下煤系地层中进行近源全空间多分量勘探时，需要根据煤岩层分布与震波传播规律合理设计其观测系统参数，以使不同类型与空间旅行途径的地震波在不同分量上得到突显，并避免波场混响。

井巷二维测线可以布设于巷道底板或两帮，其地震数据采集、处理与解释等主导环节和地面二维地震勘探基本相同。现场工作时，根据煤层及其顶底板声波属性经正演计算选定偏移距和检波距之后，沿测线布置炮点和检波点排列，按照观测系统设计进行地震数据采集。

2）反射波超前探测

目前国内外的地震超前预报技术以反射地震方法为主，且在隧道工程中应用研究比较多，国内已有的超前预报技术有负视速度法、水平剖面法等，国外开发的装备方法有瑞士的 TSP（tunnel seismic prediction）、美国的 TRT（true reflection tomography）技术，这些技术都是基于地震偏移成像技术，同时利用地震波运动学和动力学信息，进行复杂地质条件下超前地质预报。

由于煤矿井下条件限制，可供观测的空间十分有限，必须充分利用有限的空间条件，在巷道空间内尽可能多地布置激发与接收点，采集尽可能多的地震数据供处理分析，才能提高探测效果，更好地为矿井生产服务。

3）矿井工作面声波成像（CT）

地震层析成像技术以它独特的观测方式以及由此产生的比地面地震高一个数量级的分辨率，为人们提供了高精度的地下岩性信息。而工作面巷道间地震层析成像的分辨率大小，主要受反演算法、观测系统、震源频率、目标体的形态及性质（高速体还是低速体）等方面的影响。

采面震波 CT 探测是通过在巷-巷、孔-巷、孔-孔或巷-地面之间建立探测区域，在一条巷道煤帮中激发地震波，并在另一条巷道的煤帮中接收地震波，根据地震波信号初至时间数据或能量的变化，利用计算机通过不同的数学处理方法重建介质速度或衰减特征的二维图像。通过这种重建的测试区域地震波速度场或衰减特征的分布，并结合介质的物理性质来推断剖面中的精细构造及地质异常体的位置、形态和分布状况。

4）其他矿井地震勘探方法

其他矿井地震勘探方法主要有声波探测、瑞利波勘探和槽波勘探。瑞利波勘探是20世纪80年代发展起来的，目前，在矿井工程中应用的是瞬态瑞利波法。瑞利波勘探在距离30m范围内对煤岩层与构造分辨较好，可弥补反射波勘探表层分辨能力的不足。煤炭科学研究总院西安分院研制了防爆瞬态瑞利波仪，在多个矿区得到一定的应用。

槽波地震勘探是利用在煤层（作为低速波导）中激发和传播的导波，以探查煤层不连续性的一种地球物理方法。20世纪80年代，以德国、英国为首的众多国家先后开展了利用煤层中的槽波进行煤层构造探测的试验研究，并取得突破性进展。80~90年代，我国先后在徐州、焦作等几个矿务局进行系统的生产性试验与探索（刘天放等，1994），并取得了不少成功的例证。中国矿业大学、安徽理工大学开展了槽波在煤层中传播规律的模拟研究，同时，在数值模拟及CT成像技术等方面的研究中也取得一定的进展（张平松和刘盛东，2006）。煤炭科学研究总院西安分院也开展了槽波勘探方法有限元法正演模拟及CT技术的研究，在小断层、冲刷带、陷落柱及瓦斯聚集区的探测中取得了可喜的进展。

## 1.2.2　反射波超前探测研究现状

国外关于超前探测预报的研究，最早从20世纪70年代开始，主要运用的是超前钻孔结合地球物理进行隧道（洞）超前探测，但工作量比较大，探测效率比较低下。隧道（洞）超前探测开始受到广泛的关注是在1972年8月在美国芝加哥成功举办快速掘进和隧道工程会议之后，不同国家的学者对其进行了深入的研究。在70年代末，德国和英国的地球物理学者通过提取槽波的埃里震相，并进行相关的分析，实现了巷道掌子面前方地质结构的超前探测，效果理想；随后，法国、日本和德国等国在80年代对超前探测法进行了深入的研究，但都没有获得实质性的成果，无法进行推广。90年代以后，国外的地球物理学者针对隧道（洞）的超前探测，提出了很多不同的超前探测方法，主要可以分为超前钻探和超前导坑等破坏性探测方法和瞬变电磁法、地震波法、探地雷达法、井巷电阻率法等非破坏性方法，破坏性方法的工作量比较大，效率较低，应用不是特别多，非破坏性方法效果比较好，应用也比较广泛，而在众多的地球物理超前探测方式里，反射波超前探测的效果最好，精确度最高，是目前运用最多的超前探测方法之一（鲁光银，2009）。

1996年，瑞士Amberg测量技术公司研发了一套隧道地震超前预报系统TSP，主要是通过在隧道侧壁布置24个震源点和多个灵敏度高的三分量地震检波器，采用炸药激发，对检波器接收到的地震资料的运动学以及动力学特征进行研究，提取出工作面前方地质结构的岩石力学参数和分布位置特征，并在此基础上圈定异常体界面；20世纪末，Inazzki等（1999）在隧道的超前探测中运用了HSP（horizontal seismic prediction）法，实现的具体方式是将震源激发点和接收点排列在平行于隧道底板的同一个水平面上，形成"水平声波剖面"，保证所有接收点记录到的反射波的传播路径基本相当，由此前方反射界面的形状和反射波组合形状大致一致，一般直达波表现为双曲线的形状，而反射波表现为直线的形状，清晰明了，除此之外，基本不会受到前方地质结构倾角的影响。

1999年，Neil等采用空间观测系统进行了超前探测，即将震源和检波点都布置在巷道的掌子面、侧帮和顶板上，该观测系统在横向上进行了最大限度的扩展，增加了可接收到的空间波场信息，在后期的地震资料处理过程中，能够较大地提高巷道前方地质异常体的定位精度，这种方法称为真反射层析成像（TRT）法；1999 年，德国 GFZ 公司和基尔大学共同研发出了一套综合地震成像系统 ISIS（integrated seismic imaging system），利用该系统可以进行巷道、隧道前方和顶部的复杂地质结构的准确成像，有理想的超前预报效果，该系统比较特殊的地方在于需将三个检波器捆绑在锚杆上，保持相互垂直，并将其按照特定的排列方式排列在隧道的左右帮上，采用的 TBM（full face tunnel boring machine）震源激发后，将检波器接收到的地震记录进行预处理，利用系统封装的 Fresnel Volume 偏移技术可以实现偏移成像；2006 年，Flavin 和 Lorenz 将 TBM 作为激发震源，利用干涉测量技术进行了反射波以及透射波的测量，增加了超前探测的准确性；2007 年，Bohien 利用 Rayleigh 波（瑞利波）与 S 波（横波）在隧道侧壁的相互转换，进行了断层介质模型中地震波场的数值模拟，并在隧道工程的超前地质探测中取得了较大的成功；随后，Luth 等（2008）对横波在工作面处产生的转换波进行了相关的研究，并将其顺利运用到了超前探测中，在隧道工程的超前探测实践中也获得了比较理想的结果。

国内最早在矿井工程使用了地震波超前探测的方法。在 20 世纪 80 年代，煤炭科学研究总院及相关高校针对矿井生产过程中所面临的安全事故问题，在理论基础研究、探测方法和仪器等方面做了很多的研究和实验，取得了丰富的成果和有价值的经验；随后，我国深入学习了德国先进的槽波地震勘探方法，并在其基础上研发出了国产的槽波勘探仪器，采用与层析成像技术联合勘探的方式，实现了断距超过煤层厚度一半的断层的准确勘探（王齐仁，2007）；1992 年煤炭科学研究总院西安分院在日本的瑞利波勘探方法的基础上成功开发出 MRD-I 型瑞利波勘探仪器，随后，在矿井掌子面前方、左右侧帮以及顶板和底板可能赋存的含水地质结构、导水通道和隔水层的勘探中得到了广泛应用，尤其在使用精度和灵敏度较高的三分量地震检波器以后，勘探的距离得到了较大的提升，最远可达80m；同年钟世航（1995）对陆地声呐法进行了深入研究，该方法的本质是垂直地震反射波法，也被称为高频地震反射法，采用的是十字观测系统，偏移距极小，布置在掌子面上，通过利用高频带脉冲接收技术实现单点采集高频地震反射波，由此获得连续的地震剖面，实现隧道掌子面前方断层和陷落柱等不良地质体位置的圈定和形态的判断，分辨率比较高，但存在占用掌子面的缺点；21 世纪初，何振起等（2000）在钟世航（1995）的基础上进行了更深一步的研究，并对该方法进行了完善，提出了负视速度法，此方法的震源和接收点排列在隧道的左右侧帮上，需要保证震源与接收点位于同一条直线上，且与隧道的轴线保持平行，以此来进行隧道超前探测，而在数据的解释中，需通过分析直达波的走时曲线来估算隧道工作面前方地质结构体中的地震波速，以及采用反射波和直达波的走时曲线的交汇点来推断前方反射界面的空间位置，由于这种方法的观测系统、数据处理和解释的方式和垂直地震测井技术有比较多类似的地方，因此也被叫作"垂直剖面法"；随后，石家庄铁道大学的李忠等（2003）在我国第一次引进 TSP202 系统以后，对这套系统的理论基础和工程技术等进行了非常深入和细致的研究，大致包括两个部分：一是他们认为观测系统的布置、超前探测相关参数的选取等需要以实际的工程地质环境以及所需完成的地质任务作为依据，这样能最大限度地加大超前探测的范围；二是在他们针对 TSP202 系统的搜索角进行相关研究之后，认为搜索角的设置与实际的工程地质环境有关，如果选取得比较合适，能有效地增加地震数据的丰富性，从而能较大地提升超前探测的准确性；21世纪初，中国科学院的赵永贵所带领的课题组和云南航天工程物探检测股份有限公司通过协作，研发出了一套功能丰富的 TST 程序，主要功能包括地质体波速和地质结构体产状的扫描，以及能实现速度偏移成像、走时反演成像以及吸收系数成像等，可以通过充分提取地震反射波的动力学和运动学特征，从而在岩体的物理性质和岩体的物理状态等方面对地质情况进行综合预报；之后，北京市水电物探研究所研制出了适用于隧道工程超前探测的TGP12 多功能检测仪以及相配套的 TGPWin 数据处理系统，这套系统不仅能够实现隧道工程的超前探测，而且在对它的配置进行升级以后，还能够进行隧道介质中波速的测定，在进行围岩种类的划分以及隧道病害的检测方面都取得了十分理想的效果，特别是在围岩硬度为中等的隧道工程的超前探测中，探测的距离能达到 150～200m，对围岩的物理特性和地质异常体的空间位置和形态展布可以做出比较精确的探测，通过数据处理和计算可以得到探测距离内围岩体的各种岩石力学参数。

## 1.2.3　矿井物探的特点

利用地球物理装备技术在煤矿井下开展隐蔽地质异常探测，探测工作具有特殊性，主要表现在以下几点。

（1）探测工作在井下巷道内进行，巷道空间狭小，呈一维管道形，常规探测观测系统往往难以施测，需要根据探测任务设计特殊针对性观测系统。

（2）探测工作环境干扰因素多，有电信干扰和采动引起的振动干扰等，巷道围岩受采动影响会形成松动圈，激发与接收应采取措施降低这些影响；同时要求仪器具有高灵敏度、高精度、高分辨率、高保真，且性能稳定可靠，抗干扰能力强。

（3）探测对象结构复杂，具非稳定性或随机性，探测精度要求高，指标参数多，时常要求实时解释。

（4）煤矿井下使用电气设备必须符合煤安标准要求，具有防爆性能，井下地震探测需要便捷高效，因此，矿井地震仪应具有本质安全性，智能便携。

（5）要加强新技术、新方法与新装备的研究应用，充分利用现代电子技术与计算机数字处理技术提高矿井物探技术水平，为矿井安全高效生产提供有力支撑。

# 1.3　重点内容及特色

本书以地球物理勘探的地震勘探原理为基础，结合岩石弹性与各向异性理论、沉积岩石学与工程地质学、计算机与电子技术等，以实验室岩石声波测试与数理分析、相似物理模型实验、地学模型数学模拟及现场试验等方法，研究煤系岩层声波速度与反射系数的关系，分析煤层顶底板反射系数随方位角变化特征；制作物理模型，开展模型测试和数据多属性反演研究；设计矿井典型工作面地震观测系统，针对全空间 RST 超前探测与工作面CT 探测进行数学模拟；针对我国东部煤田矿井地质条件，分析现代矿井工作面致灾地质因素及其地震响应特征，并在井下进行观测系统试验应用，形成一套适用于矿井工作面地质条件地震勘探的新技术方法。

鉴于岩石声波速度是地震勘探的一个重要参数，而矿井地震勘探相对于地面地震更难获取地震波在煤系地层中的速度分布，利用采取的煤系典型岩石样品，开展岩石声波速度测试分析，运用岩石弹性理论和声波传播理论，分析研究煤层顶底板反射系数随偏移距和埋藏深度变化规律。同时，利用实验数据，进行地层条件下煤层方位各向异性反射系数与方位角关系的正演分析（朱国维，2008e）。

为更好地了解煤系地层地震响应特征，弄清各种矿井地质异常的敏感性地震属性响应，结合煤系地层结构与地质异常分布特征，设计、制作的典型煤系地层物理模型有煤系薄互层模型、煤系地层综合模型，同时利用中国石油大学（北京）CNPC 物探重点实验室已有的厚煤层模型和薄煤层模型进行了数据采集，探寻出不同地质异常因素的地震波响应属性参数特征（戴世鑫，2012）。采用交错网格高阶有限差分法对 1 阶速度–应力波动方程进行差分求解，推导出时间域 2 阶差分精度、空间域 4 阶差分精度的有限差分公式，并对数值模拟过程中存在的频散特性、稳定性条件和边界条件等进行分析和处理，由此对所建立的典型矿井介质模型进行数值模拟，通过获得不同时刻的波场快照，来分析和研究矿井介质模型中弹性波的波场响应特征以及传播规律；并在数值模拟的基础上对基于双程波动方程的叠前逆时偏移方法进行研究，对数值模拟获得的地震记录进行基于激发时间成像条件的逆时偏移成像（程壮，2017）。

针对当前矿井地震勘探仪器的现状及存在的问题，从生产现场实际需求出发，对地震数据采集系统的整体性能进行优化与完善，利用现代电子技术、计算机技术和网络技术设计实现了具自主知识产权的新型分布式矿井三分量地震数据采集系统，设计制作出数字三分量检波器，实现了三分量模拟地震信号的高精度转换和数字化输出，设计了基于双 CPU 结构的自制控制主机，具有性价比高、抗干扰力强、轻便易携等特点；从生产现场实际需求出发，在数字三分量检波器和便携式主机的基础上，采用总线型结构实现主机和数字检波器的互联，进而构成新型分布式三分量地震仪系统（王怀秀，2004）。

开展了煤矿井下地震勘探方法的设计、数学模拟及试验研究，根据煤矿井下巷道分布结构与特点，设计研究井巷条件下典型地震观测系统，首次提出依据煤系地层声波参数分布及其煤层顶底板反射系数与入射角的关系来指导巷道方向的地震观测系统设计（朱国维，2008a），在分析总结国内外地震波超前探测技术的基础上，根据矿井巷道超前探测地质任务与要求创新性地建立了井巷条件下的全空间采集 RST 系统和平行、交叉巷道 CT+RST 探测系统，并在数学模型与算法研究的基础上开发了相关软件系统，进行了 RST 系统的数学模拟与物理模拟试验研究，同时，对矿井工作面大比例尺地质构造 CT 探测技术进行了算法研究，根据工作面地质构造及其煤系地层因构造作用岩性变化特征，提出工作面地震波 CT 构造探测解释原则，并对矿井工作面大比例尺地质构造和其他致灾地质因素进行了数学模拟与现场试验，理论研究与现场工程试验均证明了所设计技术的有效性。

在煤系岩层声波速度测试分析、井巷地震观测系统设计、物理模型与数学模型研究及高性能仪器开发的基础上，深入矿井现场开展矿井工作面多种地质异常探测试验，并在试验中加以总结改进，初步形成一套较为成熟的矿井地震勘探技术体系。

# 2　地震勘探理论基础

## 2.1　地震波及其传播

### 2.1.1　理想介质弹性波的波动方程

地震波是在岩层中传播的弹性波，波的性质取决于岩石的弹性性质，所以其基本理论依托于弹性波理论。弹性介质因局部受力，引起弹性体的位移、形变和应力，以波动的形式用有限大的速度向远处传播，这种波动就是弹性波（应力波）。弹性波的形成必须具备两个条件：外部载荷的作用和介质的弹性。地震波就是一种在较小的外力和较短的时间作用下，在介质中激发出的一种弹性波。弹性波可理解为弹性介质中质点振动的传播过程。在均匀、各向同性、理想的固体弹性介质中，弹性波的波动方程可表达为

$$\rho\,\frac{\partial^2 \boldsymbol{u}}{\partial t^2}=(\lambda+\mu)\,\mathrm{grad}\theta+\mu\,\nabla^2\boldsymbol{u}+\rho\boldsymbol{F} \tag{2-1}$$

式中，$\boldsymbol{u}$ 为在 $\boldsymbol{F}$ 作用下质点的位移向量；$\boldsymbol{F}$ 为力向量；$\theta$ 为体变系数，$\theta=\mathrm{div}\boldsymbol{u}$；$\rho$ 为体密度；$\nabla^2$ 为拉普拉斯算子，$\nabla^2=\dfrac{\partial^2}{\partial x^2}+\dfrac{\partial^2}{\partial y^2}+\dfrac{\partial^2}{\partial z^2}$；$\lambda$ 为一阶拉梅常量，表示材料压缩性；$\mu$ 为二阶拉梅常量，表示材料剪切模量。

如果位移向量 $\boldsymbol{u}$ 在 $x$，$y$，$z$ 三个坐标轴的分量为 $\boldsymbol{u}_x$、$\boldsymbol{u}_y$、$\boldsymbol{u}_z$；力向量 $\boldsymbol{F}$ 在三个坐标轴的分量为 $F_x$、$F_y$、$F_z$，则式（2-1）用分量表示为

$$\rho\,\frac{\partial^2 \boldsymbol{u}_x}{\partial t^2}=(\lambda+\mu)\,\frac{\partial\theta}{\partial x}+\mu\,\nabla^2\boldsymbol{u}_x+\rho\boldsymbol{F}_x$$

$$\rho\,\frac{\partial^2 \boldsymbol{u}_y}{\partial t^2}=(\lambda+\mu)\,\frac{\partial\theta}{\partial y}+\mu\,\nabla^2\boldsymbol{u}_y+\rho\boldsymbol{F}_y$$

$$\rho\,\frac{\partial^2 \boldsymbol{u}_z}{\partial t^2}=(\lambda+\mu)\,\frac{\partial\theta}{\partial z}+\mu\,\nabla^2\boldsymbol{u}_z+\rho\boldsymbol{F}_z \tag{2-2}$$

对式（2-1）两边求散度（div），由于：

$$\mathrm{div}\cdot\mathrm{grad}\theta=\nabla^2\theta$$

则式（2-1）变为

$$\rho\,\frac{\partial^2 \theta}{\partial t^2}=(\lambda+2\mu)\,\nabla^2\theta+\rho\,\mathrm{div}\boldsymbol{F}$$

整理后得

$$\frac{\partial^2 \theta}{\partial t^2}-\frac{\lambda+2\mu}{\rho}\nabla^2\theta=\mathrm{div}\boldsymbol{F} \tag{2-3}$$

同样对式（2-1）两边取旋度（rot），考虑到 $\text{rotgrad}\theta=0$，则式（2-1）变为

$$\rho\frac{\partial^2}{\partial t^2}\text{rot}\boldsymbol{u}=\mu\nabla^2\text{rot}\boldsymbol{u}+\rho\text{rot}\boldsymbol{F}$$

令 $\omega=\text{rot}\boldsymbol{u}$，上式可写为

$$\frac{\text{d}^2\omega}{\text{d}t^2}-\frac{\mu}{\rho}\nabla^2\omega=\text{rot}\boldsymbol{F} \tag{2-4}$$

式（2-3）和式（2-4）右边分别为 $\text{div}\boldsymbol{F}$、$\text{rot}\boldsymbol{F}$，它们分别表示两种不同性质的力，$\text{div}\boldsymbol{F}$ 表示一种膨胀力，$\text{rot}\boldsymbol{F}$ 表示一种旋转力。式（2-3）描述的是一个只有胀缩的扰动，而式（2-4）描述的是变形扰动。

从场论的观点分析，位移向量 $\boldsymbol{u}$ 和力向量 $\boldsymbol{F}$ 均可用一合适的位移位和力位来表示，即任何一个向量场可以用一个标量位的梯度场和一个向量位的旋度场之和来表示，于是 $\boldsymbol{u}$ 和 $\boldsymbol{F}$ 可以写成

$$\left.\begin{array}{l}\boldsymbol{u}=\text{grad}\varphi+\text{rot}\psi\\F=\text{grad}\varPhi+\text{rot}\varPsi\end{array}\right\} \tag{2-5}$$

式中，$\varphi$ 和 $\psi$ 分别为位移场 $\boldsymbol{u}$ 的标量位和向量位；$\varPhi$ 和 $\varPsi$ 分别为力场 $\boldsymbol{F}$ 的标量位和向量位。把式（2-5）分别代入式（2-3）和式（2-4），就可以得到用位函数形式表示的波动方程，由式（2-3）得

$$\frac{\partial^2\varphi}{\partial t^2}-\frac{\lambda+2\mu}{\rho}\nabla^2\varphi=\varPhi \tag{2-6}$$

由式（2-4）得

$$\frac{\partial^2\psi}{\partial t^2}-\frac{\mu}{\rho}\nabla^2\psi=\varPsi \tag{2-7}$$

令 $v_{\text{P}}^2=\dfrac{\lambda+2\mu}{\rho}$，$v_{\text{S}}^2=\dfrac{\mu}{\rho}$，式（2-6）和式（2-7）可以写成

$$\left.\begin{array}{l}\dfrac{\partial^2\varphi}{\partial t^2}-v_{\text{P}}^2\nabla^2\varphi=\varPhi\\[3mm]\dfrac{\partial^2\psi}{\partial t^2}-v_{\text{S}}^2\nabla^2\psi=\varPsi\end{array}\right\} \tag{2-8}$$

上式是在外力 $\boldsymbol{F}$ 作用下，用位函数表示的弹性波波动方程式，在我们讨论的问题中，不考虑外力作用，只考虑介质特性对波的影响，即令力位函数 $\varPhi=0$，$\varPsi=0$，这样式（2-8）变为

$$\frac{\partial^2\varphi}{\partial t^2}-v_{\text{P}}^2\nabla^2\varphi=0 \tag{2-9}$$

$$\frac{\partial^2\psi}{\partial t^2}-v_{\text{S}}^2\nabla^2\psi=0 \tag{2-10}$$

这里，式（2-9）和式（2-10）分别代表纵波和横波波动方程，式中的 $v_\text{P}$、$v_\text{S}$ 分别为介质的纵波和横波传播速度。

## 2.1.2　地震波的类型

由弹性波的波动方程可知，在外力 $\boldsymbol{F}$ 的作用下，弹性介质中存在两种扰动：胀缩力 $\mathrm{div}\boldsymbol{F}$ 的扰动对应 $\theta=\mathrm{div}\boldsymbol{u}$，即介质中质点产生了体积应变，体积应变的传播形成纵波，通常用 P（Prime）来表示；旋转力 $\mathrm{rot}\boldsymbol{F}$ 的扰动对应着 $\omega=\mathrm{rot}\boldsymbol{u}$，介质中质点产生了旋转形变（切应变），切应变的传播形成横波，一般用 S（Second）表示。纵波和横波都属于体波。另外，还有沿界面传播的面波，一般用 R 表示，如图 2-1 所示。

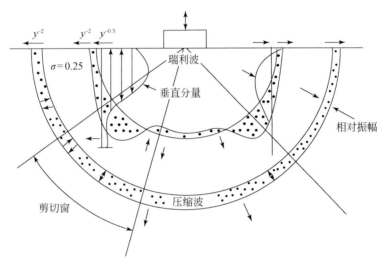

图 2-1　震源激发产生 P、S、R 波示意图

1）纵波

假设在均匀各向同性弹性介质中有一个胀缩点震源作用，考虑到球形对称性，波动方程（2-9）可用球坐标形式（$r$，$\alpha$，$\beta$）表示成

$$\frac{\partial^2\varphi}{\partial t^2}-v_{\mathrm{P}}^2\left(\frac{\partial^2\varphi}{\partial r^2}+\frac{2\partial\varphi}{r\partial r}\right)=0 \tag{2-11}$$

波动方程仅与传播方向 $r$ 有关，如果令 $\varphi_1=r\varphi$，则上式变成

$$\frac{\partial^2\varphi_1}{\partial t^2}-v_{\mathrm{P}}^2\frac{\partial^2\varphi_1}{\partial r^2}=0 \tag{2-12}$$

这就是著名的弦方程式，可用达朗贝尔法解得方程式的解：

$$\varphi_1=r\varphi=C_1\left(t-\frac{r}{v_{\mathrm{P}}}\right)$$

或

$$\varphi=\frac{\varphi_1}{r}=\frac{1}{r}C_1\left(t-\frac{r}{v_{\mathrm{P}}}\right) \tag{2-13}$$

上式说明，在震源作用结束后，纵波以波速 $v_{\mathrm{P}}$ 向远离震源沿 $r$ 方向传播。

波的传播只描述了波动的某些特点，由于 $C_1$ 是一个任意函数，还不能给出波动的任何具体形态。欲研究解的性质，需要研究 $C_1$ 同波动震源的关系，即讨论波的激发问题。

以下免去冗余的数学推导，只给出解的结果。

对于胀缩点震源来说，它的位移解是

$$u_P = \text{grad}\varphi = -\frac{1}{4\pi v_P^2}\left[\frac{1}{r^2}\Phi_1(t) + \frac{1}{rv_P}\Phi_1'(t)\right]\frac{r}{r} \qquad (2\text{-}14)$$

这个方程便是在均匀各向同性介质中，胀缩点震源作用下波动方程的位移解。式中，$\Phi_1(t)$ 为震源强度，它说明纵波具有以下特点：

（1）纵波以 $v_P$ 速度传播：$v_P = \sqrt{\dfrac{\lambda+2\mu}{\rho}} = \sqrt{\dfrac{E(1-\nu)}{\rho(1+\nu)(1-2\nu)}}$。其中，$E$ 为杨化模量，$\nu$ 为泊松比。

（2）当纵波的传播速度一定时，纵波的质点位移大小主要取决于和震源有关的震源强度函数 $\Phi_1(t)$ 及其变化率 $\Phi_1'(t)$。

（3）质点位移 $u_P$ 的大小还同离开震源的距离 $r$ 及 $r^2$ 有关；振动的强度随传播距离的增大而减小，呈反比关系，在地震勘探中称为波的球面扩散。

（4）由于质点位移的方向同 $r$ 方向一致，因此纵波质点的振动方向同波传播方向一致。

2）横波

讨论横波时与讨论纵波的各种假设相同，仅仅是震源的性质由胀缩力变为旋转力，这时仅产生横波。由力位 $\psi$ 代替位移位 $\Phi$，由横波速度 $v_S$ 代替纵波速度 $v_P$，得

$$\frac{\partial^2\psi}{\partial t^2} - v_S^2\nabla^2\psi = \Psi(t)$$

用与上面同样的分析方法，最后得到旋转震源作用力作用下横波位移的解：

$$\left.\begin{array}{l}u_{S\alpha} = \dfrac{1}{4\pi v_S^2}\left[\dfrac{1}{r^2}(-\psi_{1x}\sin\beta+\psi_{1y}\cos\beta) + \dfrac{1}{r\sin\alpha V_S}(-\Psi_{1x}'\sin\beta+\Psi_{1y}'\cos\beta)\right] \\[4mm] u_{S\beta} = \dfrac{1}{4\pi v_S^2}\left[\begin{array}{l}\dfrac{1}{r^2}(-\psi_{1x}\cos\alpha\cos\beta-\psi_{1y}\cos\alpha\cos\beta+\Psi_{1z}\sin\alpha) \\[2mm] +\dfrac{1}{rV_S}(-\Psi_{1x}'\cos\alpha\cos\beta-\Psi_{1y}'\cos\alpha\cos\beta+\Psi_{1z}'\sin\alpha)\end{array}\right] \\[8mm] u_{Sr} = 0\end{array}\right\} \qquad (2\text{-}15)$$

从上式可知横波具有下列特点：

（1）横波以速度 $v_S$ 传播，$v_S = \sqrt{\dfrac{\mu}{\rho}} = \sqrt{\dfrac{E}{2\rho(1+\sigma)}}$。

（2）横波传播方向上，质点的位移 $u_{Sr}=0$，垂直于传播方向的 $\alpha$ 和 $\beta$ 方向上具有位移 $u_{S\alpha}$ 和 $u_{S\beta}$，说明横波质点的位移方向与其传播方向正交。

（3）横波质点位移 $u_{S\alpha}$ 和 $u_{S\beta}$ 由震源强度函数 $\Psi_1$ 和其变化率 $\Psi_1'$ 所决定，即横波主要取决于旋转激发力的形成及其变化率。

（4）横波的强度也随其传播距离而减小，亦具有球面扩散的特性。

（5）根据纵波和横波的计算式，可求得纵波与横波波速之比：

$$\frac{v_P}{v_S} = \sqrt{\frac{2(1-\sigma)}{(1-2\sigma)}} \qquad (2\text{-}16)$$

　　由于一般岩石的泊松比 $\nu = 0.25$，所以 $v_P$ 与 $v_S$ 之比约为 1.73，这表明在泊松固体介质中，横波传播较慢。

　　（6）在液体和气体内部，剪切模量 $\mu = 0$，所以在液体和气体中没有横波。

　　（7）由 $v_P$ 和 $v_S$ 的表达式可以看出，只要测得岩、土物质的纵波速度 $v_P$ 和横波速度 $v_S$，就可以计算出杨氏模量、泊松比、剪切模量和体变模量等极为丰富的有用的信息，因此纵、横波联合勘探是研究地震勘探的基础，是地震勘探的重要发展方向之一。

　　3）面波

　　震源激发产生地震波，地震波除了在介质体内传播的纵波和横波外，在弹性分界面附近还存在另一类波，这类波从能量上说只分布在弹性界面附近，因此统称为面波。其中分布在自由界面的面波最初是由英国学者瑞利（Rayleigh）于 1887 年在理论上确定，称为瑞利面波。在早期地震勘探中，瑞利面波一直被看作一种干扰波，后来人们开发了瑞利波勘探技术，取得了良好的效果。

　　4）其他

　　上述讨论都是建立在地下介质为均匀、完全弹性的条件下，实际上，地层是复杂多变的，也是不均匀的，地震波在地下传播过程中，不单纯以纵波和横波的形式，而是形成一个复合波场。在各向异性介质中地震波会发生转换，而产生 P-SH、P-SV 等转换波，在低速层中会因为上下界面的全反射发生能量制导而形成槽波（煤层中的槽波也称为煤层波）。复杂介质中波的传播影响因素很多，难以求得波动方程的准确表达式，只能在一系列"理想化"假设条件下，进行数值模拟与求解。

## 2.1.3　地震波传播原理

　　地震波在岩层中传播的情况与几何光学很相似，可以把光学中的惠更斯（Huygens）原理、费马（Fermat）原理和斯奈尔（Snell）定律引用到地震勘探中来，仿照几何学来研究地震波运动学的特征，称为几何地震学。

　　1）惠更斯–菲涅尔原理

　　基本原理：在弹性介质中，已知 $t$ 时刻的同一波前上的各点，可以把这些点看作从该时刻产生子波的新的点震源，经过任何一个 $\Delta t$ 时间后，这些子波的包络面就是原波到达的 $t + \Delta t$ 时刻新的波前面。

　　根据惠更斯原理，若已知波在某一时刻（$t_1$ 时刻）的波前面，则可以确定出不同时刻的新波前位置。例如，已知波在均匀介质中 $t_1$ 时刻的波前面位置为 $Q_1$，如图 2-2 所示（陈仲侯等，2013），假如要求得到在 $t_1 + \Delta t$ 时刻波前位置，可以以 $Q_1$ 面上的各点为圆心，以 $v \cdot \Delta t$ 为半径（$v$ 为波速）做出一系列的圆形子波，再做正切于各子波的包络线 $Q_2$、$Q_0$，则 $Q_2$ 代表后一时刻 $t_1 + \Delta t$ 的新的波前面位置，而 $Q_0$ 则代表前一时刻 $t_1 - \Delta t$ 的波前面位置。于是，用惠更斯原理可以确定波前到达介质中任意点的时间。

　　菲涅尔补充了惠更斯原理，指出：从同一波阵面上各点所发出的子波，经传播而在空间相遇时，可以相互叠加而产生干涉现象，因此在该点观测到的是总扰动。这就使惠更斯原理具有更明确的物理意义。惠更斯–菲涅尔原理既可以应用于均匀介质，也可以应用于

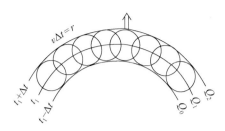

图 2-2 球面纵波的传播

非均匀介质。

惠更斯-菲涅尔原理是一种用来构制下一个时刻波前位置的几何方法，应用本原理可以构制反射界面、折射界面等。显然，一个波动传播可通过某一时刻的波前位置来确定。事实上，波前上任意一点都向该点波前的方向前进，这种垂直波前的线称为射线。利用波射线描述波的传播比用波前面更方便。

特别指出，在均匀介质中，波射线是直线，而在非均匀介质中，波射线是曲线，且射线永远垂直于波前面。

2）费马原理

在几何地震学中，用波射线和波前面来表示时间场，地震波射线垂直于一系列波前面，费马原理就是地震波沿射线的旅行时与沿其他任何路径的旅行时相比为最小，亦是沿波旅行时最小的路径传播。它从射线角度描述波传播的特点。

下面以均匀层状介质为例，说明波沿射线传播的时间为最短。

设有一层状介质如图 2-3 所示，激发点位于 $O$ $(x_0, z_0)$ 点，接收点 $S$ $(x_n, z_n)$ 位于地下，由 $z_0$ 至 $z_n$ 有 $n$ 层介质，并且假设每层厚度都相等（均为 $H/n$），每层波速 $v$ 为常数，第 $i$ 层的波速为 $v_i$，其相应的厚度为 $h_i$，射线由 $O$ 点到达 $S$ 点的路径是一条折线，任一顶点的坐标可表示为 $(X_i, i \cdot H/n)$，射线从 $O$ 点沿折线传播到 $S$ 点所需要的时间为

$$T_n = \sum_{i=1}^{n} \frac{1}{v_i} \left[ (X_i - X_{i-1})^2 + (H/n)^2 \right]^{\frac{1}{2}} \qquad (2-17)$$

于是，波沿射线传播的时间为最短，可以从如下两个问题来论证：

（1）$T_n$ 在什么情况下取得极值？是极大值还是极小值？具体来说，就是折线上的顶点如何取 $T_n$ 才能取得极值，是取极大值还是取极小值。

（2）折线上的顶点是否是波射线与水平分界面的交点？若是，并且第一个问题求解的结果是 $T_n$ 取得极小值，则费马原理即得到证明。

对于第一个问题，根据数学的知识可知，先求得 $T_n$ 函数的驻点，然后再判断所有驻点当中哪些是极值点，是极大值还是极小值点，即

$$\frac{\partial T_n}{\partial X_i} = 0 \qquad (i = 1, 2, \cdots, n) \qquad (2-18)$$

变换上述方程，并以 $\alpha_i$ 表示折线的第 $i$ 段的入射角，即得

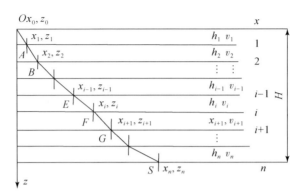

图 2-3　层状介质中波射线示意图（周俊杰和杜振川，2018）

$$\frac{\partial T_n}{\partial X_i} = \frac{X_{i+1}-X_i}{v_{i+1}\left[(X_{i+1}-X_i)^2+(H/n)^2\right]^{1/2}} + \frac{X_i-X_{i-1}}{v_i\left[(X_i-X_{i-1})^2+(H/n)^2\right]^{1/2}}$$

$$= \frac{\sin\alpha_{i+1}}{v_{i+1}} + \frac{\sin\alpha_i}{v_i} = 0 \tag{2-19}$$

即

$$\frac{\sin\alpha_{i+1}}{v_{i+1}} = \frac{\sin\alpha_i}{v_i} \tag{2-20}$$

同理可得

$$\frac{\sin\alpha_{i+1}}{v_{i+1}} = \frac{\sin\alpha_i}{v_i} = \cdots = \frac{\sin\alpha_n}{v_n} \tag{2-21}$$

可以证明，满足上述条件的点正是函数 $T_n$ 取得极小值的点，而这些点正好是地震波射线的入射点，因此，地震波沿射线传播的旅行时间为最小。

3）互换原理

在介质中的 $A$ 点施加一个力 $F(t)$，该力引起另一点 $B$ 的瞬时位移为 $D(t)$。相反，若在 $B$ 点施加一个外力 $F(t)$，则在 $A$ 点也会引起同样的瞬时位移为 $D(t)$。所谓互换原理，是指震源和检波器的位置可以相互交换，此种情况下，同一波的射线路径不变。

互换原理具有普遍性，除适用于均匀各向同性的完全弹性介质外，也适用于任意形状界面的弹性介质、不均匀介质和各向异性介质。折射波相遇时距曲线观测系统就是以互换原理为基础的。

4）视速度原理

由费马原理可知，地震波的传播是沿波射线的方向进行的，因此，在观测地震波的传播速度时，也必须和波射线的方向一致，才能测得地震波传播速度的真值 $v$。但是实际观测的方向往往和波射线方向不一致，而是沿观测方向测得的波的速度值，此种情况下测得的速度值就不是波传播的真速度值，我们称为视速度，用 $v^*$ 表示。

如图 2-4 所示，设一平面波波前在 $t$ 和 $t+\Delta t$ 时刻分别到达地面上的 $x_1$ 和 $x_2$ 点，此时波前传播的距离差为 $\Delta s$，而时间差为 $\Delta t$，于是真速度为

$$v = \Delta s / \Delta t \tag{2-22}$$

但由于观测是在地面上进行的，地面上的 $x_1$ 和 $x_2$ 两点间的距离为 $\Delta x$，这好像波在 $\Delta t$

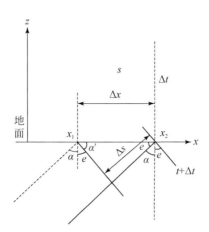

图 2-4 视速度和真速度关系

时间内传播了 $\Delta x$ 距离，于是在地面上测得的视速度为

$$v^* = \Delta s / \Delta t \tag{2-23}$$

从图 2-4 可以看出， $\qquad \Delta s = \Delta x \sin\alpha = \Delta x \cos e \tag{2-24}$

于是 $\qquad v = \Delta s / \Delta t = \Delta x \sin\alpha / \Delta t = v^* \cos e \tag{2-25}$

即 $\qquad v^* = v / \sin\alpha = v / \cos e \tag{2-26}$

式中， $\alpha$ 为波射线与地面法线之间的夹角（称为入射角）； $e$ 为波前与地面法线之间的夹角（称为出射角）。

式（2-26）为真速度与视速度之间的关系，称为视速度定理。从视速度定理可以看出：

（1）当 $\alpha = 90°$ 时，即波沿测线方向入射到观测点，有 $v^* = v$。此时波传播方向就是测线方向，视速度等于真速度。

（2）当 $\alpha = 0°$ 时，即波的传播方向与测线方向垂直，有 $v^* \to \infty$。此时波前同时到达地面各点，各点间没有时间差，好像波沿测线方向传播速度为无穷大一样。

（3）当 $\alpha$ 由 0° 变到 90° 时， $v^*$ 则由无穷大变至 $v$。

（4）一般情况下，视速度 $v^*$ 永远不小于真速度 $v$，即 $v^* \geqslant v$。

（5）若波速 $v$ 不变，视速度 $v^*$ 的变化反映了波入射角 $\alpha$ 的变化，于是可根据 $v^*$ 的变化推断地下岩层产状的变化。

5）斯奈尔定律

同光线在非均匀介质中传播一样，当弹性波遇到具有弹性性质突变的弹性分界面时，弹性波也要在此分界面上发生弹性波的反射和透射，可以用上述的惠更斯原理来加以说明。

假设整个弹性空间由分界面 $R$ 分成两部分，如图 2-5 所示。上半空间 $W_1$ 的波速为 $v_1$，下半空间 $W_2$ 的波速为 $v_2$。如果在介质 $W_1$ 中有一平面波 $AB$，以入射角 $\alpha$ 投射至界面 $R$，因波前与射线相垂直，所以波前与界面所成的交角等于波射线与界面法线所成的角。设波前在 $t$ 时刻到达 $A'B'$ 位置，而 $A'$ 点正好在界面 $R$ 上，根据惠更斯原理，可以将界面上的 $A'$ 点看作一个新震源，由该点产生新的扰动向周围介质传播，其中一个扰动仍以波速 $V_1$ 在 $W_1$ 介质中传播，而另一个扰动却以波速 $v_2$ 在 $W_2$ 介质中传播。经过时间 $\Delta t$ 后，即在时刻 $t+$ $\Delta t$，平面波前的 $B'$ 点到达界面 $C$ 点，而由 $A'$ 新震源发出的扰动在此时刻的波前面，在 $W_1$ 介质中应是以 $A'$ 为圆心，以 $r_1 = v_1 \cdot \Delta t$ 的距离为半径的圆弧，在 $W_2$ 介质中也是以 $A'$ 为圆心，以 $r_2 = v_2 \cdot \Delta t$ 为半径的圆弧，由于讨论的是平面波，因此可从 $C$ 点做两圆弧的切线，分别相切于 $D$ 点和 $E$ 点，$CD$ 和 $CE$ 就是当前波前 $A'B'$ 到达界面 $R$ 后产生的两个新波的波前（图 2-5）。其中 $CD$ 波前面是同入射波前 $A'B'$ 在同一介质 $W_1$ 内，称为反射波，$CE$ 波前则在入射介质的另一侧，称为透射波或透过波。另入射波前 $A'B'$、反射波前 $CD$ 和透射波前 $CE$ 与界面 $R$ 法线的夹角分别为 $\alpha$、$\beta$、$\gamma$。从图 2-5 中简单的三角关系可得

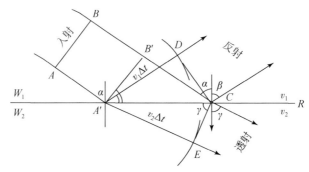

图 2-5　波的反射与透射

$$v_1 \cdot \Delta t = A'C \cdot \sin\alpha \qquad (2\text{-}27)$$

$$v_1 \cdot \Delta t = A'C \cdot \sin\beta \qquad (2\text{-}28)$$

$$v_2 \cdot \Delta t = A'C \cdot \sin\gamma \qquad (2\text{-}29)$$

于是有

$$\frac{\sin\alpha}{v_1} = \frac{\sin\beta}{v_1} = \frac{\sin\gamma}{v_2} = P \qquad (2\text{-}30)$$

上述等式反映了在弹性分界面上入射波、反射波和透射波之间的运动学关系，很显然入射角等于反射角，透射角的大小取决于介质 $W_2$ 的波速，且在一个界面上对入射、反射和透射波都具有相同的射线参数 $P = \sin\alpha/v_1$。这个定律称为斯奈尔定律，亦称为反射和折射定律。

由于射线是垂直于波前的，因此在弹性分界面上也可以用射线来表示入射、反射和透射三种波动，显然它们应满足斯奈尔定律，不过此时的入射角 $\alpha$、反射角 $\beta$ 和透射角 $\gamma$ 分别表示入射线、反射线和透射线同界面 $R$ 的法线之间的夹角（图 2-6）。

由此可见，波入射至弹性分界面上时，分别产生反射波和透射波，波射线的方向满足斯奈尔定律，且射线参数是一个常数。

6）叠加原理

若有几个波源产生的波在同一介质中传播，且这几个波在空间某点相遇，那么相遇处质点的振动会是各个波所引起的分振动的合成，介质中的某质点在任一时刻的位移便是各个波在该点所引起的分矢量的和。换言之，每个波都独立地保持自己原有的特性（频率、振幅、振动方向等）对该点的振动给出自己的一份贡献，即波传播是独立的，这种特性称

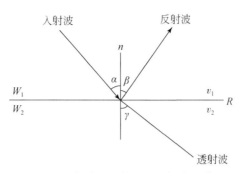

图 2-6  入射波、反射波、透射波的关系

为叠加原理。叠加原理也可以这样叙述，几个波相加的结果等于各个波作用的和。目前在地震勘探中，常采用复杂信号的叠加，使得不规则干扰信号以及随机干扰信号被抵消，从而达到提高信噪比的目的。

## 2.1.4  地震波的传播特性

### 1. 地震波的振幅

地震波的振幅是地震波能量大小的一种体现，地震波在介质中传播时，其能量不断衰减，能量损失的程度是震源和介质性质的函数，因此，影响地震波的振幅的因素具体如下。

1）几何扩散

地震波由震源向四周传播，波前越来越大，就是说越来越远离震源，前进着的地震波振幅也越来越小。这种现象是由地震波的几何扩散引起的，因为由震源形成的相同能量散布在面积不断增加的波前面上。

在均匀各向同性介质中，地震波的波前面是以震源为球心，一系列半径不断增加的同心圆球面，于是震源能量在介质中按球面波的形式传播。这种随传播距离增加而引起振幅减小的现象，称作球面发散效应。若假设 $e_s$ 是半径为 $r$ 的球面波波前上单位面积的能量，则整个球面的总能量 $E$ 为

$$E = 4\pi r^2 e_s \tag{2-31}$$

因为 $E$ 是常数，所以 $e_s$ 反比于 $r^2$。

但是，波的能量与其振幅 $A$ 的平方成正比，即 $e_s \propto A^2$，从而有 $A \propto r^{-1}$，也就是球面波的振幅与距离成反比，这种关系定量地表示了球面发散效应，可写成

$$A(r) = C/r \quad \text{或} \quad A(r) = C/[v(t) \cdot t] \tag{2-32}$$

式中，$v(t)$ 为地震波的波速；$t$ 为旅行时；$C$ 为任意常数。该方程仅适用于反射波和直达波，折射波的振幅和距离的关系可写作

$$A(r) = C/[r \cdot (r-r_0)^3]^{1/2} \tag{2-33}$$

式中，$r$ 为震源至观测点的距离；$r_0$ 为临界距离，即由振源到地面上开始观测到折射波的距离；$C$ 为任意常数。

当观测距离很大时，即 $r \gg r_0$，式（2-33）可简化为

$$A(r) = C/r^2 \tag{2-34}$$

这就意味着，折射面由于球面扩散，其振幅随距离的衰减比反射波和直达波更快。

2）介质吸收

前面的讨论是假定波的能量在传播过程中不转变为其他形式，实际地层的非完全弹性和非均匀性，使波通过介质时地震波的能量逐渐减小，介质中由于振动质点间的摩擦，波的能量转变为热能，这一过程称为介质吸收。因此，介质的弹性性质越明显则能量损失越小，如胶结好的颗粒致密的地层比质地疏松未固结的地层吸收要弱，因而地表低速带对能量吸收较大，随深度的加深介质吸收作用减小。

地震勘探中的地震波在岩层中传播，由于吸收而引起的振幅随距离呈指数形式减小，其振幅随距离的衰减表示为

$$\alpha_r = \alpha_0 e^{-ar} \tag{2-35}$$

或用时间表示为

$$\alpha_t = \alpha_0 e^{-aV(t)t} \tag{2-36}$$

式中，$\alpha_r$（或 $\alpha_t$）、$\alpha_0$ 分别为距离为 $r$ 的两点的振幅值（$\alpha_0$ 也称为原始参数振幅）；$a$ 为介质吸收系数；$r$ 为路径长度；$t$ 为旅行时间。

假设 $\alpha_0 = 1$，振幅衰减还可以表示为

$$\alpha_r = e^{-a\pi r/QTV} = e^{-\omega r/2QV} \quad 或 \quad \alpha_t = e^{-ft\pi/Q} = e^{-\omega t/2Q} \tag{2-37}$$

式中，$Q$ 为介质的品质因子（无量纲），它是与介质的弹性性质有关的量。

把上述两式的幂加以比较，则得出吸收系数与品质因子的关系为

$$a = \omega/(2QV) = \pi f/(QV) \quad 或 \quad a = \pi/(Q\lambda) \tag{2-38}$$

式中，$\lambda$ 为地震波的波长。

因此品质因子描述了波传播一个波长 $\lambda$ 的距离，能量吸收的相对大小，品质因子和吸收系数二者是从相反的角度描述波传播的介质的性质。

3）透射损失

严格来说射线能量遇界面发生反射、透射和绕射时，不涉及能量损失。然而，对观察者来说，如果只对反射波感兴趣，那么就反射能量来说，则透射和绕射造成了反射能量的衰减。

如有一个分界面，当波垂直入射往返两次经过该界面时，则双程透射系数 $T_r$ 为

$$T_r = \frac{4\rho_1\rho_2 v_1 v_2}{(\rho_1 v_1 + \rho_2 v_2)^2} \tag{2-39}$$

$T_r$ 与界面的反射系数 $R$ 关系是：$T_r = 1 - R^2$。

对于两层介质来说可参阅图 2-6，在地面观测 $R_2$ 界面的反射波，波向下、向上两次透射 $R_1$ 界面，由于每次只透射一部分能量，故使观测到的反射能量减小，此时 $R_1$ 界面的透射损失因子为（$1 - R_1^2$）。

对于多层介质情况，透射损失指的是当确定第 $i$ 个反射面的反射波时，波经过上覆 $i-1$ 个界面的能量损失。故反射能量的衰减是波穿过所有界面的双程透射系数与 $i$ 界面反射系数的乘积。

2. 地震波的频谱

1）频谱的概念

地震波为非周期性的脉冲波，如同声波一样，随着传播距离的增大（随着深度的增加），波的频率成分会发生变化，高频成分逐渐被空气（或地层）吸收，使得视周期变大、延续时间增长，研究地震波在激发、传播和接收过程中振幅和相位对频率变化的规律，称为频谱分析。前者叫振幅谱，后者叫相位谱。

根据傅里叶理论，一个脉冲波动，可以视为无限多个具有不同频率、不同振幅、不同初相位的谐波叠加的结果。即使是相当少量的不同频率成分的合成，也能产生相当复杂的波动。

对振幅谱主要用主频和频宽（频带宽度）两个参数来描述。大量的实际观测和分析得知，地震反射波的能量主要分布在 30 ~ 70Hz 的频带内，而面波的主要能量分布在 10 ~ 20Hz 的频带内，具有频率低、频带窄的特点，微震背景的频谱则在高频方面。对于不同类型的地震波，其频谱也有差别，同一界面的反射纵波比反射横波具有较高的频率。

2）频带宽度和信号延续时间的关系

在实际的地震勘探工作中，浅层反射波的频率较高，而中深层反射波的频率较低，浅层的信号延续时间短，深层的信号延续时间长，相应的振幅谱曲线浅层时间短的信号的频带要比深层时间长的频带要宽，则信号的时间长度与频带宽度呈反比，这就是频谱分析中的时标变换定理。

由上可见，不同的信号，各有自身不同的频谱，因此通过频谱特征的比较，可以分辨各种类型的波动，区分有用的信号和噪声。尤其重要的是，由于频谱特征更本质地反映了波的性质，能更清晰地展现波在介质传播过程中的变化规律。因此，频谱将作为一个重要的地震波动力学信息，揭示地下地层的性质。因此波的频谱分析，在工程地震勘察中具有重要的作用。

3）影响地震波传播的因素

自然界中，不同类型的岩石具有不同的物理性质，而且即使是同一类型的岩石，由于存在的环境条件和构造特征等的不同，亦会呈现出不同的弹性特征。因此地震波在不同岩石中和不同条件下其传播情况也不相同。弹性波理论和岩石的弹性性质分别是地震勘探的物理基础和地质基础，是地震工作的依据。

影响地震波速度的因素主要有：构成岩石的组分及其各部分的弹性特征；岩石的孔隙度和密度；压力，亦称地压，它不仅对固体的骨架，而且对物质充填的孔隙以及孔隙率产生作用；温度，它是通过岩石组分的晶化或熔化，直接或者间接地使岩石的弹性特征发生变化，尤其对于深部地层；成岩历史，当受到定向应力、化学或热的影响时，岩石就会发生变化，而且，岩石能被风化、搬运和磨蚀而形成新的岩石；岩石年代，它与弹性特征之间显示了特有的关系：对于同类岩石，年代较老的与年代较新的相比，一般更为坚硬，孔隙率更小，密度更大，速度更高。

同样类型沉积岩的特征，主要取决于胶结作用、压力和年龄。胶结作用对于速度的影响，又取决于胶结物质的数量和种类。

对于同一种岩相和地层，速度一般随压力增加，即随深度的增加而明显递增，并且这种速度随深度的递增往往非常接近于一种线性规律。

沉积物的年代也起着很大的作用。岩石越老，其组成的颗粒随着时间的推移也将胶结得更好和压得更实，因而地震波速度也就越大。沉积的间断，常常反映明显的速度突变，这种突变越大，引起的反射波振幅就越强。因此，较老的即所谓"基底"地层，用地震波法是比较容易追踪的。

## 2.2　地震勘探基本原理

### 2.2.1　地震勘探工作原理

物探方法是根据地质学和物理学的原理，利用电子学和信息论等许多科学技术领域的新技术，建立起来的一种较新的地质勘探方法。它是利用各种物理仪器在地面观测地壳上的各种物理现象，从而推断、了解地下的地质构造特点。物探方法之所以能用来查明地下地质结构的特点，主要是因为组成地壳的各种岩石或组成地质结构的各个岩层具有不同的物理性质，因而不同岩石或地层对地面的物理仪器就有不同的作用。根据物理仪器测量的结果，就可以推断地下地质构造的特点。主要的物探方法有：重力勘探（利用岩石的密度差别），磁法勘探（利用岩石的磁性差别），电法勘探（利用岩石的导电性差别），地震勘探（利用岩石的弹性差别）。

地震勘探是地球物理勘探方法（简称物探法）中的一种，概括地说，就是通过人工激发地震波，然后利用地震勘探仪器接收、记录波场的数据，经分析处理后，来推断地下地质参数，以查明地下的地质构造的一种物探方法。在地球物理勘探的各种方法中，地震勘探以其具有较高的精确度、高的分辨率和很大的穿透深度等优越性而成为一种最有效的方法。

常用的地面地震勘探基本过程如图 2-7 所示。首先用人工激发方法引起地壳振动（如

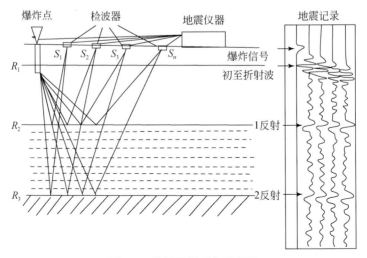

图 2-7　地震勘探工作示意图

在我国平原地区进行地震勘探，常在地表打一口几米至十几米深的井，在井内放一定质量的炸药，利用炸药爆炸产生人工地震波），在沿某一方向布置的测线上设置检测地表振动的专用仪器，该设备能把接收到的振动信号转变为电信号，并以一定的形式记录下各接收点的振动情况；再利用记录下来的各种资料经过一系列处理与综合分析，提取出有意义的信息，最后以各种形式显示地质解释结果。

地震波的传播是以地层作为传输信道，载波介质的机制不同，不仅会使波传播方向、传播路径发生改变，而且会使波的振幅、频率、相位、衰减程度等物理参数发生变化。例如，当遇到弹性界面时，将发生反射、折射和透射，如图2-8所示，同时形成反射波、折射波和透射波。

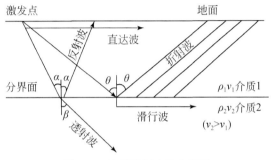

图2-8　地震勘探中的各种波

根据仪器所采集信息的不同，地震勘探又可分为反射波地震勘探、折射波地震勘探、透射波地震勘探三种基本勘探方法，其中反射波地震勘探的使用最为普遍。

反射波地震勘探是依据在测线的不同位置上接收到的反射时间变化，来反映地下不同深度地层空间分布状态，如图2-9所示，在地面上1条测线某点打井放炮，产生的地震波向地表和地下不同方向进行传播，当地震波遇到两种不同弹性参数的地层界面1（如砂岩和泥岩分界面），就会发生反射、透射。透射后的地震波再遇到不同弹性参数的岩石界面2（如泥岩和石灰岩分界面），再次发生反射和透射。在放炮的同时，利用地面上不同点位布置的精密仪器，把来自各地层分界面的反射波引起的振动信息记录下来。然后根据地震波从地面开始向下传播的时刻（即爆炸的时刻）和地层分界面反射波到达地面的时刻，得出地震波从地面向下传播到达地层分界面，又反射回地面的总时间 $t$，再用其他方法测定出地震波在岩层中传播的速度 $v$，利用以下计算公式：

$$s = \frac{1}{2}vt$$

就可以得出地层分界面的埋藏深度。

沿地面上布置的测线，一段一段地进行观测，并对观测结果进行处理之后，就可以形象地反映出地下岩层分界面埋藏深度起伏变化的资料——地震剖面图（图2-9）。在图上可以看到，地层分界面1是水平的。因而在地面各点观测时，这个分界面的反射波1的传播时间都相同。在这些反射波的振动图上，振幅极大值的连线（地震勘探中称为一个波的同相轴）就是一条水平直线，形象地反映了界面1的形态。地层界面2是隆起的，所以来自界面2的反射波的传播时间在各点就不一样，在界面埋藏浅的地方，传播时间短，埋藏深的地方，传播时间长。这个反射波的同相轴就是弯曲的，与界面2的形态相对应。在工区内布置多条测线，组成一个测线网，并在每条测线上进行观测之后，就可以得到该区地下地层起伏的完整概念。一般的单次剖面可以反映6000m以内的深度，在较理想情况下能够分辨几米的构造起伏。

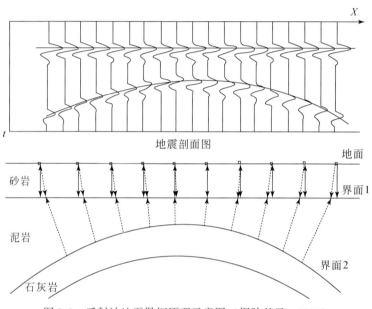

图2-9　反射波地震勘探原理示意图（据陆基孟，2009）

上述介绍的反射波法地震勘探基本原理，是把地下介质视为均匀、完全弹性的条件下的一种近似求解的结果，它是采用单一波形的直达波或一次反射波来解决一般层状地质构造问题；然而实际工程勘探的对象多是非均匀复杂构造，地震波在地下传播过程中，不单纯以纵波和横波的形式，而是形成一个复合波场，对这类勘测问题，原有的常规方法因手段较简单、使用单一波形，而无法很好地解决问题。为更好地查明这些地质问题，为生产提供丰富而全面的工程地质参数，就要求应用三分量或多分量检波器做全波列记录，进行多波多分量三维地震勘探。

## 2.2.2　地震子波及记录道的形成

子波是指某一类型的波传播的最初形式，震源在地面激发，地震子波向地下传播，遇到物性变异界面就会发生反射和透射。地震子波经过多层界面的反射后返回地面，由设置在测点处的检波器接收其振动波形，便形成此测点处的一个反射波记录道。若地下实际存在 $n$ 个反射界面，则在地面可以接收到每个界面的反射波。一个实际地震记录道 $S(t)$ 是由多个反射地震子波组成的复合振动。

若把 $B(t)$ 视为对地层的输入（子波序列），而把地面的反射振动看作对输入的输出，在这种意义上，把发生反射的地层界面的反射系数作为因子 $R(t)$（忽略检波器和仪器的影响），如图 2-10 所示，则一个反射波记录道 $S(t)$ 是地层反射系数序列 $R_t$ 和地震子波 $B(t)$ 褶积的结果，即

$$S(t) = R_1 b_{t-1} + R_2 b_{t-2} + R_3 b_{t-3} + \cdots + R_n b_{t-n} = \sum_{n=1}^{N} R_n \cdot b_{t-n} = R_t * B_t \qquad (2\text{-}40)$$

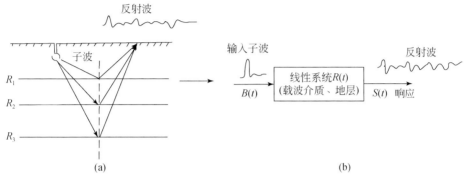

图 2-10　地震子波传播的物理模型

## 2.2.3　地震勘探的干扰信号分析

上面介绍的是在没有干扰情况下地震波的形成机理，在实际野外工作中，地震仪所记录下来的波是测点处各种振动的合成，其中可用来解决地质勘探任务的波被称为有效波，而把妨碍有效波的识别和追踪的其他波都归属于干扰波范畴，正确地分析并弄清干扰波的特性及其来源，对地震仪器的设计和整个地震勘探水平的提高都具有十分重要的意义。

1）规则干扰波

这种干扰波是相对的，针对常规单波反射地震勘探中，干扰波按其来源与性质可分为以下类型。

（1）声波：施工场地中其他人工活动，以及震源爆炸或重锤撞击时均可产生声波，它实质上是在空气中传播的弹性波。其特点是速度稳定，约 340m/s，一般在地震记录上形成尖锐的强初至波，频率高，延续时间较短，呈窄带状。为避免声波干扰，应尽量消除人工声源，采用井中激发，并想办法使震源的能量向地下传播。

（2）浅层折射波：浅层折射波在初至区域内会对浅部信号形成干扰。

（3）侧面波：在地表条件比较复杂的地区进行地震勘探工作时，会出现一种称为侧面波的干扰波。如在山区或沟谷交错的复杂地形，沟谷陡峭的界面形成一个强波阻抗界面，因而地震波激发后，记录上可出现来自不同方向的具有不同视速度的干扰波，即侧面波。矿井巷道中激发往往会产生巷道波。

（4）多次反射波：在反射波法勘探时，当反射波传播到地面时，因地面与空气的分界面是一个波阻抗差别很明显的界面，具有良好的反射条件，反射波可能又会被这个界面反

射回地下，当再次遇到地下发射界面时，又被发射返回地面，这样形成的反射波称为多次波。勘探工作可采用多次覆盖的观测系统进行数据采集，利用多次覆盖资料可有效地压制多次波。

2）不规则干扰

由采集系统引起的不规则干扰，可以分为由检波器、检波电缆引起的畸变以及采集电路本身引起的畸变几个方面。由检波器引起的畸变主要是检波器本身的非线性引起的，就目前检波器的发展水平，常规地震检波器的非线性指标仅为 0.2%。由电缆引起的干扰包括由电缆漏电引起的干扰和传输模拟线对之间的串音，此外电缆长度变化使各检波器与采集电路输入端的电阻不等，这样不仅会引起信号的衰减还会造成各道灵敏度不同，同时也会由于各道输入电容不同而引起可变的畸变。由采集电路引起的畸变主要包括由放大器、模拟滤波器以及模拟信号量化过程中引起的畸变。

## 2.2.4　地震信号数字化采集

1）采样

模拟量转换为数字量是在地震数据采集中的关键环节，而将模拟信号进行量化的第一步就是将连续地震信号离散化，即抽取模拟信号的瞬时幅度，通常称为采样或抽样。

所谓采样，就是将随时间连续变化的模拟信号，变成一系列离散子样的过程。采样的过程实际上是一个脉冲调制的过程，即利用周期性的脉冲序 $S(nT_S)$ 对时间域中连续的模拟信号 $f(t)$ 进行"抽取"，得到一系列的离散值 $x(nT_S)$，这种离散信号就是采样信号，其中 $T_S$ 为采样周期或采样间隔，图 2-11 是采样物理过程原理图。

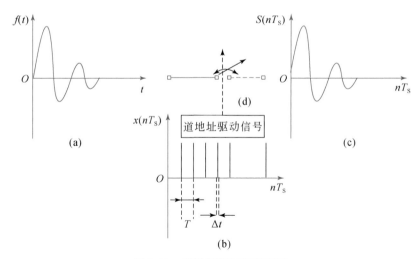

图 2-11　采样物理过程原理图

这里为书写方便，将 $nT_S$ 用 $t$ 表示。在一般情况下，采样过程是通过采样脉冲序列 $S(t)$ 与连续信号 $f(t)$ 相乘来完成。即满足：

$$x(t) = f(t) \cdot S(t) \tag{2-41}$$

设连续信号 $f(t)$ 的傅里叶变换为 $F(\omega)$；采样脉冲序列 $S(t)$ 的傅里叶变换为 $S(\omega)$；采样信号 $x(t)$ 的傅里叶变换为 $X(\omega)$。

在实际工作中，通常采样脉冲序列的宽度 $\Delta t$ 极窄，因而可以把采样脉冲序列 $S(t)$ 近似看作单位冲击序列，此时的采样称为"冲激采样"或理想采样。在理想采样情况下 $S(t)$ 可表示为

$$S(t) = \delta_T(t) = \sum_{n=-\infty}^{\infty} \delta(t - nT_S) \tag{2-42}$$

此时可以得到冲激采样下采样信号 $x(t)$ 的傅里叶变换：

$$X(\omega) = \frac{1}{T_S} \sum_{n=-\infty}^{\infty} F(\omega - n\omega_S) \tag{2-43}$$

式（2-43）表明，在理想采样情况下，抽样信号的频谱是以 $\omega_S$ 为周期等幅地重复。

2）采样定理

当一个连续的信号被采样以后，在什么条件下可以从离散的采样信号 $x(nT_S)$ 中无失真地恢复原连续信号 $f(t)$？这一点可由著名的香农（Shannon）采样定理来说明。采样定理的时间域定义是：

若一个时间函数 $f(t)$，不包含高于 $f_{max}$ 的频率分量，则此时间函数完全可由一系列时间间隔等于或小于 $1/(2f_{max})$ 处的纵坐标值决定。

也就是说，对于一个频带有限的信号（频率成分不高于 $f_{max}$）$f(t)$，要想从其采样信号 $x(nT_S)$ 中无失真地恢复原连续信号，采样间隔 $T_S$ 必须满足以下条件：

$$T_S \leqslant 1/(2f_{max}) \tag{2-44}$$

或采样频率 $f_S$ 满足：

$$f_S \geqslant 2f_{max}$$

通常定义 $f_N = f_S/2$ 为奈奎斯特频率（Nyquist frequency），也称为折叠频率。

上述采样定理表明：对于一个频带有限的信号，在其所含的最高频率分量中，每个周期至少要取两个样点。但每个周期采两个样点只是必要条件，它并不能保证在所有情况下都能无失真地恢复原信号，可以证明只有当这两个样点恰好落在被采样信号的波峰和波谷上时，其恢复后的波形幅度和相位才不会产生失真，见图 2-12（a），实线为原信号波形，虚线为恢复后信号波形。从图 2-12（a）可以看出，当两个样点不是落在波峰和波谷时，恢复后波形的相位和振幅都发生了改变。

因此，在地震数据采集时，为确保恢复各频率分量的幅度和相位有足够的精度，对于最高频率分量，一般要求每个周期取 4~6 个样点，也就是说采样信号的频率必须是输入信号中最高频率分量的 4~6 倍，如图 2-12（b）所示。

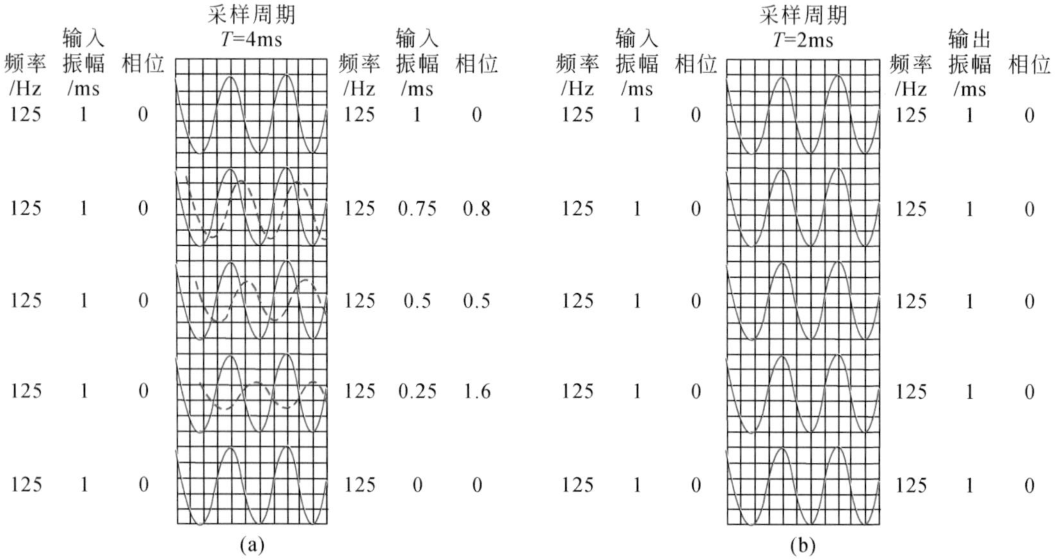

图 2-12　两个（多于两个）样点/周期再现波形的振幅与相位的影响

# 3 煤系岩石声波速度测试技术

煤层及其顶、底板岩石声波速度是揭示煤系岩石性质，进行煤田和矿井地震勘探设计、地震数据处理与解释的一个十分重要的参数。地面地震勘探一般通过井约束结合速度分析取得速度值，矿井地震勘探在煤系地层中进行，是近距离、高精度探测，由于煤系地层层位变化大，常出现软硬岩层交替，不同岩石其声波速度不同，并且同类岩石的声波速度还随岩层赋存深度与温度等环境条件变化而变化，而井下观测系统较简单，仅仅利用地震资料往往难以获得高精度地震波速度，因此更有必要开展煤系岩层声波速度的测试研究，通过研究帮助我们在地震勘探观测系统设计与资料处理解释中有效判别分析地质构造。

目前岩石声波速度测试工作大多是在常温、常压条件下进行，通过测试数据，可建立不同岩性声波速度与其弹性参数的定量关系。在煤系地层岩石声波速度测试技术与研究方面，不同学者取得了不同的分析结果。孟召平（2006a，2006c）、张慎河等（2006）测试研究了煤系岩石物理力学参数与声波速度之间的关系，并进行过深部温度、压力条件及其对砂岩岩石力学性质的影响研究。彭苏萍等（2004）根据岩石实验测试数据和测井资料，利用交会图技术和统计分析方法，对淮南煤田含煤地层中各类岩石的密度以及纵、横波速度等物性参数进行了系统研究，把煤系岩层分为碎屑岩和煤两类进行统计分析，并获得它们的密实度与纵波速度相关关系经验公式。董守华（2004）对淮北矿区煤层及顶底板岩石进行了纵横波速度测试，并讨论了煤层顶底板反射系数与入射角的关系，但没有进行地层条件下（温度、压力随深度变化而变化）声波速度随深度变化的测试分析。

煤炭资源矿井开采将向地下深部延拓，煤系地层随赋存深度增加其岩石物理性质也将发生变化，同时，现代化矿井对矿井地质工作的要求越来越高，要求采用先进的探测技术对矿井地质条件进行超前精细预测，高分辨率地震勘探是查明矿区致灾地质因素和大比例尺地质构造分布的一种重要物探手段，而要从地震勘探信息中获取煤层的厚度、裂隙发育与瓦斯富集程度、顶底板岩性等信息，必须利用 AVO（amplitude variation with offset）等属性分析技术（郭珍，2016），这就要弄清不同地层条件下煤层顶底板反射特征，全面分析影响反射波能量分布的主导因素，有效地指导煤田精细地震勘探设计与资料处理分析。

## 3.1 裂隙煤样岩石声波测量

### 3.1.1 概述

#### 3.1.1.1 样品信息

1）样品采集

样品采集工作一般在矿井下进行，针对不同的任务布置采集点位置。以神东矿区大柳塔样品采集为例进行说明。该井田位处陕北黄土高原的北侧与毛乌素沙漠的东南缘，区内属风蚀地貌，含煤地层为中生界侏罗系延安组，延安组上部有缺失，揭露最大厚度约为244m，平均厚度约195m，含5个煤组，20余层煤，可采9层，其中2-2、5-2煤层基本全区可采或全区可采，属稳定型；测试煤样位于大柳塔矿井下5-2煤层50302综采工作面的14、30及32联巷，煤样采集位置见图3-1。考虑到井下采集及运输条件，决定钻取10块30cm×30cm×30cm左右的完整块煤。

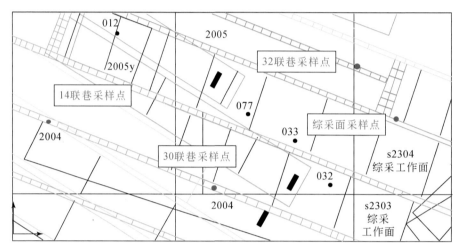

图 3-1　煤样采集位置示意图

2）样品加工

由于采集矿井的煤层属于典型的软岩，结构脆弱，孔裂隙发育，因此煤样取心和制样难度较大，在加工过程中极易破碎。根据国际岩石力学学会（ISRM）试验方法委员会出台的标准，一般对试件尺寸的要求是将煤样加工成直径 $\phi$50mm，高度接近100mm的圆柱体，以满足超声试验的边界条件。同时，需要用砂轮打磨机磨平样品上下两端面，尽量使其相互平行并垂直煤岩的中轴线，以便在超声试验过程中纵横波换能器与煤岩接触良好。常见的加工良好的试样见图3-2。测试前，需要对测试的煤样命名编号，神东矿区大柳塔测试煤样详细信息见表3-1。

表 3-1　测试样品信息

| 样品编号 | 采样地点 | 高度/mm | 直径/mm | 质量/g |
| --- | --- | --- | --- | --- |
| 1 | 14 联巷 | 98.14 | 50.04 | 246.36 |
| 2 | 32 联巷 | 91.31 | 50.12 | 226.87 |
| 3 | 30 联巷 | 99.75 | 50.19 | 248.38 |
| 4 | 30 联巷 | 89.69 | 50.13 | 219.57 |

在采集及钻取煤样过程中，为减少对煤样的人工破坏使其最大限度保持原始状态，需要注意采取以下措施：

图 3-2 待测裂隙煤样

（1）为方便后续制作在井下需采集较大尺寸煤样，同时在煤样上标示出煤层的层理方向和能够提供可靠参考的方位指示方向，以便于之后的研究能够确定平行煤层层理面的裂隙方位各向异性特征。

（2）在实验室内对大块煤样进行钻取过程中，垂直煤层层面取岩心，并尽量在制样过程中保留井下采集的煤块样上的方位标记。

（3）切割煤样过程中尽可能降低机床转速，以减轻人为扰动影响。

（4）在打磨工序中，将煤心牢牢固定于基床工件夹上，防止砂轮移动过程中煤样受力震动轻微摆动导致打磨面不平整，甚至应力不均而碎裂。其次要保证打磨面上有充足的水射流，不只降尘，还有润滑的作用。控制好磨砂轮推进距离以防煤样破碎。

（5）按照岩石试验规范标准要求加工煤样的高度、直径、平整度、光洁度、平行度等。

（6）为了防止煤样干燥失水后导致的结构破碎并且造成试验误差，制成标准煤样后用保鲜膜密封妥善保存。

### 3.1.1.2 试验原理

声波测试是动态弹性波测试的方法之一，弹性波在固体介质中的传播理论是该方法的理论基础。向被测介质发射人工激振的超声波，在另一端接收穿过介质的声波。由于介质的结构及物理力学性质不同，其声学特征也不同，不同地质体、结构差异、力学性能等因素均会对声学性质产生影响。通过观测和分析声波在不同介质中的纵横波速度、振幅信息和频谱特征，从而了解关于被测介质的整体性质。

利用超声脉冲方法测量岩石波速的方法比较完整的叙述由 Birch 在 1960 年的经典论文中给出。当待测样品比超声波的波长大许多时，样品可被近似看作无界的，研究已证明，任意扰动产生的初动在介质中以纵波速度 $v_p$ 或横波速度 $v_s$ 传播。Birch 提出将两个超声波探头放置在样品的两个端面上，当脉冲发生器产生的高压电脉冲信号加在发射探头上时，探头受到激发，产生 P 波或者 S 波的瞬态振动，波的类型由探头的振动方式决定。该振动经过耦合剂（涂抹于探头与样品间）后，穿透介质，由接收探头采集。

1）声波脉冲透射法

该方法需要在被测样品的两端分别放置一个声源和一个接收器，测试声波从声源出发到接收的传播时间和所经过的路程，如图 3-3 所示。

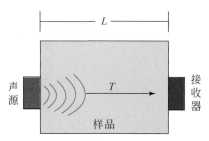

图 3-3　透射声波测试示意图

脉冲发生时间与接收时间之差 $T$ 被仪器测出，再排除波在耦合剂中传播的时间 $T_0$ 后，可得波在介质中传播时间 $T_t$：

$$T_t = T - T_0 \tag{3-1}$$

则纵横波速度为

$$v_P = \frac{L}{T_P} \tag{3-2}$$

$$v_S = \frac{L}{T_S} \tag{3-3}$$

式中，$v_P$ 为岩样的纵波速度，m/s；$v_S$ 为岩样的横波速度，m/s；$L$ 为样品长度，m；$T_P$ 为纵波在岩样中传播时间，s；$T_S$ 为横波在岩样中传播时间，s。

2）声波脉冲反射法

该方法是在被测样品的一个端面上同时放置声源与接收器，测试声波从声源到样品的另一端反射到接收器的时间，波所经历的路程是样品长度的两倍，如图 3-4 所示。

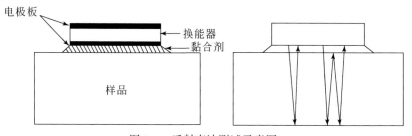

图 3-4　反射声波测试示意图

声波脉冲反射法测试可根据反射波到达时间及其传播距离来计算纵横波速度。实验时应注意观察分析多次反射波，如果多次波判别清晰，也可利用多次波传播时间及其对应距离来解算纵横波速度。

### 3.1.1.3  试验设备

超声测试试验设备众多，常用的有美国 GCTS（Geotechnical Consulting & Testing Systems）公司的高温高压岩石三轴测试系统，如图 3-5 所示。该测试系统是一套闭环数字伺服控制装置，可简便快速地进行岩石试样三轴试验。能够模拟地层在高温高压条件下测试岩石的变形和动静态弹性常数等。RTR 高温高压岩石综合测试系统主要包括主机、主控器、ULT-100 超声波波速测试系统、压力室温度控制器、围压孔压增压控制器、快速脉冲衰减渗透测量装置、波速各向异性（CVA）测量装置（图 3-6）、液压泵站等。图 3-7 为其纵横波换能器。

图 3-5  高温高压岩石三轴测试系统

图 3-6  波速各向异性测量装置

图 3-7  纵横波换能器

#### 3.1.1.4　试验内容

1）参数选择

波速各向异性测试系统程序执行界面如图 3-8 所示。

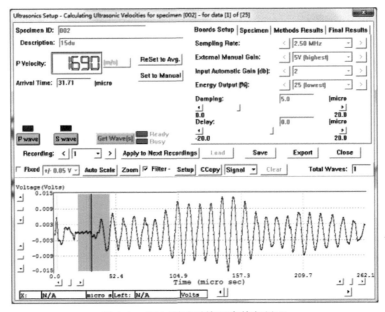

图 3-8　CVA 测试系统程序执行界面

零声时：波在探头与耦合剂中传播时间。将探头涂抹少量蜂蜜，用力按压，分别测得 P 波、S 波在探头与耦合剂中传播时间。

采样频率：定义了每秒从连续信号中提取并组成离散信号的采样个数。采样频率的倒数是采样周期，也称其为采样时间。经过反复试验，本研究中当采样频率为 2.5MHz 时，波形效果较好。

信号增益：分为信号输入自动增益与外部手动增益，系统的自动增益范围为−22dB 到 20dB，通过调节该参数，可以控制信号的输出强度。当输入信号较弱时，可以通过放大倍数保证信号的输出强度；当输入信号强度过高时，可使输出幅度降低。本研究采用 2dB。

能量输出：针对不同探测介质，为获得较易清晰判读的波形数据，能量调整幅度也较大。较致密岩石、金属、换能器对接等测试条件下，往往需要减小发射能量。而对于相对松散和多裂隙岩体，往往需要将能量放大很多倍才可获得较易判读的波形，测试煤样采用 25% 即可得到较完整的波形。

2）试验过程

首先，在煤样顶面标记 0° 刻度线，并标注 0°~360° 顺时针方向线。在传感器及煤样测试部位涂适量耦合剂蜂蜜，保障超声波能够穿透待测裂隙煤样，达到有效检测的效果。

将卡盘调整到 0°，煤样 0°~180° 方向与卡盘 0°~180° 方向一致，将 0° 方向置于传感器发射端，将煤样卡紧，拨动气动作动器，传感器在煤样两端夹紧。

打开 ULT-100 超声波波速测试系统界面，输入裂隙煤样高度、直径、质量等信息，调整系统各项参数，直至出现信噪比较高的波形。保存参数设置，分别进行以下试验。

①裂隙煤样纵横波速各向异性试验

利用 ULT-100 超声波波速测试系统，建立本研究自动测量程序，即每15°间隔测量，每个煤样360°共计24组数据。经过多次测试，最终选取每隔10s进行一个方向的测试，设定程序执行的总时间为5min，以防试验过程中出现差错暂停调整而影响测试结果。

确认各项参数无误后，执行测试程序，其间手动转动卡盘切换测试角度，完成声波速度各向异性试验。

②裂隙煤样纵横波速随频率变化试验

经以上试验后，分析出裂隙煤样速度最大值及最小值速度方向，在这两个方向上分别进行测试，其他参数不变，只改变采样频率，满足单一变量原则，分析裂隙煤样速度随频率的变化。

纵横波传感器分别执行上述操作过程，每个独立试验均进行 3 次，降低人为误差对试验精度的影响，其间做好现场试验数据记录，将所测裂隙煤样编号、参数设置、数据存储位置一一对应。最终测得各个裂隙煤样不同参数设置情况下的纵横波速度值，以及完整的波形图。将原始数据导出为 txt 文档数据，做后期数据分析。测试结束后清洗传感器，以免影响仪器使用。擦拭裂隙煤样，做好密封保存。

3）数据处理

首波，或称作初至波，是指信号中接收到的第一个波峰或者波谷。超声波首波判读是本试验的关键所在，如图 3-9 所示，能否准确识别起跳点，关系到初至时间的精确性，进而影响纵横波速度计算的准确性。截至目前，专家学者已经提出许多首波判读的方法，如

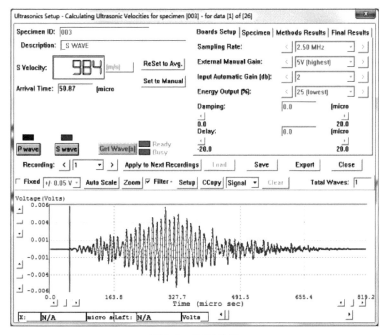

图 3-9 初至拾取

最大振幅法、能量比值法等。在超声波波形中，起跳点是一个非常特殊的点，在它之前数字有效信号为零，信号均为噪声，而之后却为真实的超声波信号。时窗内信号在起跳点前后能量及最大振幅特征存在显著的差异，因此，可以自己设定时窗长度，利用能量比及振幅比的方法拾取初至时间。而研究中，基于系统自动判读的数据，进行人工修正即可满足试验要求。

## 3.1.2　数据计算

### 3.1.2.1　速度计算

通过对大柳塔矿区裂隙煤岩进行常温常压条件下的超声测量，得出其各个方位纵、横波速度结果见表3-2。从测试结果可以看出裂隙煤样的纵横波速度有显著差异，且纵波速度大于横波速度。

表 3-2　裂隙煤样纵横波速度表

| 发射角－接收角 | NO. 1 | | NO. 2 | | NO. 3 | | NO. 4 | |
|---|---|---|---|---|---|---|---|---|
| | 纵波速度/(m/s) | 横波速度/(m/s) | 纵波速度/(m/s) | 横波速度/(m/s) | 纵波速度/(m/s) | 横波速度/(m/s) | 纵波速度/(m/s) | 横波速度/(m/s) |
| 0°－180° | 1690 | 984 | 1603 | 820 | 1308 | 1111 | 1455 | 796 |
| 15°－195° | 1778 | 844 | 1578 | 812 | 1392 | 1045 | 1411 | 782 |
| 30°－210° | 1651 | 795 | 1486 | 863 | 1383 | 982 | 1387 | 769 |
| 45°－225° | 1456 | 811 | 1558 | 879 | 1408 | 846 | 1345 | 774 |
| 60°－240° | 1583 | 813 | 1544 | 814 | 1621 | 834 | 1285 | 770 |
| 75°－255° | 1672 | 863 | 1461 | 782 | 1510 | 843 | 1306 | 783 |
| 90°－270° | 1729 | 867 | 1433 | 808 | 1363 | 835 | 1320 | 791 |
| 105°－285° | 1656 | 842 | 1470 | 850 | 1271 | 841 | 1433 | 835 |
| 120°－300° | 1667 | 987 | 1421 | 809 | 1444 | 843 | 1445 | 850 |
| 135°－315° | 1704 | 1015 | 1464 | 843 | 1302 | 792 | 1425 | 809 |
| 150°－330° | 1682 | 1012 | 1469 | 794 | 1442 | 800 | 1400 | 810 |
| 165°－345° | 1730 | 986 | 1458 | 781 | 1303 | 791 | 1448 | 781 |
| 180°－0° | 1712 | 958 | 1496 | 826 | 1319 | 955 | 1425 | 771 |
| 195°－15° | 1606 | 835 | 1493 | 836 | 1319 | 820 | 1425 | 773 |
| 210°－30° | 1642 | 802 | 1382 | 875 | 1401 | 875 | 1418 | 772 |
| 225°－45° | 1439 | 820 | 1410 | 869 | 1419 | 840 | 1305 | 754 |
| 240°－60° | 1553 | 854 | 1505 | 898 | 1588 | 841 | 1411 | 781 |
| 255°－75° | 1639 | 880 | 1476 | 781 | 1464 | 843 | 1403 | 771 |
| 270°－90° | 1760 | 910 | 1372 | 739 | 1383 | 856 | 1419 | 790 |
| 285°－105° | 1583 | 852 | 1534 | 754 | 1355 | 815 | 1396 | 834 |

| 发射角–接收角 | NO. 1 | | NO. 2 | | NO. 3 | | NO. 4 | |
|---|---|---|---|---|---|---|---|---|
| | 纵波速度/(m/s) | 横波速度/(m/s) | 纵波速度/(m/s) | 横波速度/(m/s) | 纵波速度/(m/s) | 横波速度/(m/s) | 纵波速度/(m/s) | 横波速度/(m/s) |
| 300°–120° | 1664 | 840 | 1466 | 833 | 1438 | 803 | 1408 | 882 |
| 315°–135° | 1756 | 1008 | 1463 | 836 | 1309 | 793 | 1410 | 842 |
| 330°–150° | 1687 | 1004 | 1456 | 819 | 1436 | 984 | 1510 | 819 |
| 345°–165° | 1787 | 1002 | 1571 | 716 | 1328 | 1031 | 1548 | 804 |
| 最小值 | 1787 | 1015 | 1603 | 898 | 1621 | 1111 | 1548 | 882 |
| 最大值 | 1439 | 795 | 1372 | 716 | 1271 | 791 | 1285 | 754 |
| 平均值 | 1675 | 937 | 1482 | 818 | 1396 | 876 | 1406 | 798 |

　　煤岩的各向异性是指煤岩的力学和物理性质随方向而变化。可以利用速度各向异性系数来表示煤层垂直层理方向与平行层理方向纵横波速度的各向异性特征，其定义的公式如下：

$$\varepsilon_{P} = \frac{v_{PMAX} - v_{PMIN}}{v_{PAVG}} \times 100\% \tag{3-4}$$

$$\varepsilon_{S} = \frac{v_{SMAX} - v_{SMIN}}{v_{SAVG}} \times 100\% \tag{3-5}$$

式中，$\varepsilon_{P}$、$\varepsilon_{S}$ 为裂隙煤样纵、横波速度各向异性系数；$v_{PMAX}$、$v_{PMIN}$ 与 $v_{PAVG}$ 为裂隙煤样平行层理方向纵波速度最大值、最小值与平均值，m/s；$v_{SMAX}$、$v_{SMIN}$ 与 $v_{SAVG}$ 为裂隙煤样平行层理方向横波速度最大值、最小值与平均值，m/s。

### 3.1.2.2　动弹性参数计算

　　应力–应变及纵横波速度是描述煤样的动弹性参数，除此之外还包括以下参数。

　　（1）杨氏模量 $E$：是描述固体材料抵抗形变能力的物理量。杨氏模量衡量的是一个各向同性弹性体的刚度，在胡克定律范围内，其值等于单轴应力与形变之比。其计算公式为

$$E = \frac{\rho v_{S}^{2}(3v_{P}^{2} - 4v_{S}^{2})}{v_{P}^{2} - v_{S}^{2}} \tag{3-6}$$

　　（2）剪切模量 $\mu$：表征材料抵抗切应变的能力。材料在剪切应力作用下，在弹性变形比例极限范围内，其值等于切应力与切应变的比值。其计算公式为

$$\mu = \rho v_{S}^{2} \tag{3-7}$$

　　（3）体积模量 $K$：用来反映材料的宏观特性，即物体的体应变与平均应力（某一点三个主应力的平均值）之间的关系的一个物理量。其计算公式为

$$K = \rho \left( v_{P}^{2} - \frac{4}{3} v_{S}^{2} \right) \tag{3-8}$$

　　（4）拉梅常量 $\lambda$：表示材料的压缩性。其计算公式为

$$\lambda = \rho \left( v_{P}^{2} - 2v_{S}^{2} \right) \tag{3-9}$$

（5）动泊松比 $\nu_d$：反映材料横向变形的弹性常数。动泊松比是指材料在单向受拉或受压时，横向正应变与轴向正应变的绝对值的比值。利用纵横波速度计算动泊松比的公式为

$$\nu_d = \frac{v_P^2 - 2v_S^2}{2(v_P^2 - v_S^2)} \tag{3-10}$$

式（3-6）~式（3-10）中，$\rho$ 为裂隙岩样的密度，$kg/m^3$；$v_P$ 为裂隙岩样的纵波速度，$m/s$；$v_S$ 为裂隙岩样的横波速度，$m/s$。

### 3.1.2.3　物理参数计算

岩石的质量与体积的比值，就叫作岩石的密度。密度是煤的主要物理性质之一，煤的密度应用广泛，可用于分类精选，或是了解煤的变质程度等。煤岩成分、矿物质含量及煤中孔裂隙都会影响密度值。

煤的密度有三种表示方法，不同种类煤的密度值见表3-3。

表3-3　煤的密度

| 煤的种类 | 真密度/($g/cm^3$) | 视密度/($g/cm^3$) | 散密度/($g/cm^3$) |
|---|---|---|---|
| 烟煤 | 1.27~1.33 | 1.15~1.50 | 0.5~0.75 |
| 褐煤 | 1.3~1.4 | 1.05~1.30 | 0.5~0.75 |
| 无烟煤 | 1.4~1.8 | 1.4~1.7 | 0.5~0.75 |

（1）煤的真密度，是单个煤粒的质量与体积（不包括煤的孔隙的体积）的比值。通常用比重瓶法测量，该方法主要利用阿基米德原理。将待测煤样置入水中，使煤的孔隙中充满水。

（2）煤的视密度，又称煤的假密度，是单个煤粒的质量值除以外观体积（包括煤的孔隙）。涂蜡法和水银法均可测得，并利用阿基米德原理计算。涂蜡法是将蜡均匀涂在煤粒的外表面，煤的孔隙被封以阻止其他介质进入，将涂蜡后的煤样置入水中，称重计算。水银法是将煤样不进行任何处理直接置入水银中，根据水银体积的变化量计算。

（3）煤的散密度，又称煤的堆密度，是装满容器的煤粒的质量与容器容积的比值。

最终，利用重量测量工具测定裂隙煤样在自然风干状态下的质量，根据式（3-11）计算出煤样密度：

$$\rho = \frac{4m}{\pi D^2 h} \tag{3-11}$$

式中，$\rho$ 为裂隙煤岩的密度，$g/cm^3$；$m$ 为裂隙煤岩的质量，$g$；$D$ 为裂隙煤岩的直径，$mm$；$h$ 为裂隙岩样的高度，$mm$。

## 3.1.3　数据分析

### 3.1.3.1　纵横波速度各向异性特征

当地震波在具有各向异性的介质中传播时，存在速度的各向异性现象，即地震波的传

播速度与方向有关。通过测试分析传播速度在不同方位上的差异，可以研究煤岩的各向异性特征。大柳塔矿区采集的裂隙煤样各向异性系数见表3-4。

表 3-4　裂隙煤样各向异性系数

| 样品编号 | $v_{PMAX}$ /(m/s) | $v_{PMIN}$ /(m/s) | $v_{PAVG}$ /(m/s) | $v_{SMAX}$ /(m/s) | $v_{SMIN}$ /(m/s) | $v_{SAVG}$ /(m/s) | $\varepsilon_P$/% | $\varepsilon_S$/% |
|---|---|---|---|---|---|---|---|---|
| 1 | 1787 | 1439 | 1675 | 1015 | 795 | 937 | 20.77 | 23.47 |
| 2 | 1603 | 1372 | 1482 | 898 | 716 | 818 | 15.59 | 22.24 |
| 3 | 1621 | 1271 | 1396 | 1111 | 791 | 876 | 25.07 | 36.54 |
| 4 | 1548 | 1285 | 1406 | 882 | 754 | 798 | 18.71 | 16.05 |

由表3-4可知，纵波速度变化范围比横波速度大，横波速度各向异性系数多高于纵波速度各向异性系数，纵横波速度的各向异性系数有明显差异，其中纵波速度各向异性系数最大为 25.07%，最小 15.59%，而横波速度各向异性系数最大达到 36.54%，最小 16.05%。

图3-10为一号煤样纵横波速度各向异性图，该煤样纵波速度最大值为1787m/s，方向在165°～345°，最小值为1439m/s，方向在45°～225°。横波速度最大值为1015m/s，方向在135°～315°，最小值为795m/s，方向在30°～210°。

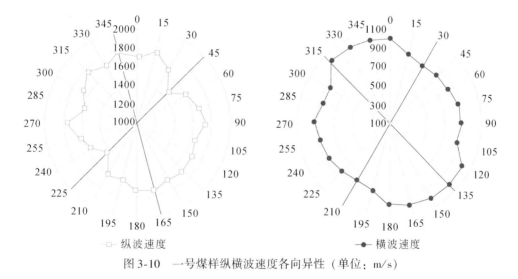

图 3-10　一号煤样纵横波速度各向异性（单位：m/s）

图3-11为二号煤样纵横波速度各向异性图，该煤样纵波速度最大值为1603m/s，方向在0°～180°，最小值为1372m/s，方向在90°～270°。横波速度最大值为898m/s，方向在60°～240°，最小值为716m/s，方向在30°～210°。

图3-12为三号煤样纵横波速度各向异性图，该煤样纵波速度最大值为1621m/s，方向在60°～240°，最小值为1271m/s，方向在105°～285°。横波速度最大值为1111m/s，方向在0°～180°，最小值为791m/s，方向在165°～345°。

图3-13为四号煤样纵横波速度各向异性图，该煤样纵波速度最大值为1548m/s，方向

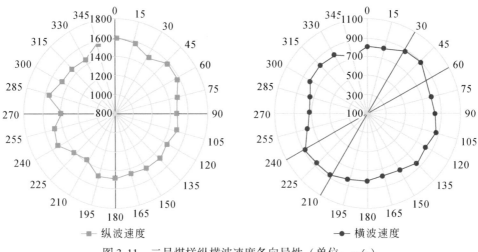

图 3-11　二号煤样纵横波速度各向异性（单位：m/s）

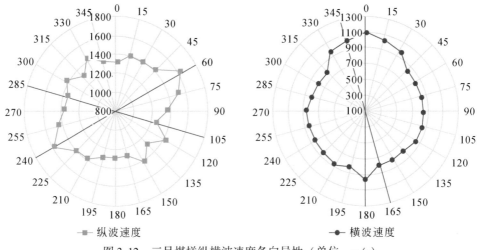

图 3-12　三号煤样纵横波速度各向异性（单位：m/s）

在 165°~345°，最小值为 1285m/s，方向在 60°~240°。横波速度最大值为 882m/s，方向在 120°~300°，最小值为 754m/s，方向在 45°~225°。

通过数据分析，同一裂隙煤样纵波速度最大值及最小值方向与横波速度最大值及最小值方向并不完全一致，纵横波速度最值方向有 30°~60°范围的夹角。产生此现象的原因可能有以下几个：纵横波的传播机理不同，纵波是推进波，而横波则是剪切波，传播方向不同。且由于煤样内生裂隙结构的复杂性，可能存在对超声波的反射与折射现象，从而造成纵横波速度值最值方向不同。

不同裂隙煤样纵横波速度各向异性明显存在最大值及最小值方向，交角接近 90°，均呈现出椭圆形或似哑铃形，符合理论预期。

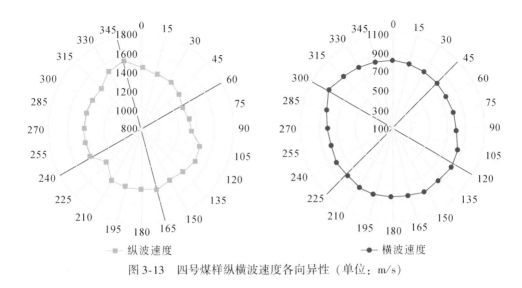

图 3-13 四号煤样纵横波速度各向异性（单位：m/s）

### 3.1.3.2 纵横波速度与密度的关系

通过裂隙煤样纵、横波速度与视密度进行回归分析，结果表明裂隙煤样波速与密度有良好的线性相关性（图 3-14），其中，纵波速度与密度线性回归关系式为

$$v_P = 6.2571\rho - 6.3789 \tag{3-12}$$

相关系数为 0.6804，横波速度与密度线性回归关系式为

$$v_S = 2.6486\rho - 2.4828 \tag{3-13}$$

相关系数为 0.9047。相比较可知横波速度与密度的线性相关性较好。

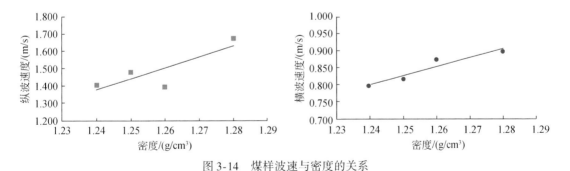

图 3-14 煤样波速与密度的关系

### 3.1.3.3 纵横波速度及波速比与频率的关系

频率由 20MHz 开始，以 1/2 的比例递减至 312.5Hz，分别测得裂隙煤样平行层理方向及垂直层理方向各纵、横波速度值，见表 3-5。分析可得，随着频率的减小，两方向的纵横波速度值均有降低的趋势，整体看来，纵波速度随频率的变化范围小于横波速度随频率的变化范围，故而纵横波速度比值随频率的降低而呈现增大的趋势，且平行层理方向速度比值普遍大于垂直层理方向，图 3-15 更直观地反映了该规律。

表 3-5　裂隙煤样速度值随频率的变化

| 煤样编号 | 频率 $f$/MHz | 平行层理方向 | | | 垂直层理方向 | | |
|---|---|---|---|---|---|---|---|
| | | $v_P$/(m/s) | $v_S$/(m/s) | $v_P/v_S$ | $v_P$/(m/s) | $v_S$/(m/s) | $v_P/v_S$ |
| 1 | 20 | 1712 | 1073 | 1.60 | 1729 | 1399 | 1.24 |
| | 10 | 1756 | 1093 | 1.61 | 1661 | 1238 | 1.34 |
| | 5 | 1783 | 923 | 1.93 | 1637 | 1016 | 1.61 |
| | 2.5 | 1745 | 940 | 1.86 | 1428 | 1025 | 1.39 |
| | 1.25 | 1756 | 840 | 2.09 | 1430 | 1015 | 1.41 |
| | 0.625 | 1699 | 830 | 2.05 | 1439 | 989 | 1.46 |
| | 0.3125 | 1686 | 862 | 1.96 | 1382 | 981 | 1.41 |
| 2 | 20 | 1600 | 1223 | 1.31 | 1584 | 1266 | 1.25 |
| | 10 | 1280 | 1127 | 1.14 | 1511 | 1279 | 1.18 |
| | 5 | 1271 | 936 | 1.36 | 1584 | 1066 | 1.49 |
| | 2.5 | 1187 | 955 | 1.24 | 1531 | 914 | 1.68 |
| | 1.25 | 1250 | 963 | 1.30 | 1470 | 838 | 1.75 |
| | 0.625 | 1333 | 974 | 1.37 | 1495 | 819 | 1.83 |
| | 0.3125 | 1242 | 776 | 1.60 | 1442 | 744 | 1.94 |
| 3 | 20 | 1658 | 1277 | 1.30 | 1505 | 1274 | 1.18 |
| | 10 | 1626 | 1049 | 1.55 | 1641 | 1011 | 1.62 |
| | 5 | 1609 | 1026 | 1.57 | 1633 | 1194 | 1.37 |
| | 2.5 | 1585 | 831 | 1.91 | 1467 | 1007 | 1.46 |
| | 1.25 | 1488 | 823 | 1.81 | 1575 | 968 | 1.63 |
| | 0.625 | 1513 | 840 | 1.80 | 1455 | 850 | 1.71 |
| | 0.3125 | 1527 | 851 | 1.79 | 1329 | 855 | 1.55 |
| 4 | 20 | 1705 | 1441 | 1.18 | 1826 | 1389 | 1.31 |
| | 10 | 1601 | 1089 | 1.47 | 1440 | 1073 | 1.34 |
| | 5 | 1525 | 829 | 1.84 | 1534 | 1187 | 1.29 |
| | 2.5 | 1598 | 850 | 1.88 | 1324 | 1012 | 1.31 |
| | 1.25 | 1587 | 809 | 1.96 | 1534 | 981 | 1.56 |
| | 0.625 | 1511 | 833 | 1.81 | 1506 | 884 | 1.70 |
| | 0.3125 | 1555 | 865 | 1.80 | 1525 | 808 | 1.89 |

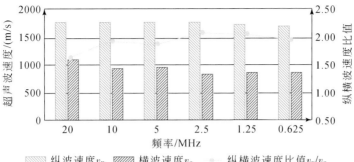

(a) 一号煤岩平行层理方向

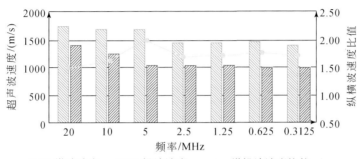

(b) 一号煤岩垂直层理方向

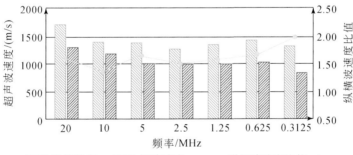

(c) 二号煤岩平行层理方向

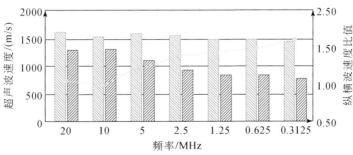

(d) 二号煤岩垂直层理方向

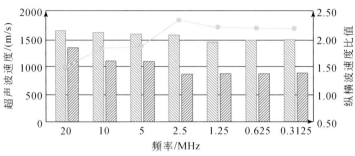

(e) 三号煤岩平行层理方向

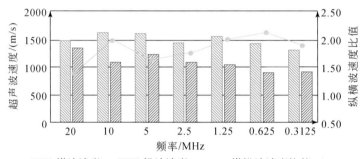

(f) 三号煤岩垂直层理方向

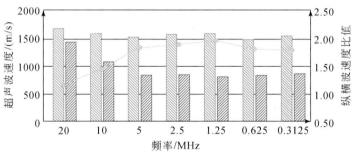

(g) 四号煤岩平行层理方向

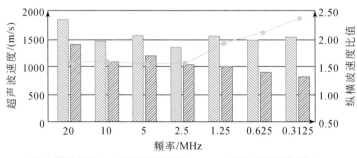

(h) 四号煤岩垂直层理方向

图 3-15　煤样波速随频率的变化

## 3.1.4 裂隙煤样动弹性参数特征

在常温常压条件下测试得到的裂隙煤样的动弹性参数见表 3-6。杨氏模量平均值为 2.31GPa，裂隙煤样在受力作用后抵抗形变的能力较强；体积模量平均值为 1.56GPa，其抗压缩性较强；剪切模量平均值为 0.93GPa；裂隙煤样动泊松比平均值约为 0.25，比原生结构煤的泊松比略小。

**表 3-6 常温常压下裂隙煤样动弹性参数**

| 样品编号 | 杨氏模量 $E$/GPa | 剪切模量 $\mu$/GPa | 体积模量 $K$/GPa | 拉梅常量 $\lambda$/GPa | 动泊松比 $\nu_{\mathrm{d}}$ |
|---|---|---|---|---|---|
| 1 | 2.85 | 1.12 | 2.03 | 1.28 | 0.27 |
| 2 | 2.14 | 0.84 | 1.63 | 1.07 | 0.28 |
| 3 | 2.27 | 0.97 | 1.17 | 0.52 | 0.18 |
| 4 | 1.99 | 0.79 | 1.40 | 0.87 | 0.26 |
| 平均值 | 2.31 | 0.93 | 1.56 | 0.94 | 0.25 |

## 3.2 裂隙煤样三轴压缩试验研究

煤岩组分千差万别、结构复杂多变，属于沉积岩的煤与硬度大、结构致密的花岗岩、大理岩、红砂岩等相比强度低，离散性大。关于均质岩石的三轴压缩试验研究较多，理论成果较丰富，而关于裂隙煤样的三轴压缩试验研究则是少之又少。与其他沉积岩相同，裂隙煤样的变形破坏过程、强度及变形特征，均会受到物质成分及结构的影响，除此之外，还受地应力状态和水等赋存条件的影响。在煤矿开采过程中，煤层只承受单向力的情况是极为罕见的，通常处于二向或三向的构造应力作用下。所以，通过三轴压缩试验以分析煤样变形特征及其力学参数的变化规律，在评价煤体质量和稳定性、解决矿井工程地质和技术问题、矿井灾害事故防治等方面具有重要的意义。采用美国 GCTS 公司 RTR 高温高压岩石综合测试系统对大柳塔矿区裂隙煤样进行常规三轴压缩试验，以分析其变形及强度特征。

## 3.2.1 煤样条件及试验方法

### 3.2.1.1 煤样制取

煤的内生裂隙及外生裂隙较为发育，微裂隙也较多，导致煤岩强度较低，相对软弱易碎，离散性大。煤样的制取非常困难，且在此过程中煤的原生状态极易受到人为因素扰动影响。试验煤样取自大柳塔矿区 50302 综采工作面，煤样条件见表 3-7。

表 3-7　煤样条件

| 样品编号 | 采样地点 | 高度/mm | 直径/mm | 质量/g | 围压/MPa |
| --- | --- | --- | --- | --- | --- |
| 1 | 14 联巷 | 98.14 | 50.04 | 246.36 | 5 |
| 2 | 32 联巷 | 91.31 | 50.12 | 226.87 | 10 |
| 3 | 30 联巷 | 99.75 | 50.19 | 248.38 | 20 |

### 3.2.1.2　试验仪器

利用美国 GCTS 公司 RTR 高温高压岩石综合测试系统完成裂隙煤样常规三轴压缩试验。RTR 高温高压岩石综合测试系统是一套闭环数字伺服控制装置，可简便快速地进行岩石试样三轴试验。

### 3.2.1.3　试验方法

试验中将围压逐步增加到预定值（分别为 5MPa、10MPa 和 20MPa），之后以 0.04mm/min 的轴向应变速度加载，直至裂隙煤样破坏。试验步骤如下。

1）补缺并安装裂隙煤样

将裂隙煤样两端面及柱面有明显缺陷的地方用环氧树脂填平，保证端面平滑。待胶干后，在煤样两端面均匀地涂抹蜂蜜，安置于上下压头之间，压头与煤样紧密接触。之后用 140mm 左右的热缩管包围煤样，并用吹风机均匀加热热缩管，使之紧缩于煤样表面，以防液压油渗入煤样内部，同时避免煤样破坏后碎屑落入压力室内。

2）安装变形测量装置

安装轴向及径向传感器等，连接电缆，确认无误后，下调压力室，如图 3-16 所示。

图 3-16　三轴压缩试验安装变形测量装置

3）开始试验

启动液压油泵开始加压，按照试验设计设置执行程序。

## 3.2.2 常规三轴压缩条件下煤样变形破坏过程

图 3-17 为常规单轴压缩条件下煤样变形破坏过程，在应力作用下煤样变形过程可分为五个阶段：

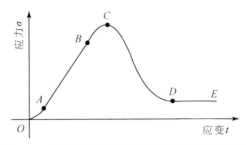

图 3-17 常规单轴压缩条件下煤样变形破坏过程

（1）*OA* 段——压密阶段，呈现向上弯曲状态，表明随应力的增加，应变增长速度减慢。从微观角度来看，煤体中大量的内生裂隙、外生裂隙是在载荷作用下压密闭合而造成的。

（2）*AB* 段——线弹性阶段，岩石固态物质的弹性常数与所含的孔隙状况决定了该段曲线的斜率。该阶段在宏观角度上看煤体变化属于线弹性变化，应力-应变曲线呈线性连续，但在微观角度上看该阶段为非弹性变化，煤体的变形和破裂是阵发性、非连续的。煤体持续变形并积聚变形能，只有到达一定程度时引起煤体破裂，并伴随弹性能的释放。微裂隙扩展会消耗大量的能量，当裂纹尖端处的能量不够支撑时则煤样裂纹停止扩展，而继续积聚变形能。*AB* 段中，煤体微裂隙变形大部分在卸载后可恢复，即为可逆变形。由于颗粒内部及颗粒间的位移滑动等造成小部分塑性变形，即煤体也存在小部分残余变形。因此，严格意义上讲该阶段不完全是线弹性变化，应称为表观线弹性变形阶段。

（3）*BC* 段——软化阶段，又一次呈现曲线状态，此时开始明显出现岩石非弹性变形，且非弹性体积应变增加，即出现岩石的膨胀现象。应变的增长随着应力增加而速度加快。从微观角度看，煤体在该阶段不断积蓄能量，变形不断加速，载荷上升比较缓慢，煤岩中不断产生的微裂隙开始汇集贯通，最后发生破坏失稳。

（4）*CD* 段——破裂及发展阶段，该阶段主要研究的问题是岩石的破坏稳定性问题、岩石变形局部化的问题等。煤体稳定性遭到破坏后，应力不断降低，而变形持续增大，裂隙逐渐加密，孔裂隙贯通，此段表示煤岩破坏的发生与发展过程。

（5）*DE* 段——塑性流动阶段，形变不断持续最终形成断裂面，导致煤体破裂。该段表示的是沿断裂面两侧岩石的摩擦滑动。

单轴破坏时煤样的破坏形式较为复杂，从形态上看是典型的压-剪脆性破坏及沿轴向的劈裂破坏，而在常规三轴压缩试验条件下，呈现剪切破坏。图 3-18 为同一块裂隙煤样在三轴压缩试验前后对比图，可以清晰地看出煤样沿着某一斜面破裂。

图 3-18　裂隙煤样在三轴压缩试验前后对比

将试验所得应力-应变曲线简化后，认为裂隙煤岩常规三轴压缩本构曲线与单轴压缩试验基本相同。在围压达到预定值之后，加载轴向压力时，裂隙煤样内生裂隙被压密，孔隙裂隙开始闭合，煤样中孔隙比减小，应力-应变曲线向上弯曲。继续加载轴向载荷，进入弹性变形阶段，之后裂隙煤样内部出现新的裂隙，数量及尺度不断增长，裂隙开始延伸贯通，最终沿某一结构面剪切破坏，形成断裂面，应力-应变呈下降趋势，进入破碎残余阶段。可见，裂隙煤样的变形与其内生裂隙的压密、新裂隙的产生、延伸等有密切的关系。

## 3.2.3　常规三轴压缩条件下煤岩的变形特征

将大柳塔矿区的裂隙煤样进行常规三轴压缩试验，得出主应力差-轴向应变曲线（主应力差 $=\sigma_1-\sigma_3$，图 3-19）。据图 3-19 可知，随着围压不断增加，煤岩的弹性段长度增长，对应的变形也有所增加。试验计算所得特征数据见表 3-8。

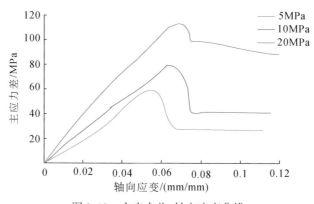

图 3-19　主应力差-轴向应变曲线

表 3-8　三轴压缩试验特征数据

| 围压<br>/MPa | 纵波速度<br>$v_P/(m/s)$ | 横波速度<br>$v_S/(m/s)$ | 峰值应变<br>$\varepsilon_S/(mm/mm)$ | 峰值强度<br>$\sigma_S/MPa$ | 静弹性模量<br>$E_s/MPa$ | 残余强度<br>$\sigma_r/MPa$ | 静泊松比<br>$\nu_s$ |
|---|---|---|---|---|---|---|---|
| 5 | 1468 | 988 | 0.0571 | 62.87 | 1009 | 33.1 | 0.28 |
| 10 | 1491 | 1022 | 0.0634 | 79.852 | 1453 | 55.8 | 0.31 |
| 20 | 1442 | 953 | 0.0690 | 113.01 | 1842 | 87.7 | 0.30 |

### 3.2.3.1　裂隙煤样峰值应变与围压的关系

岩石在一定条件下能承载的最大载荷所对应的应变值为峰值应变，它是应力–应变曲线的极大值。由图 3-20 可以看出，峰值应变随着围压的增加呈现增大的趋势。这是由于煤体相较于其他岩石材料结构较为松散，煤岩比致密结构材料对围压的变化反应更为显著。围压增加，煤中内生裂隙、孔隙等闭合压密，承载能力有所提高，达到煤样破裂时的变形量也随之增大。由图 3-20 可以直观地看出两者有良好的线性相关性。大柳塔矿区裂隙煤样峰值应变与围压关系的线性回归系数为 0.9496，回归关系为

$$\varepsilon_S = 0.0008\sigma_3 + 0.0543 \tag{3-14}$$

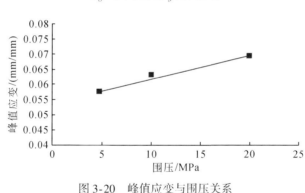

图 3-20　峰值应变与围压关系

### 3.2.3.2　裂隙煤样静弹性模量与围压的关系

从力学角度讲，固体材料的静弹性模量是指弹性范围内轴向应力与纵向应变的比值，它反映了材料的坚固性。材料破坏前的应力–应变关系呈线性关系，是一个不变值。但对于裂隙发育、内部结构复杂的煤岩，在轴向载荷作用下，产生的形变中不仅有弹性变形还有不可恢复的塑性变形。裂隙煤样破坏前的应力–应变关系不是线性关系，而呈非线性关系。静弹性模量的确定方法有以下几种。

（1）切线模量：应力–应变曲线直线段斜率。

（2）割线模量：应力–应变曲线零载荷点与某一应力水平（一般为单轴抗压强度 50%）交点连线的斜率。

（3）平均模量：应力–应变曲线近似于直线段的平均模量。

本章所涉及的静弹性模量均指平均模量，该计算方法既避免了初始压密阶段的影响，

又不只取决于应力在 50% 抗压强度点处的应变，计算结果偏差较小。

由裂隙煤样主应力差–轴向应变曲线（图 3-19）可以看出，围压的大小影响曲线斜率的大小，其斜率变陡表明随着围压的增大弹性模量呈增大趋势。图 3-21 显示了静弹性模量与围压关系，二者之间符合二次多项式关系。大柳塔矿区裂隙煤样静弹性模量与围压回归关系式为

$$E_s = -3.3267\sigma_3^2 + 138.7\sigma_3 + 398.67 \tag{3-15}$$

相关系数为 1。

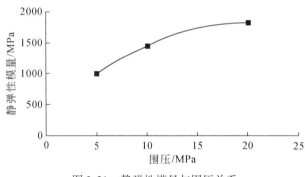

图 3-21　静弹性模量与围压关系

由回归关系式（3-15）可得，当围压由 5MPa 增至 10MPa 时，弹性模量增长率为 44.0%，围压每升高 1MPa，弹性模量对应增加 88.8MPa；围压由 10MPa 增至 20MPa 时，弹性模量增长率为 26.8%，围压每升高 1MPa，弹性模量对应增加 38.9MPa。由于煤岩内生裂隙发育，结构脆弱，在围压作用下，裂隙空间被挤压甚至闭合，弹性模量增大。随着围压的增加，弹性模量呈非线性增长。在围压较小时，弹性模量随围压的变化幅度较大，而到达一定围压条件后，其内部结构达到一定的均匀致密，弹性模量随围压的增长幅度有所降低。

### 3.2.3.3　裂隙煤样静泊松比与围压的关系

我们把某应力水平对应的横向应变与纵向应变之比称为泊松比，是反映材料横向变形的弹性常数。大柳塔矿区裂隙煤样泊松比与围压关系如图 3-22 所示，随着围压的增加泊松比逐渐减小，主要由于围压具有限制煤样径向变形的作用，且围压值越大，束缚煤体径向变形的能力也大，从而煤体的径向变形也就越小，导致泊松比降低。裂隙煤样静泊松比与围压回归关系式为

$$\nu_s = -0.0005\sigma_3^2 + 0.013\sigma_3 + 0.2267 \tag{3-16}$$

相关系数为 1。

### 3.2.3.4　裂隙煤样纵横波速度与围压的关系

裂隙煤样纵横波速度与围压关系如图 3-23 所示，随着围压的增加，纵横波速度均表现为先增大后减小。当围压为 10MPa 时，纵波速度与 5MPa 时对应值相比增长率为 1.5%，横波速度增长率为 3.4%，围压每升高 1MPa，纵波速度增加 4.5m/s，横波速度增加

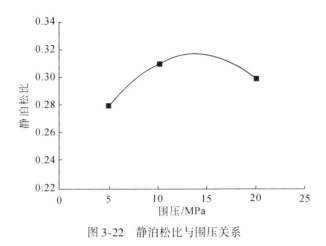

图 3-22　静泊松比与围压关系

6.7m/s；当围压为 20MPa 时，纵波速度与 10MPa 时对应值相比降低 3.3%，横波速度降低 6.8%，围压每升高 1MPa，纵波速度降低 4.9m/s，横波速度降低 6.9m/s。随着围压的增大，横波速度的增加及降低的幅度比纵波速度略大。

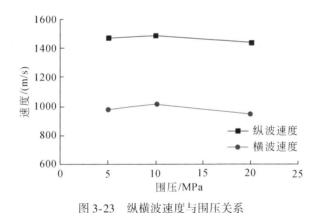

图 3-23　纵横波速度与围压关系

## 3.2.4　常规三轴压缩条件下煤岩的强度特征

### 3.2.4.1　裂隙煤样峰值强度与围压的关系

岩石在三轴压缩条件下的最大承载能力称为三轴极限强度 $\sigma_s$。煤的孔隙裂隙非常复杂，由于受到围压的作用孔隙裂隙被挤压闭合，因此裂隙煤样抵抗破坏的能力增大，煤样的峰值强度也明显的增加。图 3-24 为大柳塔矿区裂隙煤样峰值强度与围压关系曲线，测试数据的线性回归关系式为

$$\sigma_s = 3.3388\sigma_3 + 46.291 \tag{3-17}$$

相关系数为 1。

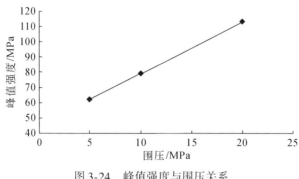

图 3-24　峰值强度与围压关系

### 3.2.4.2　裂隙煤样残余强度与围压的关系

残余强度 $\sigma_r$ 是指岩石在破坏后所残留的抵抗外荷的能力，对应应力–应变曲线中不随围压变化而变化的轴向应力。裂隙煤样残余强度与围压关系如图 3-25 所示，残余强度随着围压的增加而增加。

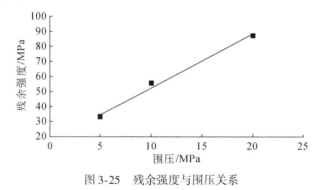

图 3-25　残余强度与围压关系

## 3.2.5　动静弹性参数对比分析

裂隙煤样动弹性参数由动态法超声试验测出，静弹性参数由三轴压缩试验测出，如表 3-9 所示。该数据反映出动静弹性参数差异较大，并验证了动弹性模量 $E_d$ 大于静弹性模量 $E_s$，而且动泊松比 $\nu_d$ 小于静泊松比 $\nu_s$ 的理论，且动静弹性模量比值 $E_d/E_s$ 大于 1。

表 3-9　动静弹性参数对比

| 样品编号 | 动弹性模量 $E_d$/GPa | 静弹性模量 $E_s$/GPa | 动静弹性模量比值 $E_d/E_s$ | 动泊松比 $\nu_d$ | 静泊松比 $\nu_s$ |
|---|---|---|---|---|---|
| 1 | 1.99 | 1.01 | 1.97 | 0.26 | 0.28 |
| 2 | 2.14 | 1.45 | 1.48 | 0.28 | 0.31 |
| 3 | 2.85 | 1.84 | 1.55 | 0.27 | 0.30 |

造成动静弹性参数不同的原因主要如下：一是测试方法不同造成二者之间的差异，前者在低应力-应变状态下测得，后者则是在高应力-应变状态条件下测得，且两者应力加载的速率也不同；二是岩石中存在大量的孔隙与裂隙，动静弹性参数测量会受到不同程度的影响，动弹性模量主要反映裂隙煤样内生裂隙闭合前的弹性性质，而静弹性模量则是通过应力-应变曲线的弹性段计算而得，煤样微观上颗粒错动而引起非弹性变形。

通常情况下，岩石样品弹性性质较为明显时，动静弹性模量的差异越小，而非弹性性质越大，动静弹性模量的差异也就越大。试验中动静弹性模量比值 $E_d / E_s$ 在 1~2 的范围内变化，反映出岩体较为软弱、破碎。

裂隙煤样的动静弹性参数间存在线性关系，其中，动态弹性模量 $E_d$ 与静态弹性模量 $E_s$ 间的回归关系式为 $E_d = 0.8345E_s - 0.5084$，相关系数为 0.8542。动态泊松比 $\mu_d$ 小于静态泊松比 $\nu_s$ 的回归关系式为 $\nu_d = 1.5\nu_s - 0.1083$，相关系数为 0.9643。

总之，裂隙煤样承受动静载荷的作用呈现不同的力学状态响应，煤岩的动静态弹性参数研究对理论研究与实际应用都有十分重要的指导意义，通过研究它们之间的关系，运用动态法测得的参数估算静态力学参数，为煤岩力学性质的研究及稳定性评价提供参考。

## 3.3　地层条件下煤系岩石声波实验分析

以淮南矿区为研究对象，依据矿区内各主采煤层及其顶底板岩性分布，选取顶底板典型岩石进行地层条件下声波速度测试，建立煤系地层典型地学模型，对不同顶底板结构及其地层条件下煤层顶底板反射系数与入射角变化关系进行分析研究。

### 3.3.1　概述

#### 3.3.1.1　岩样制备

将从野外取回的井下岩心用岩石钻样机钻取标准直径的岩样，再用切磨两用机切取合适的长度，最后用双端面磨石机将岩样端面磨平，满足试样精度要求，通常测试使用的岩心试样规格是 $\phi 25\text{mm} \times 50\text{mm}$。

在顾桥、张集和谢桥等矿区采取主采煤层及其顶底板岩石样品，并选取其中典型的煤岩层样品制作试样，由于煤松散易碎，煤样制作前需先经适度煮胶处理，然后在车床上轻轻慢速地车磨到所要求的直径，若加工过程中造成煤样表面微弱残缺，则用早强水泥与粒径不大于1mm的细砂制成的水泥砂浆来补平。

#### 3.3.1.2　实验设备与实验条件

煤系岩层声波速度测试装置由 PANAMETRICS 公司生产的 5077PR 方波脉冲发生接收器和超声换能器（纵波 1MHz、横波 0.5MHz）及泰克 TDS210 数字存储示波器组成。地层条件下的岩石声波速度测试使用美国 NewEnglandResearch 公司开发的 AUTOLAB-1000 多功能岩石声波参数自动测量系统。

1）地层温度模拟

一般地层温度随着埋藏深度 $H$ 的增加而线性增加：

$$T = T_0 + dT \cdot H \tag{3-18}$$

式中，$T$ 为温度，℃；$T_0$ 为地表温度，℃；$dT$ 为地温梯度，℃/m；$H$ 为深度，m。

2）地层压力（地应力）模拟

地下岩层必然承受地层压力即地应力的作用，模拟地下地层环境必须模拟地下岩石所受到的地应力。地下岩石实际要受到垂直和水平方向的地应力及岩石孔隙内部的流体压力即孔压的作用。

瑞士地质学家海姆（Heim）在大型越岭隧道施工过程中，通过观察和分析首次提出了地应力的概念，并假定地应力是一种静水压力状态，即地壳中任意一点地应力在各个方向上均相等，且等于单位面积上覆盖岩层的重量，即

$$\sigma_k = \sigma_\gamma = \gamma H \tag{3-19}$$

式中，$\sigma_k$ 为水平应力；$\sigma_\gamma$ 为垂直应力；$\gamma$ 为上覆岩层容重；$H$ 为深度。通常在不考虑构造应力的情况下，实验中可以使用式（3-19）来模拟地下某深度处岩样所处的地应力。

通过对淮南矿区煤系地层岩石声波速度测试工作，根据取样地区地温特征，$T_0$ 取值为 19.26℃，$dT$ 取值为 0.0272℃/m，取上覆地层容重 $\gamma = 25kN/m^3$。

## 3.3.2　岩石声波速度实验

### 3.3.2.1　实验原理

实验室测定岩石声波波速的重要方法为脉冲透射法，基本原理是在一定温度和压力条件下测量声波穿过实验样品所用时间，以实验样品长度除以时间得到声波通过实验样品的弹性波速度。

$$v_P = \frac{L}{t_P}, \qquad v_S = \frac{L}{t_S} \tag{3-20}$$

式中，$v_P$、$v_S$ 分别为岩石的纵波速度、横波速度；$L$ 为岩石样品长度；$t_P$、$t_S$ 分别为纵波、横波穿过岩样经历的时间。

### 3.3.2.2　岩石声波实验内容

地层条件下影响岩石声波速度的因素很多，很难在实验室完全实现实际地层条件，只能根据影响岩石声波速度因素及其影响程度分别进行研究。实验室岩石声波实验分以下几种情况进行研究。

1）煤系地层岩石声波实验

实验目的：研究煤系地层常见岩石（粗砂岩、中砂岩、中细砂岩、粉细砂岩、泥质粉砂岩、泥岩和煤）声波速度分布特征。

2）气饱和与水饱和岩石声波实验

实验目的：研究地层条件下不同岩性（粗砂岩、中砂岩和中细砂岩等）气饱和与水饱

和岩样声波速度特征。

气饱和实验：将不同岩性岩样在烘箱里加热24h，待其冷却至常温，在模拟地层温度压力条件下进行岩石声波实验。水饱和实验：先把岩样抽成真空进行100%水饱和，然后再做变温变压条件下的声波测量。根据取样地区地温、压力梯度和岩样埋深，控制在一定温度与围压下测试。

3）岩石声波速度随深度变化实验

为研究埋藏深度（压力、温度变化）对气饱和、水饱和岩石声波速度的影响，进行此实验。实验的岩石类型为粗砂岩、中砂岩、泥质粉砂岩、泥岩和煤。实验模拟深度为300～1500m。

### 3.3.2.3　测试数据处理

岩石声波实验主要是测量声波透过岩样的传播时间，由传播时间及样品的长度即可计算出岩样的纵、横波速度。

1）波的初至拾取

在测试波形图上判定透射波初至，若初至波干扰较小时，拾取容易；若存在干扰，需进行一些压制噪声处理才能准确拾取其初至。

2）速度计算

速度的计算应用式（3-20）进行。对于一些特殊样品，如煤样，其均匀性较差，在同一方向穿透时，可测试数组（通常测3组）数据取平均值。

## 3.3.3　声波实验测量结果及分析

### 3.3.3.1　岩石声波速度测试数据处理与分析

改变测试条件，在不同岩石性态（含气、含水）、不同温度压力条件下，进行煤系岩石声波速度测试与分析，对主要实验数据进行统计分析，获得地层条件下煤系岩层岩石声波速度分布特征和变化规律。

1）煤系岩层水、气饱和岩石声波速度特征

为研究岩石结构性态（含水、含气性）对岩石纵、横波速度的影响，在相同温度压力条件下对六块砂岩岩样（取自淮南顾桥矿）进行气饱和及水饱和状态下纵、横波速度测试，对测试结果汇总分析。图3-26显示出其中粗砂岩、中细砂岩和中砂岩声波速度分布与围压关系。可以看出：在相同温度压力范围内水饱和岩样的纵波速度要大于气饱和岩样的纵波速度，气饱和岩样纵波速度对压力的变化更敏感，主要取决于岩石样品的孔隙度大小。水饱和样和气饱和样在相同条件下随压力的增加，纵波速度增大，水饱和与气饱和两种状态下岩石纵波速度与横波速度的变化规律，基本符合 Gassmaann-Biot 理论的预测。

岩石声波速度测试数据初步分析认为当岩石孔隙中充满水等流体时，一是声波在流体介质中传播速度大于在空气介质中传播速度，二是流体介质充填岩石孔隙，降低岩石的孔隙度和增大岩石的弹性模量。完全饱和水岩样中吸附了不同量的水，饱和水样中水的存在增大岩石的体积模量，且水的存在又给纵波提供良好的介质传播条件，因此饱和样的纵波

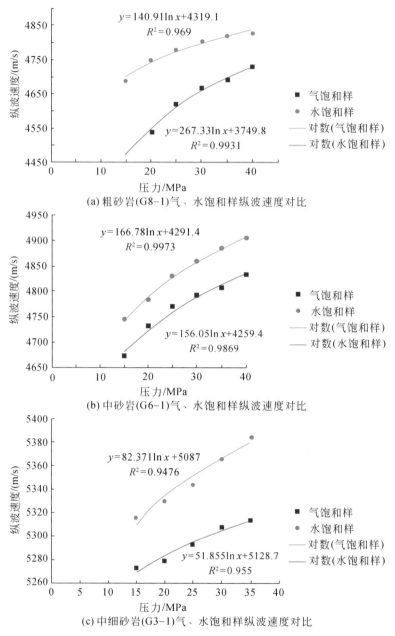

图 3-26　砂岩气、水饱和样纵波速度随围压变化对比

速度增大。对于横波，当水进入岩石孔隙，由于孔隙表面对液体的吸附作用，孔隙内部表面自由能降低，增加了颗粒边界位错的可能性，同时，水分子挤入矿物颗粒之间或其内部，其力学作用都会导致摩擦力降低，产生润滑效应，从而降低了岩石的抗剪强度，引起横波速度在低饱和度时有所降低；随着含水饱和度的增大，液体不具有抗剪性，剪切模量不再降低，故横波在一定含水饱和度内其速度基本保持不变。但水的存在改变了固体介质的性质，因而使横波传播速度发生变化，总之，横波速度变化规律比较复杂，其机理分析需进一步的研究。

2）煤系岩层不同深度岩石声波速度特征

为研究气饱和岩石声波速度随埋藏深度的变化规律，实验模拟地下含煤地层所处温度、压力条件下进行岩石的声波测试，获得不同深度处不同岩性的声波速度，对测量数据进行回归分析，建立了不同岩性纵横波速度与埋深的关系（图3-27）。

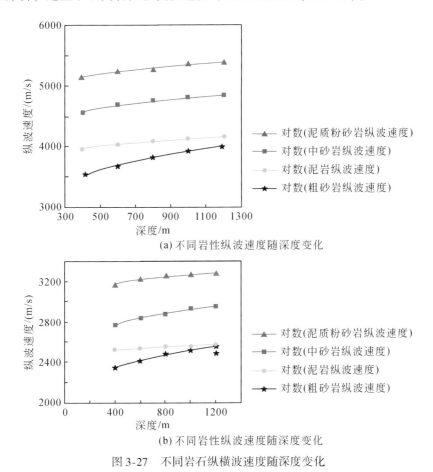

(a) 不同岩性纵波速度随深度变化

(b) 不同岩性纵波速度随深度变化

图 3-27　不同岩石纵横波速度随深度变化

图 3-27 给出部分典型煤系粗砂岩、中砂岩、泥质粉砂岩与泥岩纵横波速度随深度变化曲线，可以看出，随着埋藏深度的增加，不同岩性纵横波速度都增大，但增大的程度不同，在不同岩性当中粗砂岩纵横波速度增大速率最大，中砂岩纵横波速度增大速率次之，泥质粉砂岩纵横波速度增大速率较小，泥岩纵横波速度增大速率最小。纵横波速度与埋藏深度具有较好的对数函数关系相关性，相关系数接近于1。

岩石实验室测试资料毕竟有限，结合有关文献中的数据，对研究区煤系地层岩石密度、纵波速度以及横波速度等参数做了统计（表3-10）。表明：岩石声波速度的变化范围都很大，煤的密度、纵波速度和横波速度都明显小于其他碎屑沉积岩；砂岩、粉砂岩、砂质泥岩和泥岩之间的声波速度都有较大范围的交叉，如密度参数，砂岩为 $2.39 \sim 2.75 \mathrm{g/cm^3}$，粉砂岩为 $2.32 \sim 2.76 \mathrm{g/cm^3}$，砂质泥岩为 $2.49 \sim 2.73 \mathrm{g/cm^3}$，泥岩为 $2.33 \sim 2.73 \mathrm{g/cm^3}$。这是因为影响岩石波速特征的因素有很多，如沉积岩石的成分、结构以及成岩作用程度等。

表 3-10 煤岩石弹性参数统计

| 岩性 | 密度/(g/cm³) | 纵波速度/(m/s) | 横波速度/(m/s) |
|---|---|---|---|
| 砂岩 | 2.39 ~ 2.75/2.61 | 2136 ~ 5875/4353 | 1306 ~ 3561/2713 |
| 粉砂岩 | 2.32 ~ 2.76/2.55 | 2688 ~ 5353/4062 | 1654 ~ 3263/2561 |
| 砂质泥岩 | 2.49 ~ 2.73/2.59 | 2120 ~ 5551/3619 | 1306 ~ 3364/2132 |
| 泥岩 | 2.33 ~ 2.73/2.59 | 2529 ~ 5767/4000 | 1597 ~ 3460/2538 |
| 煤 | 1.21 ~ 1.52/1.36 | 680 ~ 3674/1891 | 433 ~ 1658/937 |

注：表中数据格式为最小值 ~ 最大值/平均值

### 3.3.3.2 煤层顶底板声波速度与反射特征

淮南煤田 13-1 煤层形成于三角洲平原环境网状河流沉积体系，煤层横向上起伏较大，但区内分布厚而稳定，是全区主要开采煤层，厚度一般 6 ~ 10m，倾角 5° ~ 10°，局部高达 30° ~ 50°，煤层顶底板岩性横向变化大，主要为泥岩或砂质泥岩。

在顾桥、张集和谢桥 3 个矿区采取 13-1 煤及其顶底板泥岩与砂质泥岩等样品，并选取其中典型的煤岩层样品制作试样。

1）煤层及其顶底板岩石声波速度

从采取的 13-1 煤与顶底板岩石样品中选取典型的顶底板泥岩、砂质泥岩和煤层样品，进行地层条件下声波速度测试，实测获得的纵横波速度随深度（压力和温度）变化数据见表 3-11。表中岩石密度是利用彭苏萍等（2004）在淮南矿区研究获得的岩石声波速度与岩体密度的回归公式：顶底板碎屑岩 $\rho = 0.038 v_P^{0.51}$；煤 $\rho = 0.125 v_P^{0.318}$ 计算而得，其中 $v_P$ 的单位为 m/s。

表 3-11 淮南煤田 13-1 煤及其顶底板典型岩石特征物理参数

| 岩性 | 深度/m | 围压/MPa | 温度/℃ | 纵波速度/(m/ms) | 横波速度/(m/ms) | 密度/(g/cm³) |
|---|---|---|---|---|---|---|
| 砂质泥岩 | | | 室温 | 4.002 | 2.234 | 2.61 |
| | 400 | 10 | 30.2 | 4.137 | 2.386 | 2.66 |
| | 600 | 15 | 35.7 | 4.264 | 2.458 | 2.7 |
| | 800 | 20 | 40.5 | 4.333 | 2.493 | 2.72 |
| | 1000 | 25 | 45.6 | 4.371 | 2.532 | 2.73 |
| | 1200 | 30 | 50.7 | 4.396 | 2.551 | 2.74 |
| 泥岩 | | | 室温 | 3.512 | 1.944 | 2.45 |
| | 400 | 10 | 30.3 | 3.658 | 2.029 | 2.5 |
| | 600 | 15 | 35.8 | 3.703 | 2.061 | 2.51 |
| | 800 | 20 | 40.6 | 3.786 | 2.110 | 2.54 |
| | 1000 | 25 | 44.7 | 3.802 | 2.121 | 2.54 |
| | 1200 | 30 | 50.4 | 3.874 | 2.163 | 2.57 |

续表

| 岩性 | 深度/m | 围压/MPa | 温度/℃ | 纵波速度/(m/ms) | 横波速度/(m/ms) | 密度/(g/cm³) |
|---|---|---|---|---|---|---|
| 13-1煤 | | | 室温 | 1.769 | 0.904 | 1.35 |
| | 400 | 10 | 30.5 | 1.964 | 1.049 | 1.39 |
| | 600 | 15 | 35.4 | 2.079 | 1.128 | 1.42 |
| | 800 | 20 | 40.9 | 2.140 | 1.166 | 1.43 |
| | 1000 | 25 | 44.7 | 2.182 | 1.202 | 1.44 |
| | 1200 | 30 | 50.6 | 2.217 | 1.249 | 1.45 |

　　图 3-28、图 3-29 显示淮南煤田 13-1 煤及其顶底板泥岩与砂质泥岩的纵横波速度随深度变化分布，总体表现为：煤层较为松散，密度低，纵横波速度也较低，顶底板泥岩次之，顶底板砂质泥岩则相对较致密，波速较高，煤岩体纵横波速度均随深度增加而呈不同程度的增加，且随深度变化均具有较好的对数相关关系，相关系数 $R^2$ 皆在 0.95 以上。

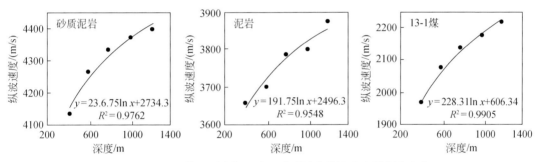

图 3-28　13-1 煤及顶底板泥岩、砂质泥岩纵波速度随深度变化

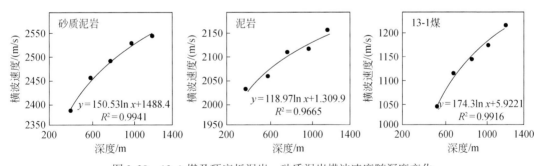

图 3-29　13-1 煤及顶底板泥岩、砂质泥岩横波速度随深度变化

2）煤层顶底板反射特征及其随深度变化正演分析

①反射系数求解

　　一般情况下，当地震波入射到岩层交界面处会产生反射、折射与透射，如图 3-30 所示，其能量在界面处的重新分配取决于两种介质的密度和波速等弹性参数。

　　表示界面处能量分配可用位移表达，即解 Zoeppritz 方程。由于煤层顶板界面两侧弹性

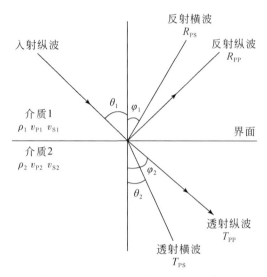

图 3-30　入射波、反射波和透射波关系

参数相对变化量较大，因此本书利用 MATLAB 软件进行 Zoeppritz 方程的精确求解，以提高解算精度。完整的 Zoeppritz 方程全面考虑了平面纵波和横波在界面两侧的纵横波反射和透射能量之间的关系：

$$
\begin{vmatrix}
\sin\theta_1 & \cos\varphi_1 & -\sin\theta_2 & \cos\varphi_2 \\
-\cos\theta_1 & \sin\varphi_1 & -\cos\theta_2 & \sin\varphi_2 \\
\sin2\theta_1 & \dfrac{v_{P1}}{v_{S1}}\cos2\varphi_1 & \dfrac{\rho_2 v_{S2}^2 v_{P1}}{\rho_1 v_{S1}^2 v_{P2}}\sin2\theta_2 & \dfrac{-\rho_2 v_{S2} v_{P1}}{\rho_1 V_{S1}^2}\cos2\varphi_2 \\
\cos\varphi_1 & \dfrac{-v_{S1}}{v_{P1}}\sin\varphi_1 & \dfrac{-\rho_2 v_{P2}}{\rho_1 v_{P1}}\cos2\varphi_2 & \dfrac{-\rho_2 v_{S2}}{\rho_1 v_{P1}}\sin\varphi_2
\end{vmatrix}
\begin{vmatrix}
R_{PP} \\
R_{PS} \\
T_{PP} \\
T_{PS}
\end{vmatrix}
=
\begin{vmatrix}
-\sin\theta_1 \\
-\cos\theta_1 \\
\sin2\theta_1 \\
-\cos2\varphi_1
\end{vmatrix}
\qquad (3\text{-}21)
$$

式中，$R_{PP}$ 为纵波反射系数；$R_{PS}$ 为转换横波反射系数；$T_{PP}$ 为纵波透射系数；$T_{PS}$ 为转换横波透射系数；$v_{P1}$、$v_{P2}$ 为界面上、下岩石的纵波速度；$v_{S1}$、$v_{S2}$ 为界面上、下岩石的横波速度；$\rho_1$、$\rho_2$ 为界面上、下岩石的密度；$\theta_1$、$\theta_2$ 为纵波入射角、透射角；$\varphi_1$、$\varphi_2$ 为横波反射角、透射角。

这是一个四阶矩阵组成的联立方程组，当入射角已知时，按斯奈尔定律求出 $\theta_1$、$\theta_2$、$\varphi_1$、$\varphi_2$，再解上式，就可以求出四个未知数 $R_{PP}$、$R_{PS}$、$T_{PP}$、$T_{PS}$。

②煤层顶底板反射系数与入射角关系

根据表 3-11 数据，利用 Zoeppritz 方程求解 P 波入射时，反射与透射 P 波、S 波的反射和透射系数，然后再对数据进行分析。

图 3-31、图 3-32 分别给出煤层顶底板为泥岩、砂质泥岩时，不同深度下煤层顶底板反射系数与入射角关系曲线，由计算结果可知，随着煤层赋存深度的增加，煤层顶底板纵波反射系数的绝对值呈减小趋势，并且其顶板反射系数在小角度（0°~5°）范围内减小幅度较大，随后随着入射角的增大，不同深度顶板反射系数差异减小，反射系数曲线逐渐趋于一致，如图 3-31（a）、（b）所示。

　　煤层的顶板为泥岩，当 P 波入射时，按 Zoeppritz 方程精确求解煤层 P 波反射系数为负值 [图 3-31 (a)]，不同深度反射系数曲线族在 0°~90°范围内为非单调曲线，P-P 波在入射角 0°~5°范围内其反射系数绝对值最大，但随入射角变化微弱，在 5°~57°范围内时，反射系数随入射角单调增加，随后则急剧降低；P-S 波则在 0°~37°范围内单调上升 [图 3-31 (c)]，之后单调下降，在曲线转折端附近反射系数随深度增加而减小的幅度最大。因此，欲研究煤层顶板为泥岩的入射角与反射系数关系时，P-P 波应在入射角 5°~57°范围内进行，而 P-S 波应在小于 37°范围内进行。

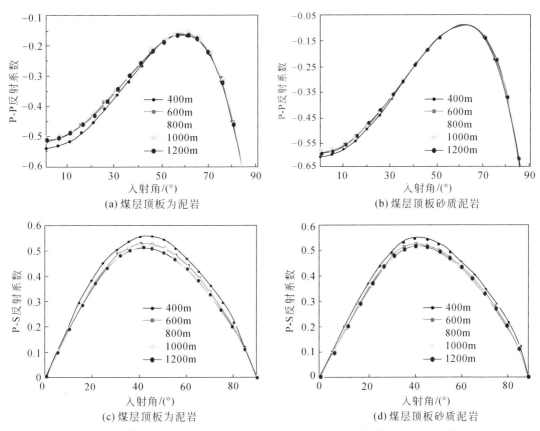

图 3-31　煤层顶板不同岩性时，不同深度 P-P、P-S 反射系数与入射角的关系

　　当煤层顶板为砂质泥岩时，反射系数与入射角的关系如图 3-31 (b)、(d) 所示，其曲线变化和顶板为泥岩时相近，只是反射系数绝对值值域稍大，在入射角 0°~60°范围内 P-P 波反射系数单调增加，P-S 波则在入射角 0°~35°范围内单调上升。

　　由于煤层为低速层，P 波入射到煤层与其底板界面时，当入射角 $\theta_1 = 0°$ 时，不会产生转换 S 波的反射与透射，在 0°~5°范围内转换 S 波反射系数很小，在小角度（0°~10°）范围内顶底板转换 S 波反射系数相对于 P 波反射系数较小；当底板入射角大于临界角 $\theta_c$ 时，底板反射波将发生全反射，即当入射角 $\theta_1 \geqslant \theta_c = \arcsin (v_{P1}/v_{P2})$ 时煤层底板反射波发生全反射。图 3-32 (a) 所示为煤层底板是泥岩时不同深度 P-P、P-S 波反射系数与入射角的关系，可见，P-P 波反射系数随深度增加呈均匀减小的变化状态，在入射角 0°~5°时反

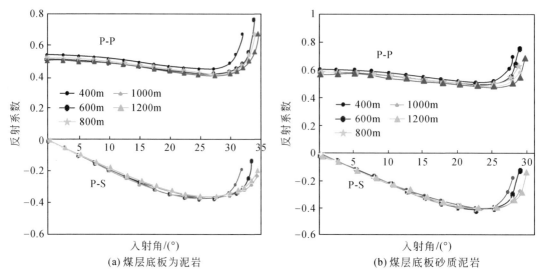

图 3-32 煤层底板不同岩性时，不同深度 P-P、P-S 反射系数与入射角的关系

射系数基本不随偏移距变化，5°～28°范围内缓慢降低，至临界角附近急剧抬升。P-S 波反射系数绝对值随入射角增大而增大，在小角度范围其值较小，之后单调上升，至临界角附近则急剧减小，因而，研究煤层底板为泥岩的入射角（偏移距）与反射系数（振幅）的关系时应在入射角 5°～28°范围内进行。煤层底板为砂质泥岩时反射系数与入射角的关系如图 3-32（b）所示，其变化趋势和底板为泥岩时相近，只是反射系数值域稍大，P-P 波反射系数在入射角 5°～25°范围内缓慢降低。

总之，无论煤层顶底板为砂质泥岩，还是泥岩，对于煤层作振幅随偏移距变化（AVO）分析时入射角范围一般应选择在 5°～25°范围内，且其上限随煤与其顶、底板速度差异减小而增大。

## 3.3.4 煤层方位各向异性反射系数与方位角关系正演

在横向各向同性介质中，纵横波速度通常随入射角及裂隙方位角而变化，在界面上的反射系数与入射角、地层裂隙方位及各向异性有关，因而，通过研究横向各向同性介质振幅特征，可以预测煤层内各向异性系数及裂隙密度。

### 3.3.4.1 VTI 模型各向异性反射系数

由于 VTI 介质对称轴垂直，各向同性面水平平行，由图 3-33 可知，没有方位各向异性，按 Rüger 近似公式计算 P-P 反射系数：

$$R_{PP}^{VTI}(\theta) = \frac{\Delta Z}{2Z} + \frac{1}{2}\left\{\frac{\Delta v_P}{\overline{v_P}} - \left(\frac{\Delta v_S}{\overline{v_S}}\right)\frac{\Delta G}{\overline{G}} + \Delta\delta\right\}\sin^2\theta + \frac{1}{2}\left\{\frac{\Delta v_P}{\overline{v_P}} + \Delta\varepsilon\right\}\sin^2\theta\tan^2\theta \quad (3-22)$$

式中，$\theta$ 为入射角；$Z = \rho v_P$ 为纵波的垂直方向波阻抗；$G = \rho v_S^2$ 为横波垂直方向剪切模量；$\Delta\delta = \delta_2 - \delta_1$，$\Delta\varepsilon = \varepsilon_2 - \varepsilon_1$。$R_{PP}^{VTI}(\theta)$ 表示横向同性 VTI 介质下反射系数，由两部分组成：一

部分为各向同性介质项 $R_{PP}$，它由地层界面上下纵、横波速度和密度决定；另一部分为各向异性项 $R_{\alpha PP}$，受地层界面上下各向异性系数 $\delta_1$、$\varepsilon_1$ 和 $\delta_2$、$\varepsilon_2$ 影响，即

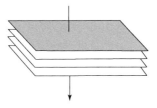

图 3-33　VTI 介质示意图

$$R_{PP}^{VTI}(\theta) = R_{PP} + R_{\alpha PP} \tag{3-23}$$

### 3.3.4.2　HTI 模型方位各向异性正演

在 TI 介质中，纵横波速度通常随入射角及裂隙方位而变化，其反射系数与入射角、地层裂隙方位及各向异性有关。煤中裂隙发育，裂隙引起煤层的各向异性可简化为 HTI 介质（图 3-34），P-P 波反射系数按 Riiger 近似计算公式计算。公式如下：

$$R(\theta\varphi) = \frac{\Delta Z}{2\overline{Z}} + \frac{1}{2}\left\{\frac{\Delta v_P}{\overline{v_P}} - \left(\frac{2v_S}{v_P}\right)^2 \frac{\Delta G}{\overline{G}} + \left[\Delta\delta^{(V)} + 2\left(\frac{2v_S}{v_P}\right)^2 \Delta\gamma^{(V)}\right]\cos^2\varphi\right\}\sin^2\theta$$

$$+ \frac{1}{2}\left\{\frac{\Delta v_P}{\overline{v_P}} + \Delta\varepsilon^{(V)}\cos^4\varphi + \Delta\delta^{(V)}\sin^2\varphi\cos^2\varphi\right\}\sin^2\theta\tan^2\theta \tag{3-24}$$

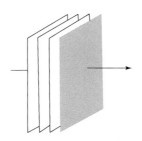

图 3-34　HTI 介质示意图

董守华（2004）通过对两淮煤田煤样测试 P、SH、SV 三个方向速度，以 $C_{11}$、$C_{13}$、$C_{33}$、$C_{44}$ 和 $C_{66}$ 平均值计算得出煤样的各向异性系数分布为：$\varepsilon^{(V)} = 0.177$，$\delta^{(V)} = 0.172$，$\gamma^{(V)} = -0.13$。可以利用以上研究成果和表 3-11 测试所得地层条件下煤层及其顶底板速度分布来讨论煤层方位各向异性特征。

1）不同深度顶底板反射系数与方位角的关系

经计算可以得到不同入射角度下反射系数与方位角的关系，图 3-35 是煤层位于 400m 和 800m 深度顶板为泥岩时反射系数与方位角的关系。煤层顶板为泥岩时，反射系数为负值，随着方位角在 0°~180° 范围内变化，以方位角为 90° 为对称轴，反射系数先增大后减小，在方位角为 90° 时取得最大值；并且随着入射角度的不断增大，反射系数也随着增大，当入射角为 0° 时，反射系数不随方位角而变化，为一固定值。而在入射角度 0°~5° 时，两

条曲线接近，差异较小，因此反射系数变化也很小。

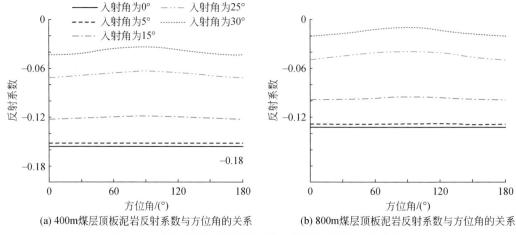

(a) 400m煤层顶板泥岩反射系数与方位角的关系　　(b) 800m煤层顶板泥岩反射系数与方位角的关系

图 3-35　不同深度煤层顶板为泥岩时反射系数与方位角关系

当煤层顶板为泥岩时，800m 深度的反射系数比同条件下 400m 深度的顶板反射系数的绝对值要小，也就表明深度较深的顶板反射能量较小。同样，顶板为砂质泥岩的情况类似。泥岩作为煤层顶底板，若弹性波由从顶板介质进入煤层，即由波密介质进入波疏介质，波阻抗值为负值，而当弹性波由煤层进入底板介质，即由波疏介质进入波密介质，波阻抗值为正值，并且这两种情况下，若顶底板为同一岩性，顶底板岩石参数相同条件，反射系数的值大小相同，方向相反，其反射的能量是相同的。因此，400m 深度比 800m 深度的底板反射系数要大，反射能量要强。

2）同深度顶底板反射系数与方位角的关系

图 3-36 为同深度下，以 400m 深度为例，不同岩性的煤层底板反射系数与方位角的关系。图中入射角分别为 0°、5°、15°的三条曲线有一定的差距，泥岩为底板的情况比砂质泥岩作为底板的反射能量要小，而当入射角度为 25°和 30°的曲线，泥岩和砂质泥岩分别作为煤层底板时，反射系数的差异较小，也就难以根据反射能量的大小来判断其底板的不同岩性。

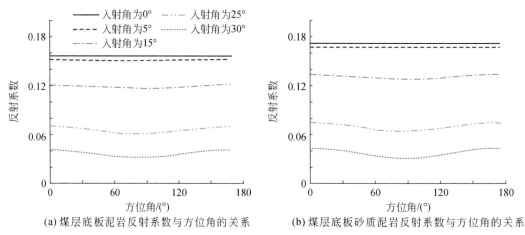

(a) 煤层底板泥岩反射系数与方位角的关系　　(b) 煤层底板砂质泥岩反射系数与方位角的关系

图 3-36　400m 深度煤层底板泥岩、砂质泥岩的反射系数与方位角关系

3）不同岩性作为煤层顶底板时的反射系数与方位角的关系

图 3-37 以 400m 深度为例，用图表示出了该深度下不同方位角情况下，砂质泥岩顶板反射系数与入射角的关系，在入射角 5°～30°反射系数增幅较大，在入射角继续增大的情况下，反射系数的增幅开始缩小，并最终在 40°左右反射系数不再增大，开始随着入射角的增大而减小。

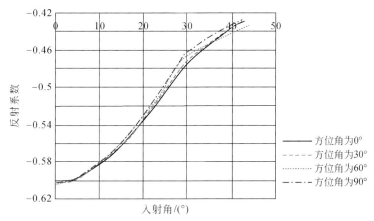

图 3-37　400m 深度煤层顶板砂质泥岩不同方位角反射系数与入射角关系

同时，根据煤层的深度变化，反射系数也发生变化，随着煤层埋深的加大，反射系数却逐渐减小，如图 3-38 为底板为砂质泥岩，入射角 25°时，不同深度底板反射系数与方位角的关系。

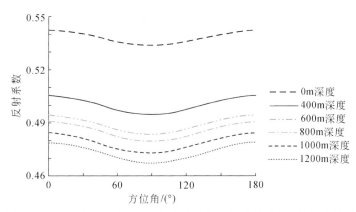

图 3-38　入射角 25°时不同深度砂质泥岩底板反射系数与方位角关系

煤层底板为泥岩时，与顶板为泥岩时的情况相反，反射系数为正值，并随着煤层深度的增大而减小。在方位角 90°取得最小值，随着入射角的增大反射系数逐渐减小，入射角为 0°时，反射系数同样不随方位角而变化。煤层底板为砂质泥岩时，变化规律和以上基本相同。

比较煤层顶底板分别为泥岩和砂质泥岩的不同情况，可以看出，煤层顶板为泥岩时比砂质泥岩时的反射系数的绝对值要大，即反射能量要小；而煤层底板为泥岩时则比砂质泥岩时的反射系数要小，由于其数值为正数，同样反射能量要小。

# 4  煤系地层典型地震物理模型研究

随着我国对煤炭资源的需求增大，所面临的勘探和开采地质条件也越来越复杂，尤其是煤炭资源开发量快速增加，矿井将向深部延拓，地质构造、瓦斯与水等影响矿井安全高效生产的问题将更加突出，而靠原有地质勘探成果和传统的地质方法很难解决精细勘探问题。煤田地质勘探主要包括地质钻探和地震勘探，随着地震勘探在石油资源开发中发挥越来越重要的作用，石油地震勘探装备技术得到较大发展，并取得丰硕的成果。煤田地震勘探因煤层赋存浅、煤系岩层地质构造复杂，煤矿开采对地质构造的识别精度与可靠度又要求极高等因素的影响，其地震勘探技术尚不能较好地满足矿井安全高效生产的需求，必须加强煤田地震精细勘探理论与技术方法的实验研究。

地震物理模型技术是进行固体地球物理和勘探地球物理的理论与方法研究的重要途径和手段，在地球物理勘探技术发展过程中占据重要地位，是提升行业技术的基础。地震物理模型技术不仅在地震波的理论研究（如研究声波介质、弹性介质、各向异性介质和双相介质中的弹性波传播理论）上发挥作用，而且还在地震勘探技术方法研究（如地震观测系统优化设计、地质条件地震响应特征等）中发挥重要的作用。其实验结果是理论研究的重要依据，对实际生产应用起重要的指导作用。为了更好地发挥地震勘探作用，石油部门自20世纪80年代开始开展了不少物理模型试验研究（狄帮让，2006），由于煤田地震勘探目的煤层厚度薄、裂隙发育、速度低且在地下空间上横向与纵向速度变化大，因此，煤田地震物理模型研究起步晚，开展得极其有限。

煤矿开采不仅需要解决地质构造的精细勘探问题（要求查明3m断点，5m以上断层），而且需要查明煤层裂隙、瓦斯富集与含水层富水性等诸多致灾地质条件的分布，目前的煤田地震勘探技术方法远远不能满足现代化矿井生产对其高分辨率、高可靠性的要求，因此，应在我国煤田煤系地层广泛调查的基础上，设计典型物理模型，通过模型研究解决煤田高分辨率地震勘探的关键技术问题，逐步提升行业技术服务能力，为现代矿井安全高效生产提供更好地保障。

地震物理模型实验是通过在实验室比例模型上用超声波测量其反射的弹性波场或声波波场的方式来确定某些特殊地质体模型的地震反射响应。它是一种地震波传播过程的正演模拟方法，基本原理和技术为：以相同物理过程中无量纲波动方程的不变性为理论基础，遵循声波运动学和动力学参数的相似性准则，选择或合成相应的模型材料，构建目标区的设想比例地质模型，用超声测试技术模拟各种野外地震勘探方法，对地质模型进行数据采集，之后进行相关的数据处理和解释。

物理模拟方法的优点是不需要作理论假设，与实际情况较为接近，可信度高。该方法的缺点是成本高，物理模型的制作周期长，物理模型试验室需要大量的经费来维护设备，同时，用于模拟试验的等效介质的岩石物理特征也不一定与实际介质相同，故物理模拟的正演结果并非完全可信，且当用物理模拟结果研究与频率有关的地震波传播规律时，这种方法的实际应用受到限制。

矿井煤层物理模拟实验是从煤层相似材料与结构试验制作开始,通过单一煤层、煤系薄互层等稍简单模型研究入手,探索煤层模型的相似条件以及数据采集、处理技术,然后设计制作了与实际地震勘探十分接近的煤系综合地球物理模型,而模型的研究需要在已知结构、地质异常的小比例尺相似结构体上进行,其数据处理与异常体成像难度很大,综合物理模型又涉及多层煤岩层结构及复杂地质因素,由浅入深都有精细地质构造分布,所以,模型数据采集后,数据处理任务艰难而繁重,经过很多尝试与摸索,才初步寻找出模型数据处理的相关技术路径,并对模型结构取得较好的成像效果。

# 4.1 物理模型的相似性和比例因子

如何把地震波在野外地层中的传播问题在实验室用缩小的物理模型反映出来,是地震物理模型技术中首先要解决的问题,这不仅是在尺度上的缩小,还涉及弹性波参数的相似性问题。也就是说,对两个物理过程进行物理模拟时需要遵守一定的原则,这个原则就是相似性原理。

这里通过相似性原理和地震物理模型中的实际例子,来说明相似比和比例因子在地震物理模型实验中的重要性。地震物理模型实验之所以具有生命力,是因为使用者是用实际的尺寸与结构来设计实验的。

## 4.1.1 相似性原理

地震物理模型是以相似性原理建立的。在进行物理模拟时应考虑下述几项准则:

(1)在物理模型与原型中发生的物理过程服从同一自然规律,能够用相同的无量纲方程描述;

(2)描述模型的物理量与原型的物理量应相似;

(3)描述模型与原型的时间和空间条件应相似。

地震物理模拟是通过利用超声波在物理模型介质中传播近似地模拟地震波在地下介质中的传播情况,二者的波动传播机理相同,可以用同一个波动方程来描述。同时在进行模型实验时完全模仿野外地震勘探的真实生产过程,具有很好的相似性。

开展物理模拟实验时必须考虑如下三方面因素:

(1)模型比例缩小所带来的问题。一般模型的大小都受一定空间条件的制约,比如要能够放在水槽之内或者加工设备能够容纳,因此模型都是根据具体的模拟对象按照一定线性比例缩小制作。

(2)模型介质的物性参数要尽可能与所模拟对象的物性参数一致,这些参数包括速度、密度、泊松比、弹性模量以及孔隙度、含流体饱和度等。

(3)野外地震勘探实际使用的地震波频率只有 10 ~ 100Hz(随着数字检波器的出现,频带在不断拓宽),这实际上决定了地震勘探对地下地层的分辨能力。也就是说,在实际地震勘探中,地震波长相对于勘探地层的尺度关系是既定的。模型实验一定要考虑这个因素，模型尺度按比例缩小的时候所用超声波的频率必须按比例增加。只有这样才能与地震勘探有很好的相似性。用波动方程可推导出一系列的相似性比例关系，在很多文献中可以查阅到相关公式，这里不再赘述。

在实际的模型实验中，一般首先要选择模型制作材料，使模型的物性参数（如速度等）与被模拟对象的相应参数尽可能相同。在物性一致的情况下（如模型速度与地层速度相同），选择合适的比例因子。

## 4.1.2　比例因子

通过弹性波理论可以得出，在弹性介质中，只要各频段波的传播距离和其波长之比相等或近似相等，那么就可以说它们的特性和传播规律相似。因此，地震物理模型参数的模拟比例可以完整体现地震物理模型的相似性。例如，在模拟地震波运动学特性时必须满足空间和时间的相似比，从而确定如速度、波长、频率等影响室内地震物理模型和野外地震勘探运动学的其他特征参数的相似比。同时还需要模拟动态特性的相似比，如弹性参数、衰减因子等。

事实上，运动学物理模型相似比例因子的设计是相当直接的，其基本原则是：在野外实际与物理模型实验中地质体的特征尺度与地震波长之间的比必须保持一致。

以下为在地震波运动学特征模拟中的已知比例关系。在物理模型介质与实际介质中，地震波的传播速度不同，这造成两者的物理参数（波长、时间、传播距离、频率等）也不同，上述参数的比值以 $\gamma$ 表示，也称作模型比例因子。对于两者的速度、时间、距离、频率等参量有如下关系：

$$\frac{v_R}{v_M} = \gamma_V \quad 和 \quad \frac{L_R}{L_M} = \gamma_L$$

$$\frac{T_R}{T_M} = \gamma_T \quad 和 \quad \frac{f_R}{f_M} = \gamma_f \qquad (4-1)$$

式中，下标 R 和 M 分别表示实际和模型参量，根据速度定义：

$$v = \frac{L}{T} \quad 或 \quad v = \lambda f \qquad (4-2)$$

可推出速度、传播时间、波长、频率比例因子相互之间的关系：

$$\gamma_V = \frac{\gamma_L}{\gamma_T}$$

$$\gamma_V = \gamma_\lambda^\gamma f \qquad (4-3)$$

当有 $\frac{v_R}{v_M} = 1$ 时，有

$$\gamma_L = \gamma_T 、 \gamma_\lambda = \frac{1}{\gamma_f} \quad 或 \quad \frac{\lambda_R}{\lambda_M} = \frac{f_M}{f_R} \qquad (4-4)$$

式中，L、T 分别表示地震波传播距离、地震波传播时间；$\lambda$、$f$ 分别为地震波的参量波长、频率。几种常用模型的比例因子见表 4-1。

表 4-1 几种常用模型的比例因子

| 比例 | $\gamma$ 模型比例因子 1 | $\gamma$ 模型比例因子 2 | $\gamma$ 模型比例因子 3 | $\gamma$ 模型比例因子 4 | $\gamma$ 模型比例因子 5 |
|---|---|---|---|---|---|
| 空间长度 | 1:10000 | 1:20000 | 1:10000 | 1:5000 | 1:10000 |
| 时间 | 1:10000 | 1:10000 | 1:5000 | 1:5000 | 1:10000 |
| 速度 | 1:1 | 1:2 | 1:1 | 1:1 | 1:1 |
| 频率 | 10000:1 | 10000:1 | 5000:1 | 5000:1 | 1000:1 |
| 采样率 | 1:10000 | 1:10000 | 1:10000 | 1:5000 | 1:10000 |
| 适合情况 | 面积中 | 面积大埋深大 | 面积中频率高 | 面积小 | 面积小 |

考虑将一块 7km×4km 的野外勘探工作区进行实际三维地震模拟，其目的层储层的厚度为 2~4km，试验中采用的地震波的主频为 20Hz，采样率为 2ms。假设试验采用表 4-1 中第一种模型比例因子，那么要制作大于 70cm×40×40cm 的地质物理模型，同时用频率为 200kHz 的超声波换能器做震源和接收器，调节地质模型的各地层超声波速度与实际地层速度一致，采用 0.2μs 采样率，同时，按 1:10000 的比例同步缩小室内的三维测线布置比例。

选取模型比例因子值必须考虑多方面的影响因素，其主要分为方法因素和设备因素，方法因素包括地质模型大小、声学参数、采集时间等，设备因素包括震源、接收器和定位精度等。研究表明，要在确定速度的 $\gamma V$ 值的基础上选择模型比例因子，通常其值范围在 1/5~1 内比较合适。如表 4-1 给出的常用比例因子中，最好维持频率和采样率两者的比例因子不变，这对物理模拟比较容易。当然这样的比例因子并非适用于每种模型，也可选择其他的比例因子。

## 4.2 地震物理模型数据采集系统

地震物理模型数据采集系统由震源和接收器定位系统，模型固定平台或水槽，震源、接收器和信号采集系统（发射、接收、模数转换）等设备组成，如图 4-1 所示。其中仪器或设备由专线和接口与微机连接，并由微机控制定位系统的移动、震源发射和信号接收，最后记录在硬盘上。

### 4.2.1 震源、接收器和全自动三维坐标定位系统

三维空间定位系统是确保震源和接收器在三维空间任意移动的系统，是地震物理模型实验系统中的关键设备，由两套一样的定位装置组成，一个是震源定位，另一个接收器定位。每套装置都有三个自由度，以中国石油大学（北京）CNPC 物探重点实验室的设备为例（狄帮让，2006），允许在 X、Y、Z 三个方向上移动，最大移动范围分别为 2.2m×

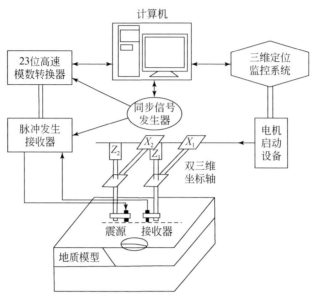

图 4-1　地震物理模型数据采集系统框图（狄帮让，2006）

2.2m×0.6m。每个方向的移动空间精度小于0.05mm，用1∶10000的模型比例因子时，相当野外小于0.5m。

定位系统与信号采集系统配合可有两种工作方式：行进模式和步进模式。行进模式是指定位系统在移动中进行数据采集；步进模式是定位系统每走一步，停顿一下，采集一次数据。前者采集速度快，后者采集速度慢。行进模式采集时要精确计算移动距离与采集时间的关系，否则会出现较大的误差。

步进模式是以速度来获取精度的，在采用单道接收时，一个三维模型的数据采集时间可能需花费几个月。要提高采集速度需要采用与野外一样的多道接收。实现多道接收的前提是需要有性能一致的多个接收器，做到这点在室内有一定的困难。

震源和接收器分别装在两套三维定位装置上，两套定位装置在空间位置上不能交叉使用，它限制了全方位的三维观测系统设计采集，只能采用分区采集。这一方面影响了对一些特殊的三维观测系统设计的采集，另一方面在移动时还需防止它们相互碰撞。用另一套传感系统来警示这种碰撞和其他一些故障。

定位装置的移动由微机控制，它采用了闭环控制方式，每步检测移动精度。采用目前较先进编程方法，使震源和接收器的各种观测方式可在微机屏幕上任意改动，并随时检测数据采集过程中每一步，这大大节省了因故障引起的重复测试时间。目前本系统采用行进模式采集，其采集速度平均10000道/h。

实验使用的大型全自动三维坐标定位系统具有以下特点（图4-2）：$X$、$Y$和$Z$方向最大可移动范围为2.2m×2.2m×0.6m，每个方向的移动空间精度小于0.05mm，$Z$轴可承受压力，坐标位移驱动形式为伺服电机驱动。

图 4-2　大型全自动三维坐标定位系统（狄帮让，2006）

## 4.2.2　数据采集系统

模型信号采集系统主要包括脉冲发射器、放大器、发射和接收换能器、模数转换器及微机等仪器。这些仪器全由微机控制，并与定位系统配合进行数据采集。

脉冲发射器主要用来发射电脉冲，它有多种形式，地震物理模型实验中使用的脉冲发射器所发射的电脉冲形态有尖脉冲和脉冲宽度可调的方脉冲两种。不同的实验要求还可用一些特殊的发射器，如大功率脉冲发射器。这些电脉冲加载到发射换能器上使换能器产生一个声波信号（震源），这个信号（震源）的波形特性不但与脉冲发射器的特性有关，还受换能器本身性能的影响。

低噪声宽频带放大器可使多层模型中底层的弱小反射信号放大，功能更强的放大器可带有一些特殊的处理功能，如滤波、增益可调等，这项工作有待进一步研究。放大器的性能应该在噪声、带宽和增益三个指标中适当选取。当用动态范围大（23位）的模数转换器时，应采用低噪声放大器。

作为震源和接收器的超声波换能器是信号采集中最关键的器件之一，其性能的好坏直接关系到信号质量的好坏与实验是否能成功。超声换能器的类型有多种，目前常用换能器是用压电换能材料制成的，而商用超声波换能器的性能一般不能满足地震物理模型尺度要求，地震物理模型中使用的换能器一般单独定制，与电脉冲发射器相连的换能器称为发射换能器，作接收用的称接收换能器，两种换能器有时可以交换使用，一般不能交换。

高质量的换能器具有宽频带、短余震、高发射功率或灵敏度、高信噪比、大的波束开角等性能，同时必须是小尺寸，多道接收时还要求具有良好的一致性。但这些性能中会出现相互矛盾的现象，如为实现点震源和大的辐射开角，有效方法是研制球型换能器或小直径换能器，实际上球型换能器体积比较大，一般直径大于10mm，并且频带窄；而小直径换能器在增大辐射开角的同时，却大大降低了发射能量，增大了附加干扰波。对于不同直径的换能器测试时，无负载时能量差别比较小，而有负载时能量相差很大。直径为10mm

的换能器，其带宽、子波、灵敏度等性能都较好，但开角只有 50°。直径为 5.5mm 的换能器开角达 90°，而在灵敏度和信噪比方面性能下降 75% 左右。通过实验认为直径为 7.5mm 的换能器较为合适。换能器的频带宽度为主频的 1 ~ 1.5 倍。

实验中，震源信号是完全可重复的，这意味着一炮记录，既可用单一震源在固定位置重复测量得到，也可通过用单一的一个检波器在不同偏移距接收采集得到。这种观测方式的好处是可以在常规和非常规的任意观测系统中采用。

通过对比研究，使用动态范围大的高速模数转换器，可大大提高深层反射弱信号的接收精度。在三维物理模型实验中，一般使用 16 位以上的模数转换器。实验中使用的是 23 位 20MHz（最小采样间隔 0.05μs）的模数转换器。

微机硬盘是存储大数据量最合适的工具，它具有读取速度快的特点。目前微机硬盘已完全适用三维模型数据的存储，存储格式一般与野外相同，采用 SEG-Y 格式。

## 4.2.3　模型固定平台或水槽

模型水槽（图 4-3）和旋转平台（图 4-4）被用来放置地质模型，把模型放在平台上进行多波多分量的固体物理模型实验。直接在模型上测试可模拟陆地数据采集，把模型放入水槽内则为海上数据采集。为解决震源和接收器的耦合和采集速度等问题，在纵波勘探中一般采用水槽模拟测试方式，原则上要求水槽尽量大，可以减少水箱侧面波的影响。

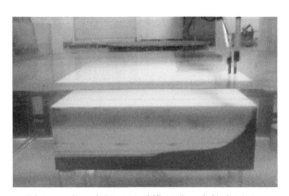

图 4-3　大型水箱（地质模型放入水箱内测试）

图 4-4　旋转平台

由于震源、接收器的耦合和采集速度等问题，因此在三维物理模型中较少使用固体测试方式，大多数用水槽测试方式，除非进行多波物理模拟。

## 4.3 煤系物理模型测试

依据煤矿地质任务和研究对象不同，设计制作不同煤系地层典型地质构造特征物理模型。

## 4.3.1 裂隙煤层模型数据采集与数据分析

煤层和煤层的顶板都存在裂缝，对采矿工程有严重影响，同时，煤层裂隙发育地带往往是煤层瓦斯富集区域。矿井开采和生产中，如能预先查明煤层及其顶、底板的裂缝发育区，采取必要的防范措施，可以保证实现安全高效开采。

同时，预测煤层中裂隙的分布对采煤安全生产和煤层气（瓦斯）资源的评价有重要意义。由于煤层本身具有速度低、密度小、层厚薄以及裂隙密度大等特点，在地震勘探方法中如何利用这些特点，尤其是利用纵波和横波的变化特征预测裂隙的走向和密度，成为地震勘探研究的重要内容。

煤层相对于其他岩层来说，一般厚度薄、波速低，而且含有裂隙，所以这类模型制作存在难点。为能更简单地模拟煤层中地震波传播的波场特征，中国石油大学（北京）的狄帮让（2006）把实际地质模型简化为一个三层模型，在低速度材料中嵌入纸片，以纸片模拟裂隙，成功制作了煤层相似模型。

### 4.3.1.1 煤层模型制作

图 4-5 给出了制作好的中间夹有薄裂隙层的三层模型照片。由于底层用透明的树脂材料，可以看清楚中间裂隙层裂隙的走向，见图 4-5（b）。

图 4-6 是制作成三层地层的厚煤层模型照片，厚煤层在中间。图 4-6（a）为单层厚煤层模拟材料的照片，它由两大块和一小块垂直裂隙材料合并而成。

(a) 模型顶面向上　　　　　　　　　　(b) 模型底面向上

图 4-5 薄煤层模型实物照片（狄帮让，2006）

(a) 单层厚煤层　　　　　　　　　　(b) 三层模型实物

图 4-6　厚煤层模型照片 (狄帮让, 2006)

#### 4.3.1.2　模型数据分析

对已制作的煤层模型, 采用全自动三维超声装置进行数据采集工作。采集时, 为更好地分析研究煤层裂隙分布造成的各向异性特征, 依据第 3 章中煤层各向异性特征分析结果, 当入射角在 15°~30°时, 反射系数随方位角变化最明显, 并在方位角为 90°时反射系数取最大值。因此, 测试时, 在模型上布置了 2 条二维测线, 方向互相垂直, 即一条测线与裂隙方向平行, 另一条与裂隙垂直, 皆位于模型中心线处。

对采集的厚煤层与薄煤层模型数据进行处理分析 (图 4-7~图 4-9), 并对模型层位进行标定, 把模型的固体部分的顶标为 $T_0$, 煤层顶为 $T_1$, 底为 $T_2$, 第三层的底为 $T_3$。

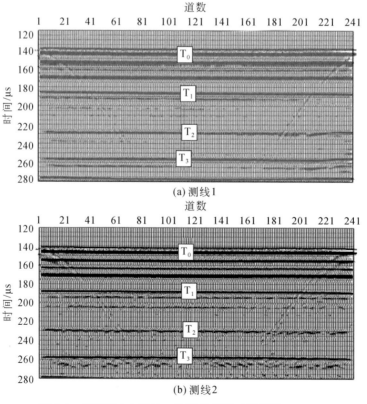

(a) 测线1

(b) 测线2

图 4-7　厚煤层水中纵波一次覆盖观测 (狄帮让, 2006)

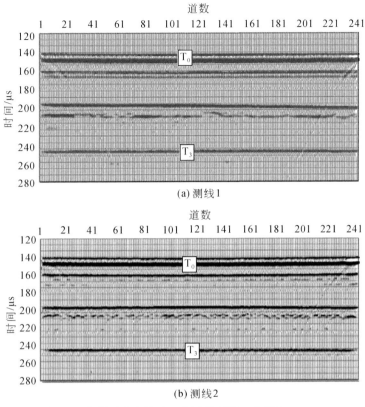

(a) 测线1

(b) 测线2

图 4-8 薄煤层水中纵波一次覆盖观测（狄帮让，2006）

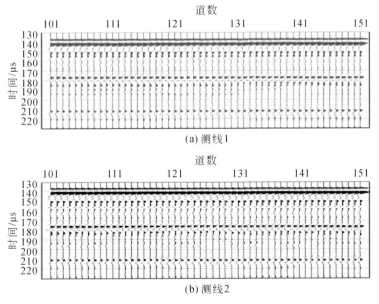

(a) 测线1

(b) 测线2

图 4-9 薄煤层水中一次覆盖观测放大显示（狄帮让，2006）

在垂直裂隙方向的测线 2 上，T₁ 反射同相轴的振幅有些波动，但在 T₂ 界面上振幅的变化很明显。而且振幅波动有一定的规律，这与煤层制作及材料组合不均一（模拟裂隙）的影响有关，在垂直于裂隙方向上裂隙反射明显和第 3 章中煤层方位各向异性分析的结果相吻合。在 T₁ 的同相轴上能看到的几个绕射也是这个原因。其实此模型材料的这种特点更加符合实际情况，在煤层中由于裂隙密度不同或其他一些原因速度也不一定是均匀的。同样，这种不均匀还会在界面上引起绕射。裂隙不均匀性在实际煤层中也存在。

图 4-8 给出了薄煤层模型在水中观测的一次覆盖记录，由于煤层厚度小于波长，模型中 T₁ 和 T₂ 界面的反射波是叠加在一起的，形成一个混合波。这个混合波在剖面上 175 ~ 185 μs 之间，有两个正相位，第一个正相位是煤层顶界面 T₁ 的反射，第二个正相位是煤层底界面 T₂ 的反射。当顺着裂隙方向测试时，波也顺着裂隙传播，不受裂隙的影响。当垂直裂隙接收时，由于测试时有一定的炮检距，波传播时穿过裂隙，多少会受裂隙的影响，在图 4-8（b）上 183 μs 处的同相轴凌乱特征可证实这点。

为更详细分析在薄煤层上不同测线方向的反射差别，图 4-9 给出了图 4-8 中部分道的局部放大记录，可清楚看到在薄煤层上沿测线和垂直测线的混合反射相位是完全不一样的。图 4-9 中两测线的 T₀ 反射同相轴的特征基本相同，说明煤层上覆层是均匀的，如果煤层是均匀的各向同性介质，在两条测线的相交点 125 道附近的地震道的反射信号特征也应一致，但在图 4-9 中薄煤层的反射特征不一样，说明煤层中存在裂隙引起的各向异性的影响。

## 4.3.2　砂体含水与含气异常体模型

这是一个由实际地质情况抽象出来的理论模型，整个模型有三层，模型中部有一个正断层，断层两边设置三个砂体，三个砂体的形态大小有所不同，速度也有变化，这种变化是主要模拟砂体中含气、水异常体状态（用速度等效）情况。

### 4.3.2.1　模型比例与测试

模型参数见表 4-2。

表 4-2　模型参数

| 参数 | 模型比例因子 | 模型（固体部分）大小/mm | | |
|---|---|---|---|---|
| 尺度 L | 1：10000 | 长 | 宽 | 高 |
| 速度 V | 1：1 | 649.1 | 362.5 | 166.1 |
| 时间 T | 1：10000 | 模拟区块/m | | |
| 频率 f | 10000：1 | 纵向 | 横向 | 深+水层 |
| 采样率 Δ | 1：10000 | 6491 | 3625 | 1661+1500 |

图 4-10 为模型结构、测试方向及位置示意图，此模型的地震数据采集在水箱中进行，模型采样率为 0.2 μs。

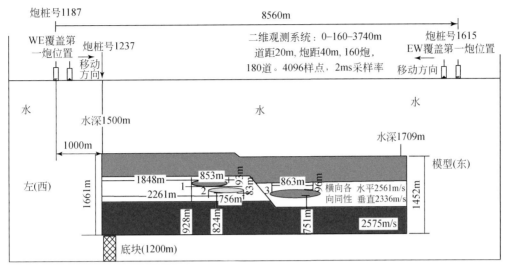

图 4-10  模型结构、测试方向及位置示意图

图 4-11 给出了模型的平面图（a）和中心测线的剖面图（b）。模型中间层有三个速度不同的透镜状砂体，分别等效表示不同含气、液体的情况。砂体 1 速度 2705m/s 等效为含

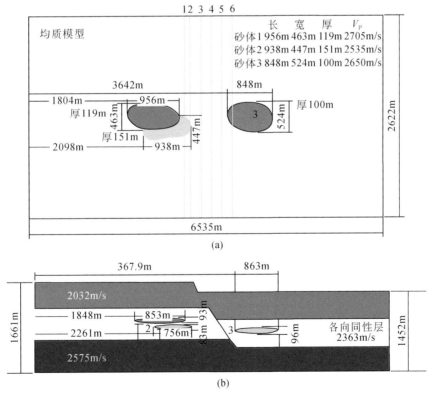

图 4-11  均质体模型，含砂体层为各向同性层

水，砂体 2 速度 2535m/s 等效为含气，砂体 3 速度 2605m/s 等效为含水。测线布置在模型的中线上，测线所对应的地质模型剖面图的实测尺寸见图 4-11（a）。设定各向同性层模型为均匀模型，均质模型中的含砂体层速度为 2363m/s，上覆层速度为 2032m/s，下层速度为 2575m/s。

二维观测系统参数见表 4-3：固定炮检距观测，最小炮检距 160m，炮距 40m，道距 20m，160 炮，180 道接收。

表 4-3　二维观测系统参数

| 参数 | 炮数 | 炮距 | 道数 | 道距 | 覆盖次数 | 最小炮检距 | 最大炮检距 |
|---|---|---|---|---|---|---|---|
| 室内/mm | 160 | 4 | 180 | 2 | 22 | 16 | 374 |
| 野外/m | 160 | 40 | 180 | 20 | 22 | 160 | 3740 |

#### 4.3.2.2　砂体模型数据 AVO 处理结果分析

在开展叠前地震数据保幅保真处理的基础上，开展 AVO 分析和叠前反演，识别砂体和区分砂体的含气水性。

图 4-12 为三个砂体的地震响应道集和砂体顶界面的 AVO 分析曲线。其中图 4-12（a）为砂体 1（含水砂体）的地震响应道集和 AVO 分析曲线，图 4-12（b）为砂体 2（含气砂

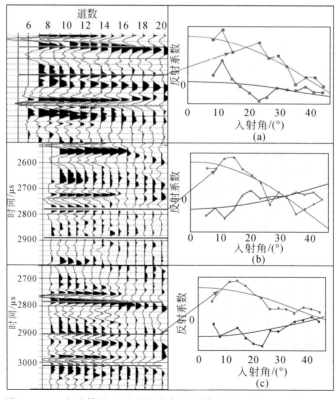

图 4-12　三个砂体的地震响应道集和砂体顶界面的 AVO 分析曲线

体）的地震响应道集和 AVO 曲线分析，图4-12（c）为砂体3（含水砂体）的地震响应道集和 AVO 分析曲线。从地震响应道集和 AVO 曲线上可以明显地看出三个砂体顶界面反射振幅随偏移距的增加而减小。含气砂体顶界面反射振幅随偏移距减小的梯度比含水砂体振幅随偏移距减小的梯度大，在入射角达到30°左右时极性就发生反转，而含水砂体的极性反转发生在入射角达到40°左右。由于含气砂体为高阻抗砂体，根据 Rutherford 和 Williams 对砂岩的分类，高阻抗砂岩顶界面反射振幅随偏移距的增加而减小，且梯度异常比较明显，正演模拟结果与之吻合，说明用振幅随偏移距变化的规律可以区分砂体是否含气。

图4-13 为反演所得的梯度剖面，图4-14 为叠前时间偏移剖面。对比反演的结果和叠前偏移的结果，可以看出：偏移叠加技术能很好地把砂体的形态描述出来，但是没有一个参数指导砂体所含流体的成分。也就是说，偏移叠加技术只从构造形态上将砂体进行了刻画，而缺乏对砂体岩性、物性的判别。同时由于含水砂体1 和含气砂体2 两个砂体叠置关系，含水砂体的存在影响了含气砂体在地震剖面上的响应，含气砂体在叠前时间偏移剖面上未能很好地表现出来，不能很好地解释其分布范围。从反演所得的梯度剖面上可以看出，三个砂体的顶底界面比较清晰，特别是将叠置于含水砂体下方的含气砂体的形态都很好

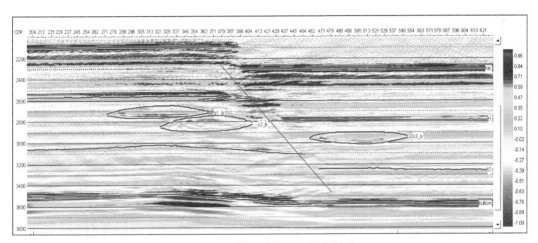

图4-13　模型叠前反演梯度剖面

图4-14　叠前时间偏移剖面

地表现出来，可以在反演剖面上解释出三个砂体的分布范围。同时，反演的结果三个砂体顶界面梯度变化都呈负的异常，有一个砂体的顶界面梯度负异常表现为最大，明显区别于其余两个砂体顶界面的梯度变化。根据三个砂体 AVO 响应曲线分析结果认为，梯度异常最大的砂体为含气砂体，其次为两个含水砂体。对比分析认为，偏移叠加技术只能从构造形态上对砂体进行划分，而对砂体的性质不能描述；叠前反演技术不仅很好地刻画出了砂体的形态，而且用其反演的参数定性地说明了砂体所含流体的性质，将含气砂体很好地从三个砂体中区分开来。

## 4.3.3　煤系薄互层模型

我国大多数煤田属于陆相沉积，所观测到的 AVO 现象，绝大多数是薄互层调谐的结果，而非单个界面的反射，不能用单个界面的 AVO 特征套用。不同的岩性组合，其 AVO 特征可能是不同的，即使岩性组合相同，由于厚度不同，也可能造成 AVO 特征的差异。因此，分析薄互层的 AVO 特征，对于帮助我们认识和检测煤系地层岩性及其异常体分布具有特殊的意义。

当反射波与其他波（相邻反射波、绕射波、多次波）同时到达地面检波器时，将引起波的干涉。波的干涉所形成的合成波的振幅是增强还是减弱，取决于地震波之间的相位关系。在 AVO 研究中，首先假设多次波和绕射波已经被消除，仅考虑相邻地层反射波之间的干涉。陆相沉积煤系地层中往往相间分布砂泥岩薄层序列，波的干涉是影响目的层砂岩反射振幅的一个重要因素，反射双曲线远道时差减小引起的相邻两反射子波相互干涉也要影响 AVO 振幅特性。

正常时差随着记录时间的增加而减小，任何两个反射层的时差也随着炮检距的增大而减小，因此 $\Delta T_x < \Delta T_0$。某些反射波在近道是可以分辨的，但在远道因 $\Delta T_x$ 逐渐减小，由于波的干涉和调谐，不仅两个反射波无法辨认，而且振幅也发生了变化，动校正也无法将它们分开，更无法恢复被改变的能量（图 4-15）。说明薄层调谐对振幅的衰减使反射振幅随炮检距和深度的增加而减小。

### 4.3.3.1　模型制作

该物理模型由有机玻璃片和人工砂层组成，如图 4-16 所示，砂层分别为 4 层，中间间隔有机玻璃。砂层用 $SiO_2$ 与环氧树脂搅拌而成的，控制孔隙度 17% 左右。有机玻璃片厚 1mm，砂层厚 1.7mm。模型与实际地层比例为 3000：1，即有机玻璃相当于实际地层 3m，砂层相当于实际地层 5.1m，为薄互层模型。模型为 450mm 长，300mm 宽。经测试，声波在有机玻璃里面的传播速度为 2490m/s，在砂层中传播速度为 3245m/s。

### 4.3.3.2　模型观测系统

模型试验在水槽中进行，设计目的层深度 24cm，相当于野外 720m 深的目的层。观测系统（图 4-17）参数如下（换算为野外观测系统）：最小偏移距 60m，最大偏移距 1008m，共 50 炮，每炮 80 道，跑距 30m，道距 12m。

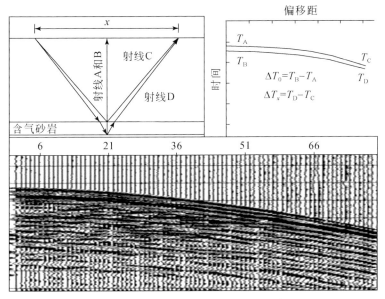

图 4-15 正常时差造成薄层调谐现象

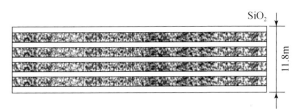

图 4-16 薄互层模型示意图

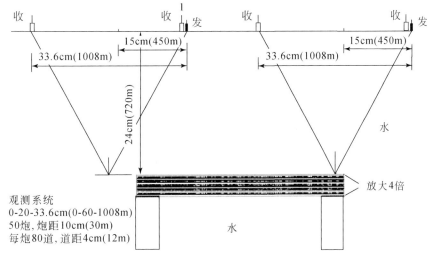

图 4-17 薄互层模型观测系统示意图

### 4.3.3.3 处理结果

通过叠前保幅保真处理得到模型的叠前道集,如图 4-18 所示。并根据深度和声波在水、有机玻璃和砂层中的传播速度制作了该区的声波曲线,用于制作合成记录,标定地层与地震记录的关系,如图 4-18(b)所示。由合成记录标定的结果可以看出,由于薄互层顶底界面反射波的干涉作用,记录只反映了各薄层反射的综合作用,单个界面的反射无法识别,因此无法用单界面振幅随偏移距的变化规律划分出各个单层和区分其岩性、物性。为了更好地说明这种情况,用数学模拟的方法加以证明,如图 4-19 所示。

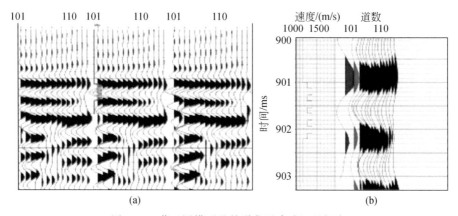

图 4-18 薄互层模型叠前道集及合成记录标定

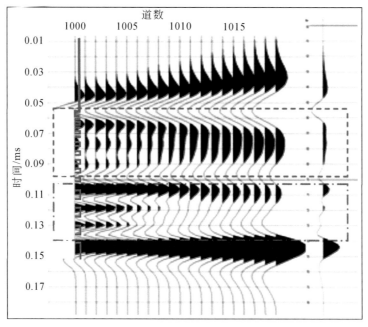

图 4-19 薄层调谐数学模拟合成地震记录

图 4-19 为薄层调谐数学模拟正演模型的道集。浅层为 2m 和 4m 的砂泥岩互层。从合成道集上可以发现，6 层 2m 厚、5 层 4m 厚的砂泥岩互层在近道就因为反射波的干涉作用不能区分开，且因为薄层调谐的作用，此段砂泥岩互层在近道表现为复波，远道表现为频率降低。此段叠加剖面表现为低频、弱振幅的复波。深层为 4 层 8m 厚的砂泥岩互层，根据地震波最大能分辨 $\lambda/8$ 的地层厚度的原理，在近道能区分开砂泥岩的界面，远道也由于干涉作用不能对砂泥岩界面进行区分。

## 4.3.4 煤系综合地层模型

### 4.3.4.1 模型模拟地层地质概况

物理模型的地层特征主要依据淮南煤田某矿，矿区内石炭系、二叠系主要含煤地层厚约 1200m，地层由上石炭统太原组，二叠系山西组和上、下石盒子组组成。地层层序完整，厚度稳定，主要为砂岩、粉砂岩、泥岩和砂质泥岩及煤层组成。该煤系含煤 38 层，具有煤层多、间距近、分布较连续稳定的特点，主要可采煤层 9~18 层，总厚度 22~34m，由于后期构造的影响，断层发育，主要煤层中构造煤发育，煤与瓦斯突出严重。煤层底部为灰岩，厚度大，特别是石炭系或奥陶系灰岩（下文简称奥灰）裂隙岩溶发育，含水量较大，对开采下组煤有很大影响。

### 4.3.4.2 煤系综合地层模型设计与制作

详细分析矿区煤系地层分布以及地质构造特征，包括煤系地层的产状、主采煤层空间分布与顶底板岩性、煤层小构造、裂隙发育与含瓦斯煤体特点、薄煤层赋存状况、底板灰岩（岩溶）及深部构造发育状况等，同时调查淮南煤田各含煤地层岩石物理参数测试研究成果，并选取典型煤层及其顶底板岩石，采取煤岩层样品，进行室内制样并测试，综合确定煤岩层相关物性参数。

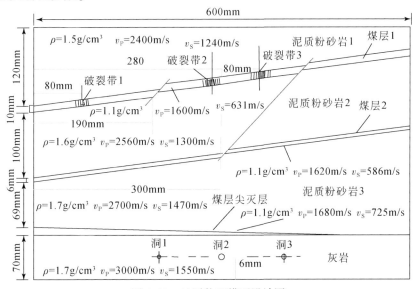

图 4-20　地震物理模型设计图

根据淮南煤田主采煤层分布,以煤田地震勘探主要目的煤层:13-1 煤层、8 煤层和 1 煤层的空间分布为雏形,按比例设计了煤系综合地质物理模型,其中上两层煤倾角为 8°~ 10°,煤层中间以泥质粉砂岩为代表岩性构成煤层顶底板,薄煤层 1 中加入煤层裂隙带、小断层,为研究煤层变薄的地震分辨率,把下部 1 煤设计成楔形尖灭状,1 煤底板为灰岩层,并在灰岩中设计了 3 个不同充填状况的孔洞。初步设计煤系地层地震地质模型见图 4-20。

物理模型制作综合利用相似材料和煤系地层构造的特点,采用的比例参数见表 4-4。

表 4-4　物理模型比例参数

| | 比例因子 | 模型 | 野外 | 物理模型大小/mm | | |
|---|---|---|---|---|---|---|
| 模型比例参数 | 尺度 $L$ | 1m | 1000m | 长 | 宽 | 高 |
| | 速度 $V$ | 1m/s | 1m/s | 600mm | 360mm | 394mm |
| | 时间 $T$ | 1s | 1000s | 模拟区块/m | | |
| | 频率 $f$ | 1000Hz | 1Hz | 纵向 | 横向 | 深 |
| | 采样率 $\Delta$ | 1μs | 1ms | 600m | 360m | 394m |
| | 采样长度 | 4096 点 | 4096 点 | 水层深 | 2m | |

煤系地层综合模型采用由下至上制作,灰岩地层是采用石类粉与环氧树脂混合浇铸而制作完成的,制作其中的孔洞时,首先将石蜡涂到玻璃棒上,然后镶入模具中,等模型材料固化好后将玻璃棒抽出即可完成孔洞的制作;制作泥质粉砂岩时,同样采用浇铸的方式,但是材料选择由滑石粉类与有机混合物搅拌而成的混合物。在此模型制作过程中,制作难点有两个,一是低速煤层,二是裂隙带。攻克该技术难点后,形成的制作技术也是该煤系物理模型得以成功制作的关键。具体制作方法如下:

(1) 首先制作物理模型的底部灰岩层,由石类粉和环氧树脂混合而成,然后一次浇铸成型。在模型设计中有三个孔洞,洞 1 和洞 3 为直径 6.4mm 的孔洞,分别距离中心线两侧 10cm,洞 1 的中心垂直于底部的距离为 34.5mm,洞 3 的中心垂直于底部的距离为 34mm;洞 2 的直径为 9.98mm,它的中心则位于模型中心线上,垂直于底部的距离为 33mm。在制作这三个孔洞时,首先将具有剥离作用的石蜡涂到玻璃棒上,然后镶嵌到制作好的模具中,等到石类粉与环氧树脂混合固化后再将玻璃棒抽出就完成了孔洞的制作。然后将洞 1、洞 2 和洞 3 分别充填水 (1480m/s)、油 (1383m/s)、气 (340m/s),用皮塞将孔洞两端封好,模型见图 4-21。

(2) 制作楔形尖灭煤层,由环氧树脂与硅橡胶混合而成,通过一次浇铸成型,待其固化后对其进行二次加工。

(3) 制作泥质粉砂岩 3,同样采用浇铸方式来成型,将滑石粉类与有机混合物搅拌得到的混合物作为模型材料。

(4) 制作斜薄煤层 2,在一次浇铸成型后放在室温下进行固化,为了保证模型的精度,固化三天后对其进行二次加工。

(5) 制作泥质粉砂岩 2,制作分为东西两个部分,首先做好西半部分,再对东半部分进行浇铸成型,两者之间需有一明显斜痕迹,待其固化后进行加工。

图 4-21 灰岩层制作结果

(6) 制作斜薄煤层 1，这是整个物理模型制作的一大难点，因为此层的制作包含煤层和裂隙带两部分的制作，需要选择合适的材料来满足煤层速度低、含有裂隙这两大特征。模拟裂隙煤层的主要方法为等效材料，根据已有材料能够制作出速度为 1700m/s 的低速基质材料，但不足之处在于利用这种材料制作裂隙，存在诸多难题，主要体现在两个方面：一方面是以现在的技术水平很难制作出用于裂隙填充同时低于煤层速度的基质，以及相应的填充方法；另一方面是裂隙密度在技术层面上难以实现。模型制作中，采用狄帮让教授提出的纸片模拟方法制作完成裂隙破碎带，因为纸片与裂隙的情况较接近，具有速度较低以及相对柔软的性质。在其制作过程中，采用分层压制法，通过多次试验使其满足实验要求，制作好后采用先粘贴在下层的方式。破裂带中的纸片厚度为 0.2mm，经过实测的速度为 1284m/s；破裂带 1 每厘米内有 8.92 片，能量为 1.0156V，宽度为 22.43mm；破裂带 2 每厘米内有 17.05 片，能量为 0.471.2V，宽度为 21.11mm；破裂带 3 每厘米内有 24.55 片，能量为 0.462.5V，宽度为 26.07mm；薄层为一次制作完成，待其固化后进行二次加工，如图 4-22 所示。

图 4-22 裂隙带制作

(7) 制作泥质粉砂岩 1，采用两次浇铸后完成。在此过程中加工模型表面复杂，同时需对其固体测试，精度要求高。制作完成的模型如图 4-23 所示。

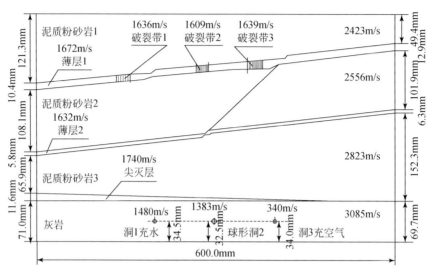

(a) 模型制作后的剖面形态测试

(b) 物理模型实物图

图 4-23　煤系综合物理模型

　　模型制作完成后，对各层的试块进行实际测试，其测试结果得出的速度则定为正确的模型各层速度，结果见表 4-5。

表 4-5　模型测量参数

| 层名 | | 设计速度/(m/s) | 密度/(g/cm³) | 纵波速度/(m/s) | 横波速度/(m/s) |
|---|---|---|---|---|---|
| 泥质粉砂岩 1 | | 2400 | 1.546 | 2423 | 1243 |
| 斜薄层 1 | | 1600 | 1.076 | 1672 | 631 |
| 斜薄层 1 中的破裂带 | 破裂 1 | 1645 | 1.045 | 1636 | — |
| | 破裂 2 | 1620 | 1.024 | 1609 | — |
| | 破裂 3 | 1575 | 1.041 | 1639 | — |
| 泥质粉砂岩 2 | | 2560 | 1.595 | 2556 | 1305 |

续表

| 层名 | 设计速度/(m/s) | 密度/(g/cm³) | 纵波速度/(m/s) | 横波速度/(m/s) |
|---|---|---|---|---|
| 斜薄层2 | 1620 | 1.078 | 1632 | 586 |
| 泥质粉砂岩3 | 2720 | 1.686 | 2823 | 1470 |
| 尖灭层 | 1680 | 1.079 | 1740 | 725 |
| 灰岩 | 3000 | 1.706 | 3085 | 1554 |

在制作过程中，由于温度和其他一些人为因素的微弱影响，最终的模型与当初设计的模型还是存在一些不同之处，这体现在模型制作完成后通过 LIKE 测量划线仪所测量出模型的几何形态与设计形态的微弱差距上。但由于其在控制精度范围内，可以判定对该煤系地层物理模型的制作是成功的。

### 4.3.4.3 模型数据采集与处理

该模型数据采集利用中国石油大学（北京）CNPC 物探重点实验室全自动三维坐标定位系统在水槽中进行，分别对模型进行了固定炮检距（自激自收）、二维与三维的数据采集，并对观测系统进行了多次优化。

模型数据处理按照预处理→速度分析→动校正→叠加→偏移的流程进行，应用 Focus 软件完成。

1）叠后偏移

对模型数据进行速度分析，假定模型的速度未知，采用在常规地震资料处理中应用的速度分析法，也就是拾取叠加速度采用交互速度分析工具，由每 10 个 CMP 道集计算得到速度谱。对全部地震数据体进行叠加速度分析完成后，进行常规的动校正与叠加，最终得到叠加剖面如图 4-24 所示。可见，经过常规地震数据处理，模型主层位显示出来，但由于侧面波等干扰没能去除，模型结构不十分清晰，影响了剖面分辨率。

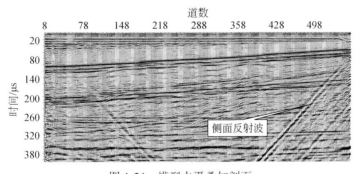

图 4-24 模型水平叠加剖面

通过干扰压制并进行叠后偏移处理获得地震剖面如图 4-25 所示，可以看出叠后偏移其模型主体结构显现得较为清晰，侧面波、断层绕射波得到一定的压制，楔形 1 煤层结构出现，但是深部灰岩中孔洞波形特征不明显。

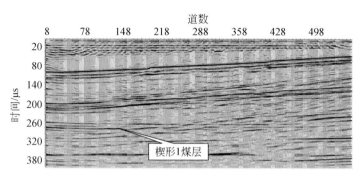

图 4-25　叠后偏移剖面

2）叠前时间偏移

当地层几何形状比较复杂，速度横向变化大时，应用常规的叠后时间偏移技术难以得到理想的成像效果，而叠前时间偏移处理技术是利用叠前道集及均方根速度场，故能够相对较好地将各个地震数据道偏移到真实的反射点位置，形成共反射点道集，在此基础上再进行叠加，可提高偏移成像精度；此外，叠前时间偏移方法的迭代过程也能使最终得到的速度场精度与振幅保真度优于叠后时间偏移，这样不仅有利于进一步提高构造解释精度，而且可确保叠前属性提取与叠后地震数据反演结果的真实可靠。

实现叠前时间偏移的方法很多，但在实际资料处理中，常用方法主要还是克希霍夫（Kirchhoff）积分法。Kirchhoff 积分法偏移的基础是应用波动方程的 Kirchhoff 分解来解决反射层的偏移问题。一般情况下，它不受反射界面倾角的影响，是当前应用较广的一种偏移方法。众所周知，当介质为均匀、各向同性且完全弹性时，纵波波动方程为

$$\frac{\partial^2 u}{\partial x^2} + \frac{\partial^2 u}{\partial y^2} + \frac{\partial^2 u}{\partial z^2} = \frac{1}{v^2}\frac{\partial^2 u}{\partial t^2} \tag{4-5}$$

它的 Kirchhoff 积分解的形式为

$$u(x,y,z,t) = \frac{1}{2\pi}\left\{\left[u(x_0,y_0,z_0,t_0) + \frac{\partial}{\partial z_0}\frac{\delta(t-t_0-r/v)}{r}\right]\right\}\mathrm{d}x\mathrm{d}y \tag{4-6}$$

式中，$u(x,y,z,t)$ 为波场函数值；$v$ 为波的传播速度；$A_0$ 为地面观测平面；$u(x_0,y_0,z_0,t_0)$ 为波场地面观测值；$\delta(t-t_0)$ 为在 $t-t_0$ 时震源激发形成的 $\delta$ 脉冲函数；$r$ 为波传播的距离；$t_0$ 为波从地下点 $(x,y,z)$ 到达地面 $(x_0,y_0,z_0)$ 沿射线路径的传播时间。对于叠前时间偏移，要同时将炮点和检波点向下延拓。采用 Berryhill 波场延拓的求和公式：

$$u(x,y,z,t) = \frac{1}{\pi}\sum \beta \frac{z}{r} F^* u(x_0,y_0,z_0,t+t_0) \tag{4-7}$$

式中，$\beta$ 为加权因子；$F^*$ 为滤波因子。做叠前时间偏移时，有 $z=0$，所以叠前时间偏移的计算公式可以写成

$$u(x,t) = \frac{1}{\pi}\sum \beta_S \beta_G \frac{T^2}{t_S t_G} F_S^* F_G^* u(x_0,0,t_S+t_G) \tag{4-8}$$

式中，S 表示炮点，G 表示接收点；$T$ 为时间深度坐标，地面 $T=0$；$t_S+t_G$ 为信号从震源经反射点回到接收点的旅行时。

叠前时间偏移处理是对叠前数据，通过叠前道集以及均方根速度场将各个地震数据道

偏移到真实的反射点位置，形成了共反射点道集叠加，这样可以提高偏移成像的精度；另外，经过叠前时间偏移最终得到的速度场精度与振幅保真度，也都优于叠后时间偏移。

叠前时间偏移剖面如图 4-26 所示，可以看出，已经消除了侧面反射波，断面的反射波以及断点的绕射波都得到了一定收敛与归位，突出了它们的空间形态与位置。楔形尖灭1 煤层经过偏移得到很好的归位，其形态也较明显。但叠前时间偏移仍无法从根本上对地下地质构造准确成像（成像点和绕射点的偏移问题难以解决），深部孔洞波形特征仍然不明显。

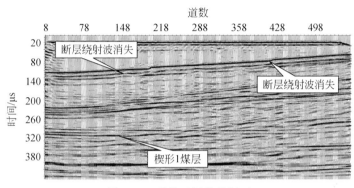

图 4-26 叠前时间偏移剖面

3）叠前深度偏移

常规地震勘探中，高频率与宽频带代表了高精度，在地震数据处理时提高分辨率主要依赖于拓宽频谱，而能否得到真正的共反射点叠加是决定分辨率高低的另一个重要因素。倾角时差（DMO）校正和叠前时间偏移处理对解决共反射点的叠加问题都取得了良好的效果，处理好不同叠加速度的交叉倾斜反射问题是使用这两种方法的前提，在地层速度横向变化较大的区域使用效果较差，而叠前深度偏移可以彻底解决因为横向速度变化导致的非双曲线时差问题。

叠前深度偏移所需要输入的地震资料是常规处理中提供的 CMP 道集，该道集处理质量的好坏将直接影响叠前偏移最终成果的质量好坏，所以做叠前偏移时决不能忽略前序的常规地震资料处理。

叠前深度偏移主要有波动方程叠前深度偏移与克希霍夫积分法叠前深度偏移，两者不同之处在于：波动方程叠前深度偏移更注重构造细节的成像，将由地面接收的地震资料向地下逐层波场延拓，能够保留地震波动力学特征，适合地下复杂地质构造的成像。

由于采用的波场延拓算子有很多，所以波动方程叠前深度偏移的方法也就有多种。以下是适用于地下复杂地质构造成像的傅里叶有限差分法（FFD）混合算法的实现方法。

在 $w$，$k_x$ 域，单程标量波动方程为

$$\frac{\partial p(k_x, w, z)}{\partial z} = i\sqrt{\frac{w^2}{v^2} - k_x^2} \cdot p(k_x, w, z) \tag{4-9}$$

假设速度是常数（$v = c$）或仅依深度变化 $v = c(z)$，解在 $w$，$k_x$ 域公式

$$p(k_x, w, z+\mathrm{d}z) = \mathrm{e}^{i\mathrm{d}z\sqrt{\frac{w^2}{v^2} - k_x^2}} \cdot p(k_x, w, z) \tag{4-10}$$

于是地震偏移成像公式描述为：

$$\sqrt{\frac{w^2}{v^2(x,z)}+\frac{\partial^2}{\partial x^2}} \approx \sqrt{\frac{w^2}{c^2}+\frac{\partial^2}{\partial x^2}} + \left[\frac{w}{v(x,z)}-\frac{w}{c}\right] + \frac{w}{v(x,z)}\left[1-\frac{c}{v(x,z)}\right] \cdot$$

$$\left\{\frac{\dfrac{v^2(x,z)}{w^2}\dfrac{\partial^2}{\partial x^2}}{a_1+b_1\dfrac{v^2(x,z)}{w^2}\dfrac{\partial^2}{\partial x^2}}+\frac{\dfrac{v^2(x,z)}{w^2}\dfrac{\partial^2}{\partial x^2}}{a_2+b_2\dfrac{v^2(x,z)}{w^2}\dfrac{\partial^2}{\partial x^2}}+\cdots\right\} \tag{4-11}$$

式中，等式右侧第一项的意义是用常速 $c$ 作相移运算，第二项的意义是用变速度作校正项，第三项的意义是采用有限差分进行偏移运算。$i=\sqrt{-1}$；$k_x$ 为波数，$\mathrm{m}^{-1}$；$w$ 为频率，Hz；$z$ 为深度，m；$p(k_x,w,z)$ 为波场函数；$\mathrm{e}^{\mathrm{i}dz\sqrt{\frac{w^2}{v^2}-k_x^2}}$ 为偏移算子；$x$ 为空间位置，m；$v(x,z)$ 为随空间和时间变化的变速场，m/s；$c$ 为背景常数（$c \leqslant v(x,z)$）；$a_1$，$b_1$，$a_2$，$b_2$ 为无量纲系数，依赖于 $c/v(x,z)$。

应用以上公式完成复杂地区的波动方程叠前深度偏移。

叠前深度偏移实现过程如下：

①建立模型

建立精确的速度-深度地质模型是进行叠前深度偏移成像的基础，需要在叠后时间偏移剖面上拾取速度，生成时间偏移层位模型，最后将模型反偏到叠加剖面上。

深度偏移成像的效果取决于层速度模型的正确性。层速度的求取是通过时间界面、CMP 道集、叠加速度、均方根速度来获得的。对应的获得层速度的方法有三种：相干反演法、叠加速度反演法、均方根速度转换。常用层速度相干反演方法，主要是因为它不受地层倾角的限制，并且精度高，利用正反演方法在非双曲线条件下直接求取层速度。具体流程是首先在每一层位选定一个 CMP 位置，然后设定一个层速度与偏移距范围，计算相干值，所要的层速度就是最大相干值对应的层速度。从浅到深逐层完成层速度的分析，如图 4-27 所示。

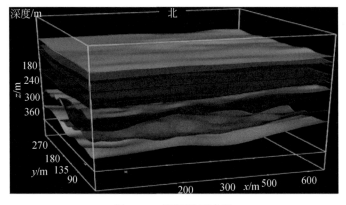

图 4-27　沿层的层速度

将层速度模型对时间层位进行射线偏移得到该层的深度，即深度界面模型。由浅到深逐层分析获得各层的速度，然后利用层速度将深度界面内插到深度域，获得深度域初始层速度–深度模型（图4-28），在此基础上做叠前深度偏移。

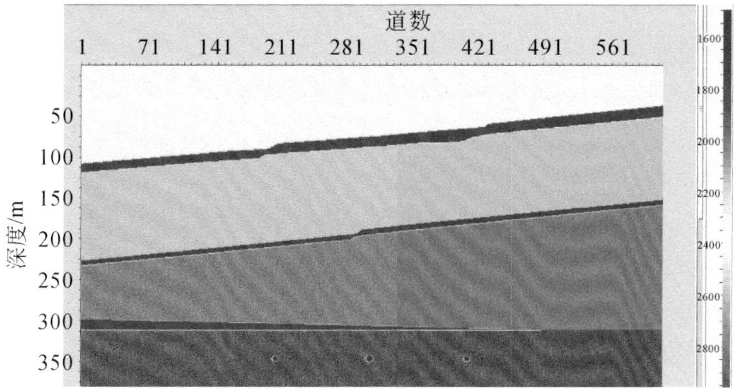

图 4-28 偏移速度模型（深度域）

②优化时间模型

把初始地质模型作为输入模型，进行叠前深度偏移处理，以便了解该区的地质情况和验证该模型是否合理，逐步修改时间模型，直到模型和偏移成像结果基本一致，也就是时间模型与地下地质情况基本相符，方能取得不错的成像效果。

③优化速度模型

利用网格层析成像调整层速度的变化，获取新的速度–深度模型。反复迭代每条目标测线，直至速度–深度模型的延迟量最小、CRP道集被拉平、成像效果最好。

④叠前深度偏移

经过模型的优化和迭代，用延迟量最小的模型做叠前深度偏移处理，获得最后的CRP道集；接着针对CRP道集做相应的去噪、滤波和精细切除，然后叠加，最终获得叠前深度偏移数据体，可形成偏移剖面（图4-29）。

由图4-29可看出：叠前深度偏移结合地质信息建立了深度域层速度模型，该速度模型与实际物理模型基本一致，获得了较好的偏移结果。在偏移剖面上模型结构成像清晰，薄层1、薄层2成像很准确，特别是深部含不同介质的孔洞的成像也有较好的效果，可见叠前深度偏移对解决地下深部复杂地质构造更为有效。

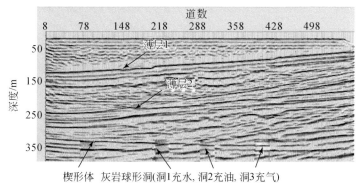

图 4-29 叠前深度偏移剖面

4）模型深部孔洞地震属性分析

煤系综合模型中还包括煤层中的裂隙、小断层、煤层厚度变薄尖灭及深部灰岩中不同充填的孔洞等，模型数据处理中对这些精细地质构造的成像及识别也进行了较深入研究，这里仅以深部孔洞为例，给出利用属性分析技术进行孔洞精细成像与不同孔洞性态判别的简要分析。

①地震属性的提取

地震波中包含了大量的地质信息，无论是煤层构造变化还是岩性的变化都将导致地震属性的变化。主要表现为密度、速度以及其他弹性参数的差异，这些差异会导致地震波传播时间、振幅、相位、频率等地震属性参数产生异常。

采用 Hampson-Russell 公司的 Strata 属性分析提取模块，以目的层为中心开 10ms 时窗。在此时窗内，共提取 17 种地震属性，分别是振幅包络、振幅加权余弦相位、振幅加权频率、振幅加权相位、波阻抗、平均频率、表面极性、余弦瞬时相位、导数、瞬时振幅的导数、振幅类属性、瞬时频率、瞬时相位、综合绝对振幅、正交轨迹、二阶导数、瞬时振幅的二阶导数。以下选取与含水、含油、含气三个孔洞具有良好响应关系的地震属性，如图 4-30 所示。

分析认为：地震波的振幅包络、瞬时振幅、振幅加权相位、瞬时频率、余弦瞬时相位、瞬时相位等属性对含水、含油、含气孔洞响应的效果较好，可使不同孔洞实现精细成像。

(a) 振幅包络

(b) 瞬时振幅

(c) 振幅加权相位

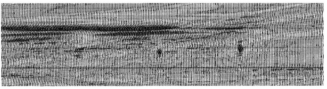

(d) 瞬时频率

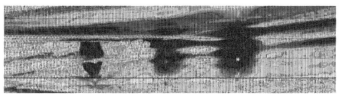

(e) 余弦瞬时相位

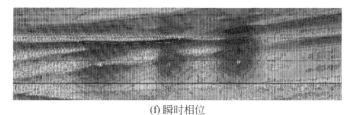

(f) 瞬时相位

图 4-30　不同地震属性对孔洞的响应

②振幅与孔洞的关系

对含水、含油、含气的三个孔洞提取振幅值属性，分析其变化特征，研究其不同充填介质振幅变化规律。图 4-31 为三个孔洞不同充填介质的振幅值变化曲线图，可以看出地震波在充气孔洞的振幅值变化最大，充油次之，充水最小。证明可以通过振幅等属性的变化对含水、含油、含气孔洞进行区分。

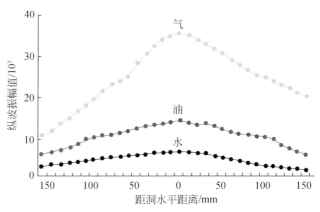

图 4-31　孔洞不同填充物叠加剖面振幅值曲线

# 5 矿井隐蔽致灾地质因素及其地震波场特征

中国东部矿井地质条件复杂，对矿井安全生产威胁大，主要的矿区经过多年开采，浅部煤炭资源基本开采殆尽，迫切需要开采深部煤炭资源。伴随着煤炭资源开发量的快速增加，矿井将逐步向深部延拓，地质构造、瓦斯与水等影响矿井安全高效生产的深部开采问题将更加突出，这就需要综合、合理利用地球物理勘探技术，针对矿井工作面复杂地质条件进行合理设计，达到应用物探技术方法来为矿井生产服务要求，重点需要掌握和了解矿井工作面地质条件及其地震波响应特征。

## 5.1 矿井隐蔽致灾地质因素

随着我国东部煤田开发程度的提高和开采深度的增加，影响安全生产的主要矿井地质条件有地质构造复杂多变、地温增高、矿压增大、瓦斯涌出量增加、底板水压增大等，其中瓦斯、水的赋存常与异常的地质构造伴随出现（朱国维等，2008a）。

1）地质构造

煤田地质构造是煤炭开采的主要影响因素。煤岩层在构造应力的作用下，发生破坏或波状弯曲，形成断层或褶曲，它们对矿井设计与煤炭安全高效回采影响极大。我国多数煤田地质构造复杂，不仅发育大中型断裂构造（断层断距>10m），而且，小构造（断层断距<10m）也极其发育，一些井田还受煤岩层褶曲构造的影响，一些井田煤系底板下伏灰岩层中岩溶发育并伴生有陷落柱。

按照《煤、泥炭地质勘查规范》（DZ/T 0215—2002）要求，井田勘探工作程度为：控制井田边界构造，详细查明采区内落差等于或大于20m（地层倾角平缓、构造简单、地震地质条件好的地区为10~15m）的断层，对小构造的发育程度、分布范围及对开采的影响只能做出评述，同时要求控制采区范围内主要开采煤层的底板等高线，煤层倾角小于10°时，其等高距控制精度为10~20m。而现代化高产高效矿井建设和生产则要求查明落差3~5m的断层及幅度5m左右的褶曲，并查清井田内陷落柱、老窑及采空区等致灾地质体的空间分布形态等一系列矿井地质构造问题。

2）矿井水

矿井水是煤矿开采中重大地质隐患之一，我国东部煤田多为石炭-二叠系煤田，普遍受新地层第四系含水层和底板灰岩承压水的威胁，一些矿井还受顶底板砂岩水、老塘水与岩溶陷落柱导水等影响，特别是底板灰岩承压水突水常常造成重大突水事故。

东部煤田石炭系下部煤层（下组煤）其下伏太灰（太原组灰岩）或奥灰含水层富水性强、水压高，但煤层底板隔水层却极薄（20m左右），并且一些井田煤系地层受构造作用强烈，区内张裂性、张剪性断裂及陷落柱较发育，一旦未能查明地质构造条件并进行有效预防，则极易造成矿井突水事故。我国自1984年6月2日开滦矿务局范各庄矿发生井下岩溶陷落柱特大突水灾害以来，又先后在淮北杨庄矿、义马新安矿、峰峰梧桐矿、皖北任楼矿、徐州张集矿、永城车集矿、陈四楼矿、邢台东庞矿等十多个矿井相继发生特大型奥灰岩岩溶突水淹井事故，造成重大人员伤亡和巨大的经济损失。初步估计，近五年中因矿井突水淹井事故造成的直接经济损失超过40亿元，同时产生了若干地质环境负效应。诸多突水实例分析说明，煤层底板突水是在一定地质条件下地质构造与采动影响综合作用的结果，是煤层下伏承压水冲破底板隔水层的阻隔形成导水通道，以突发、缓滞涌出的形式进入工作面，造成矿井涌水量激增以至淹井的地质灾害。实践证明，煤层底板突水的主导因素有地质构造、矿山压力、底板下伏含水层富水性与水压、底板隔水层的特征等。

3）煤层瓦斯

煤矿瓦斯突出、瓦斯爆炸等瓦斯事故是煤矿经常发生的一类重大恶性事故，它具有突发性强、波及范围广、危害程度高等突出特点。近年来，在全国煤矿所发生的各类重特大事故中，以瓦斯事故的发生频率和死亡人数占绝对优势。

影响煤层瓦斯赋存及分布的因素是多种多样的，一般情况下，瓦斯含量和埋藏深度具有线性关系，随着埋深的增加而增加，瓦斯的形成和赋存受地质条件控制，褶皱、断层等不同的构造是控制瓦斯赋存及分布的重要因素，封闭型地质构造有利于封存瓦斯，开放型地质构造有利于排放瓦斯，区域地质构造控制着瓦斯含量的区域性分布；煤层顶底板岩性较为致密时有利于瓦斯的赋存，导致该区域瓦斯含量较高。实际工作中，应针对井田煤层赋存与地质状况具体问题具体分析，尤其是矿井向深部延拓，井田构造复杂程度及瓦斯涌出量不断加大，更要加强瓦斯预测预防工作。

4）顶底板条件

顶板事故是煤矿生产中另一类常见事故。虽然近些年来由于先进技术的采用和管理方式的改进，这类事故发生的比例及严重程度有所降低，但在一些不发达地区、非国有煤矿特别是个体小煤矿中，顶板事故依然是制约其安全生产的一个主导因素。造成这种后果的原因很多，比如工艺落后，生产工序不符合实际情况；工人素质差，掌握技术、执行措施不到位；开采的地质条件限制，地质构造影响等。其中与地质条件、地质构造有关的顶板事故占有一定比例，采掘遇断层，由地质构造间接引起的顶板事故也属常见。

## 5.2  地震波交错网格高阶有限差分数值模拟

地震勘探波场信息丰富，地下介质性态的变化将引起震波运动学与动力学参数的变化，利用地震勘探成果并结合已有地质资料可以帮助我们开展诸如小断层、褶曲、含气含水异常等影响矿井安全生产因素的预测预报。在井下进行近源矿井物探，不受松散覆盖层的影响，可以实现井下高频高分辨率地震勘探，但井下作业空间极其有限，难以根据地质任务布置常规观测系统，只能在空间限制下灵活进行观测，这就要求我们开展巷道空间震波激励与传播理论研究，分析致灾地质构造震波响应特征，为矿井工作面观测系统设计打下基础。

## 5.2.1　弹性理论

弹性理论主要研究物体受力与形变之间的关系，通过应力和应变分析、弹性体运动平衡关系分析，进而建立弹性波波动方程，下面将对波动方程建立的主要步骤以及数值模拟的基础——一阶速度-应力波动方程的建立进行简要的描述。

### 5.2.1.1　应力、应变、位移的关系

1) 物理方程

物理方程，也称为广义的胡克定律，描述的是应力和应变一一对应的线性函数关系，表征的是介质所特有的物理特性，该方程可以表示为

$$\tau_{ij} = \sum_{k,\, l=1}^{3} C_{ijkl} e_{kl} \tag{5-1}$$

式中，$\tau_{ij}$ 和 $e_{kl}$ 分别为应力张量和应变张量；$C_{ijkl}$ 为比例函数，实质是弹性常数，其值主要与介质的弹性特性有关。

由于 $\tau_{ij}$ 和 $e_{kl}$ 各有 9 个分量，因而 $C_{ijkl}$ 是一个具有 81 个分量的 4 阶张量。但 $\tau_{ij}$ 和 $e_{kl}$ 各自都具有对称的关系，在弹性体内一点的应力和应变都对应六个独立变量，于是弹性常数张量可以表示为具有 36 个分量的矩阵。

而对于各向同性介质而言，弹性特性在每个方向上都相同，表示介质只需两个弹性常数，即拉梅常量 $\lambda$ 和 $\mu$ 反映正应力和正应变的比例系数的另一种形式)，由此广义的胡克定律可以以下列方程进行描述:

$$\begin{vmatrix} \sigma_{xx} \\ \sigma_{yy} \\ \sigma_{zz} \\ \sigma_{yz} \\ \sigma_{zx} \\ \sigma_{xy} \end{vmatrix} = \begin{vmatrix} \lambda+2\mu & \lambda & \lambda & 0 & 0 & 0 \\ \lambda & \lambda+2\mu & \lambda & 0 & 0 & 0 \\ \lambda & \lambda & \lambda+2\mu & 0 & 0 & 0 \\ 0 & 0 & 0 & \mu & 0 & 0 \\ 0 & 0 & 0 & 0 & \mu & 0 \\ 0 & 0 & 0 & 0 & 0 & \mu \end{vmatrix} \begin{vmatrix} e_{xx} \\ e_{yy} \\ e_{zz} \\ e_{yz} \\ e_{zx} \\ e_{xy} \end{vmatrix} \tag{5-2}$$

2) 运动平衡微分方程

力学中的牛顿第二运动定律可以表示为

$$F = ma \tag{5-3}$$

可以利用该定律推导运动平衡微分方程。改写牛顿第二运动定律为 $F - ma = 0$，其中 $-ma = J$，称为惯性力，则有 $F + J = 0$。也就是说，一个处于加速运动的物体受到一个惯性力的作用，物体质量和加速度相乘即为惯性力的值，而加速度的反方向即为惯性力的方向。如果惯性力与物体受到的外力的合力为 0，则表示物体处于运动平衡状态，这个原理称为运动学的达朗贝尔原理。对连续体而言，可对切割的单元体适用达朗贝尔原理列出运动平衡微分方程式:

$$\rho \frac{\partial^2 u}{\partial t^2} = \frac{\partial \sigma_{xx}}{\partial x} + \frac{\partial \sigma_{xy}}{\partial y} + \frac{\partial \sigma_{xz}}{\partial z} + f_x$$

$$\rho \frac{\partial^2 v}{\partial t^2} = \frac{\partial \sigma_{yy}}{\partial y} + \frac{\partial \sigma_{yx}}{\partial x} + \frac{\partial \sigma_{yz}}{\partial z} + f_y$$

$$\rho \frac{\partial^2 w}{\partial t^2} = \frac{\partial \sigma_{zz}}{\partial z} + \frac{\partial \sigma_{zx}}{\partial x} + \frac{\partial \sigma_{zy}}{\partial y} + f_z \tag{5-4}$$

式中，$t$ 为时间变量，$u$ 为 $x$ 方向上的位移分量，$v$ 为 $y$ 方向上的位移分量，$w$ 为 $z$ 方向的位移分量，它们都是有关 $t$ 的函数；$\rho$ 为弹性体密度；$\sigma_{ij}$ 为各个方向上的应力；$f_x$、$f_y$、$f_z$ 分别为 $x$、$y$、$z$ 三个方向上的外力。

3）几何方程

几何方程描述的是位移和应变之间的关系，对于正应变有

$$e_{xx} = \frac{\partial u}{\partial x} \tag{5-5}$$

$$e_{yy} = \frac{\partial v}{\partial y} \tag{5-6}$$

$$e_{zz} = \frac{\partial w}{\partial z} \tag{5-7}$$

对于切应变有

$$e_{xy} = e_{yx} = \frac{\partial v}{\partial x} + \frac{\partial u}{\partial y} \tag{5-8}$$

$$e_{yz} = e_{zy} = \frac{\partial w}{\partial y} + \frac{\partial v}{\partial z} \tag{5-9}$$

$$e_{zx} = e_{xz} = \frac{\partial u}{\partial z} + \frac{\partial w}{\partial x} \tag{5-10}$$

正应变和切应变是弹性应变的两种基本运动形式，其数学表达式在弹性力学中称为几何方程或柯西方程。

### 5.2.1.2 各向同性介质中的波动方程

为了构建地震波波动方程，在一定情况下，我们可以将在地下岩体中传播的地震波看成沿岩体传播的一种弹性波。利用物理方程、几何方程可以将弹性介质中的运动平衡微分方程写成弹性波在各向同性介质中的位移方程，表示如下：

$$\rho \frac{\partial^2 u}{\partial t^2} = \frac{\partial}{\partial x}\left[\lambda\left(\frac{\partial u}{\partial x} + \frac{\partial v}{\partial y} + \frac{\partial w}{\partial z}\right) + 2\mu \frac{\partial u}{\partial x}\right] + \mu \frac{\partial}{\partial y}\left(\frac{\partial v}{\partial x} + \frac{\partial u}{\partial y}\right) + \mu \frac{\partial}{\partial z}\left(\frac{\partial u}{\partial z} + \frac{\partial w}{\partial x}\right) + f_x$$

$$\rho \frac{\partial^2 v}{\partial t^2} = \frac{\partial}{\partial y}\left[\lambda\left(\frac{\partial u}{\partial x} + \frac{\partial v}{\partial y} + \frac{\partial w}{\partial z}\right) + 2\mu \frac{\partial v}{\partial y}\right] + \mu \frac{\partial}{\partial x}\left(\frac{\partial v}{\partial x} + \frac{\partial u}{\partial y}\right) + \mu \frac{\partial}{\partial z}\left(\frac{\partial w}{\partial y} + \frac{\partial v}{\partial z}\right) + f_y \tag{5-11}$$

$$\rho \frac{\partial^2 w}{\partial t^2} = \frac{\partial}{\partial z}\left[\lambda\left(\frac{\partial u}{\partial x} + \frac{\partial v}{\partial y} + \frac{\partial w}{\partial z}\right) + 2\mu \frac{\partial w}{\partial z}\right] + \mu \frac{\partial}{\partial x}\left(\frac{\partial u}{\partial z} + \frac{\partial w}{\partial x}\right) + \mu \frac{\partial}{\partial y}\left(\frac{\partial w}{\partial y} + \frac{\partial v}{\partial z}\right) + f_z$$

当拉梅常量不随空间发生变化时，则相对应的各向同性介质中二维运动位移方程如下所示：

$$\rho \frac{\partial^2 u}{\partial t^2} = v_P^2\left(\frac{\partial^2 u}{\partial x^2} + \frac{\partial^2 w}{\partial x \partial z}\right) + v_S^2\left(\frac{\partial^2 u}{\partial z^2} - \frac{\partial^2 w}{\partial x \partial z}\right) + f_x$$

$$\rho \frac{\partial^2 v}{\partial t^2} = v_S^2 \left( \frac{\partial^2 v}{\partial x^2} + \frac{\partial^2 v}{\partial z^2} \right) + f_y \tag{5-12}$$

$$\rho \frac{\partial^2 w}{\partial t^2} = v_P^2 \left( \frac{\partial^2 u}{\partial x \partial z} + \frac{\partial^2 w}{\partial z^2} \right) + v_S^2 \left( \frac{\partial^2 w}{\partial x^2} - \frac{\partial^2 u}{\partial x \partial z} \right) + f_z$$

式中，$v_P$、$v_S$ 分别为质点上的 P 波速度以及 S 波速度，均可以由拉梅常量进行求取，具体表达式如下：

$$v_P = \sqrt{\frac{\lambda + 2\mu}{\rho}} \tag{5-13}$$

$$v_S = \sqrt{\frac{\mu}{\rho}} \tag{5-14}$$

### 5.2.1.3 一阶速度-应力弹性波方程

在对各向同性介质中的运动平衡微分方程进行求解时，计算弹性常数的空间微分相对比较麻烦和困难，由此对弹性介质的运动平衡方程中的位移分量对时间求一阶导数得到 $x$、$y$、$z$ 三个不同方向上的速度分量 $v_x$、$v_y$、$v_z$，并用来表示地震波在介质空间的波场值。在没有外力的作用下或者外力的作用停止后，各向同性弹性介质中二维运动位移方程就可以转化为由一阶速度-应力表示的弹性波动方程，表达式如下：

$$\rho \frac{\partial v_x}{\partial t} = \frac{\partial \sigma_{xx}}{\partial x} + \frac{\partial \sigma_{xy}}{\partial y} + \frac{\partial \sigma_{xz}}{\partial z} \tag{5-15}$$

$$\rho \frac{\partial v_y}{\partial t} = \frac{\partial \sigma_{yx}}{\partial x} + \frac{\partial \sigma_{yy}}{\partial y} + \frac{\partial \sigma_{yz}}{\partial z} \tag{5-16}$$

$$\rho \frac{\partial v_z}{\partial t} = \frac{\partial \sigma_{zx}}{\partial x} + \frac{\partial \sigma_{zy}}{\partial y} + \frac{\partial \sigma_{zz}}{\partial z} \tag{5-17}$$

将几何方程的各式两边分别对时间求一阶导数后代入各向同性介质下的广义胡克定律的表达式有

$$
\begin{vmatrix} \dfrac{\partial \sigma_{xx}}{\partial t} \\[2mm] \dfrac{\partial \sigma_{yy}}{\partial t} \\[2mm] \dfrac{\partial \sigma_{zz}}{\partial t} \\[2mm] \dfrac{\partial \sigma_{yz}}{\partial t} \\[2mm] \dfrac{\partial \sigma_{zx}}{\partial t} \\[2mm] \dfrac{\partial \sigma_{xy}}{\partial t} \end{vmatrix} =
\begin{vmatrix} C_{11} & C_{12} & C_{13} & C_{14} & C_{15} & C_{16} \\ C_{21} & C_{22} & C_{23} & 0 & 0 & 0 \\ C_{31} & C_{32} & C_{33} & 0 & 0 & 0 \\ 0 & 0 & 0 & C_{44} & 0 & 0 \\ 0 & 0 & 0 & 0 & C_{55} & 0 \\ 0 & 0 & 0 & 0 & 0 & C_{66} \end{vmatrix}
\begin{vmatrix} \dfrac{\partial v_x}{\partial x} \\[2mm] \dfrac{\partial v_y}{\partial y} \\[2mm] \dfrac{\partial v_z}{\partial z} \\[2mm] \dfrac{\partial v_y}{\partial z} + \dfrac{\partial v_z}{\partial y} \\[2mm] \dfrac{\partial v_z}{\partial x} + \dfrac{\partial v_x}{\partial z} \\[2mm] \dfrac{\partial v_x}{\partial y} + \dfrac{\partial v_y}{\partial x} \end{vmatrix} \tag{5-18}
$$

联立广义胡克定律和位移方程就能够得到二维各向同性介质条件下的一阶速度-应力波动方程：

$$\rho \frac{\partial v_x}{\partial t} = \frac{\partial \sigma_{xx}}{\partial x} + \frac{\partial \sigma_{xz}}{\partial z}$$

$$\rho \frac{\partial v_z}{\partial t} = \frac{\partial \sigma_{zx}}{\partial x} + \frac{\partial \sigma_{zz}}{\partial z}$$

$$\frac{\partial \sigma_{xx}}{\partial t} = (\lambda + 2\mu) \frac{\partial v_x}{\partial x} + \lambda \frac{\partial v_z}{\partial z} \tag{5-19}$$

$$\frac{\partial \sigma_{zz}}{\partial t} = \lambda \frac{\partial v_x}{\partial x} + (\lambda + 2\mu) \frac{\partial v_z}{\partial z}$$

$$\frac{\partial \sigma_{xz}}{\partial t} = \mu \frac{\partial v_z}{\partial x} + \mu \frac{\partial v_x}{\partial z}$$

## 5.2.2 交错网格高阶有限差分数值解

有限差分法是目前运用的比较多的数值模拟手段之一，其求解波动方程的主要思想是运用泰勒级数展开将微分问题转化为差分问题，针对有限差分数值模拟的精度问题，学者提出了很多不同的网格剖分方式，包括高阶规则网格以及与之相对的不规则网格等，其中Madariaga提出的交错网格差分格式效果最好，能有效地提高收敛速度和数值模拟的精度，同时却不会带来计算量的增加和存储空间的增加。交错网格需要时间网格和空间网格相互交错，并在对应的变量所在网格点的中点上进行变量导数的运算，从而在时间域和空间域进行交替递推运算，而不是在整点上进行计算，这是相较常规网格的差别之处。

### 5.2.2.1 弹性波方程时间上的差分近似

在时间域采用交错网格高阶有限差分法对一阶速度-应力弹性波动方程进行计算求解时，分别在 $t$ 和 $t+\Delta t/2$（其中 $\Delta t$ 为时间步长，或者是采样间隔）这两个时刻对速度和应力进行求解，为了提高交错网格高阶有限差分法在时间域的计算精度，能够进行时间域 $2M$ 阶精度差分求解，然后根据需要选取合适的差分精度。设时间函数 $f(t)$ 是连续的单值函数而且任意阶导数都存在，那么它的泰勒级数展开可以表示为

$$f\left(t + \frac{\Delta t}{2}\right) = f(t) + \frac{\partial f}{\partial t}\frac{\Delta t}{2} + \frac{1}{2!}\frac{\partial^2 f}{\partial t^2} + \frac{1}{3!}\frac{\partial^3 f}{\partial t^3} + \cdots + \frac{1}{m!}\frac{\partial^m f}{\partial t^m}\left(\frac{\Delta t}{2}\right)^m + O(\Delta t^m) \tag{5-20}$$

$$f\left(t - \frac{\Delta t}{2}\right) = f(t) - \frac{\partial f}{\partial t}\frac{\Delta t}{2} + \frac{1}{2!}\frac{\partial^2 f}{\partial t^2} - \frac{1}{3!}\frac{\partial^3 f}{\partial t^3} + \cdots + \frac{1}{m!}\frac{\partial^m f}{\partial t^m}\left(-\frac{\Delta t}{2}\right)^m + O(\Delta t^m) \tag{5-21}$$

将上面两式通过相减运算，就可以推导出时间域 $2M$ 阶精度的弹性波动方程的差分近似表达式：

$$f\left(t + \frac{\Delta t}{2}\right) = f\left(t - \frac{\Delta t}{2}\right) + 2\sum_{m=1}^{M} \frac{1}{(2m-1)!} \cdot \left(\frac{\Delta t}{2}\right)^{2m-1} \cdot \frac{\partial^{2m-1} f}{\partial t^{2m-1}} + O(\Delta t^{2M}) \tag{5-22}$$

通过上式，在给定初始时刻的速度和应力值之后，可以直接将波动方程转化为差分方程组，然后通过递推就能得到各个时刻的速度和应力值，通过一阶速度-应力方程将各个变量时间域的任意 $2M$ 阶导数转换到空间域的求导上，可以避免求取时间域的高阶微分式，不会占用太多的存储空间，计算某一时刻的速度（应力）时，只需前一个时刻的速度

（应力）值，以及这两个相邻时间的中间点的应力（速度）值即可。

当式（5-22）中取 $M=2$ 时，即可得到时间二阶的差分近似表达式。

### 5.2.2.2   弹性波方程空间上的差分近似

为了获得较高的数值模拟精度，也需在空间域进行高阶差分近似求解。在交错网格数值模拟中，空间导数的计算是在对应的空间变量所在网格点的中点进行的。对于空间函数 $f(x)$，假设其存在 $2N+1$ 阶导数，则 $f(x)$ 在 $x=x_0\pm(2n-1)/2\Delta x$ 处的 $2N+1$ 阶的泰勒展开式为

$$f\left(x_0 \pm \frac{2n-1}{2}\Delta x\right)=f(x_0)+\sum_{i=1}^{2N+1}\frac{\left(\pm\frac{2n-1}{2}\right)}{i!}f^{(i)}(x_0)+O(\Delta x^{2N+2}),n=1,2,3\cdots,N$$

（5-23）

交错网格一阶导数 $2N$ 阶差分近似可以由下列方程式进行表示：

$$\Delta x\frac{\partial f(x)}{\partial x}\bigg|_{x=x_0}=\sum_{n=1}^{N}C_n\left\{f\left[x_0+\frac{2n-1}{2}\Delta x\right]-f\left[x_0-\frac{2n-1}{2}\Delta x\right]\right\}$$
$$+e_N f^{(2N+1)}(x_0)\Delta x^{2N+1}+O\left[\Delta x^{2(N+1)+1}\right]$$

（5-24）

将上述两式进行迭代，就能推导出如下方程式：

$$\Delta xf^{(1)}(x_0)=\sum_{n=1}^{N}(2n-1)C_n\Delta xf^{(1)}(x_0)+\sum_{n=1}^{N}\sum_{i=1}^{N-1}\frac{(2n-1)^{2i+1}\Delta x^{2i+1}}{(2i+1)!}C_nf^{(2i+1)}(x_0)$$
$$+\sum_{n=1}^{N}\frac{(2n-1)^{2N+1}}{(2N+1)!}C_n\Delta x^{2N+1}f^{(2N+1)}(x_0)$$

（5-25）

通过上面的方程，可以知道，差分系数主要通过下列方程式进行求解：

$$\begin{vmatrix} 1 & 3^1 & \cdots & (2N-1)^1 \\ 1 & 3^3 & \cdots & (2N-1)^3 \\ \vdots & \vdots & \vdots & \vdots \\ 1 & 3^{2N-1} & \cdots & (2N-1)^{2N-1} \end{vmatrix}\begin{vmatrix} C_1 \\ C_2 \\ \vdots \\ C_N \end{vmatrix}=\begin{vmatrix} 1 \\ 0 \\ \vdots \\ 0 \end{vmatrix}$$

（5-26）

利用上述方程进行求解，可以得到不同空间差分精度的差分系数 $C_n$，如：

当 $2N=2$ 时，$C_1=1$；

当 $2N=4$ 时，$C_1=1.1125$，$C_2=-0.04166667$；

当 $2N=6$ 时，$C_1=1.171875$，$C_2=-0.06510416$，$C_3=-0.0046875$。

得到差分系数以后，就可以推导出弹性波动方程空间域 $2N$ 阶差分精度的差分近似格式：

$$\frac{\partial f(x)}{\partial x}=\frac{1}{\Delta x}\sum_{n=1}^{N}C_n\left\{f\left[x+\frac{2n-1}{2}\Delta x\right]-f\left[x-\frac{2n-1}{2}\Delta x\right]\right\}+O(\Delta x^{2N}) \quad (5-27)$$

当上式中取 $N=2$ 时，即可得到本书所用的空间四阶差分近似格式。

### 5.2.2.3  交错网格高阶有限差分格式

交错网格的关键是在对应的空间网格节点的中点进行变量空间导数的计算，所需求解的速度以及应力的分量在剖分网格中定义的位置如图5-1所示。

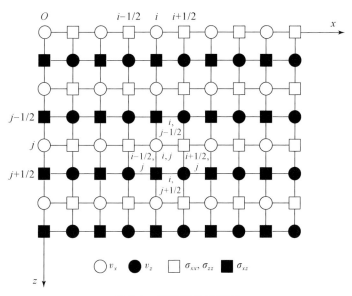

图 5-1　网格剖分示意图

速度分量 $v_x$ 定义在网格节点 $(i, j)$ 上，$v_z$ 定义在网格节点 $(i+1/2, j+1/2)$ 上，正应力 $\sigma_{xx}$ 和 $\sigma_{zz}$ 定义在网格节点 $(i+1/2, j)$ 上，切应力 $\sigma_{xz}$ 定义在网格节点 $(i, j+1/2)$ 上，速度分量 $v_x$ 和 $v_z$ 定义在时间离散采样点 $t=(k+1/2)\,\Delta t$ 上，正应力 $\sigma_{xx}$、$\sigma_{zz}$ 和切应力 $\sigma_{xz}$ 定义在时间离散采样点 $t=k\Delta t$ 上。

将模型进行离散后，对波动方程进行时间域 2 阶、空间域 4 阶有限差分求解，就能够推导出各向同性介质中的交错网格高阶有限差分表达式：

$$U_{i,j}^{k+1/2} = U_{i,j}^{k-1/2} + \frac{\Delta t}{\rho_{i,j}\Delta x}\left[\sum_{n=1}^{2} C_n(R_{i+(2n-1)/2,j}^{k} - R_{i-(2n-1)/2,j}^{k})\right]$$
$$+ \frac{\Delta t}{\rho_{i,j}\Delta z}\left[\sum_{n=1}^{2} C_n(H_{i,j+(2n-1)/2}^{k} - H_{i,j-(2n-1)/2}^{k})\right]$$

$$V_{i+1/2,j+1/2}^{k+1/2} = V_{i+1/2,j+1/2}^{k-1/2} + \frac{\Delta t}{\rho_{i+1/2,j+1/2}\Delta x}\left[\sum_{n=1}^{2} C_n(H_{i+n,j+1/2}^{k} - H_{i-n+1,j+1/2}^{k})\right]$$
$$+ \frac{\Delta t}{\rho_{i+1/2,j+1/2}\Delta z}\left[\sum_{n=1}^{2} C_n(T_{i+1/2,j+n}^{k} - T_{i+1/2,j-n+1}^{k})\right]$$

$$R_{i+1/2,j}^{k+1} = R_{i+1/2,j}^{k} + \frac{(\lambda+2\mu)_{i+1/2,j}\Delta t}{\Delta x}\sum_{n=1}^{2} C_n(U_{i+n,j}^{k+1/2} - U_{i-n+1,j}^{k+1/2})$$
$$+ \frac{\lambda_{i+1/2,j}\Delta t}{\Delta z}\sum_{n=1}^{2} C_n(V_{i+1/2,j+(2n-1)/2}^{k+1/2} - V_{i+1/2,j-(2n-1)/2}^{k+1/2}) \qquad (5\text{-}28)$$

$$T_{i+1/2,\,j}^{k+1} = T_{i+1/2,\,j}^{k} + \frac{(\lambda + 2\mu)_{i+1/2,\,j}\Delta t}{\Delta z} \sum_{n=1}^{2} C_n (V_{i+1/2,\,j+(2n-1)/2}^{k+1/2} - V_{i+1/2,\,j-(2n-1)/2}^{k+1/2})$$

$$+ \frac{\lambda_{i+1/2,\,j}\Delta t}{\Delta x} \sum_{n=1}^{2} C_n (U_{i+n,\,j}^{k+1/2} - U_{i-n+1,\,j}^{k+1/2})$$

$$H_{i,\,j+1/2}^{k+1} = H_{i,\,j+1/2}^{k} + \frac{\mu_{i,\,j+1/2}\Delta t}{\Delta z} \sum_{n=1}^{2} C_n (U_{i,\,j+n}^{k+1/2} - U_{i,\,j-n+1}^{k+1/2})$$

$$+ \frac{\mu_{i,\,j+1/2}\Delta t}{\Delta x} \sum_{n=1}^{2} C_n (V_{i+(2n-1)/2,\,j+1/2}^{k+1/2} - V_{i-(2n-1)/2,\,j+1/2}^{k+1/2})$$

式中，$\Delta x$ 和 $\Delta z$ 分别为 $X$ 和 $Z$ 方向的空间步长，$\Delta t$ 为时间步长；$U$ 和 $v$ 分别为速度分量 $v_x$ 和 $v_z$ 的离散值；$R$、$T$ 和 $H$ 分别为应力 $\sigma_{xx}$、$\sigma_{zz}$ 和 $\sigma_{xz}$ 的离散值；差分系数 $C_1 = 1.125$，$C_2 = -0.0416667$。

## 5.2.3　震源条件

### 5.2.3.1　震源函数

在有限差分数值模拟建立模型的过程中，所需的震源函数一般表示为时间函数以及空间函数的乘积，表达式如下：

$$f(x,z,t) = w(t)a(x,z) \tag{5-29}$$

上式中时间函数 $w(t)$ 用来表征作用力在时间上的连续性，一般用地震子波函数来进行表示，而空间函数 $a(x,z)$ 用来表征作用力在空间上作用范围，一般用指数衰减函数表示，二维的情况下 $a(x,z)$ 可以表示为

$$a(x,z) = \exp\{-\alpha[(x-x_0)^2 + (z-z_0)^2]\} \tag{5-30}$$

式中，$(x_0,\ z_0)$ 为震源中心；$\alpha > 0$，表示衰减系数。

当所用的震源为点震源时，$a(x,z) = \delta(x-x_0)(z-z_0)$。

### 5.2.3.2　震源加载方式

进行波动方程的数值模拟时所采用的震源主要有四种不同的施加方式：集中力源、炸药震源、纯剪切力源和等能量震源（图 5-2）。

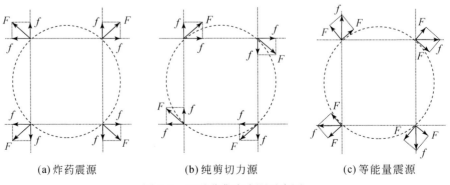

(a) 炸药震源　　　　　(b) 纯剪切力源　　　　　(c) 等能量震源

图 5-2　三种非集中力源示意图

1）集中力源

集中力源是指在剖分网格的特定节点上进行施加的可以表示为时间的函数的作用力。集中力源的作用方向没有明确的规定，能够水平，能够垂直，也能够是其他任意的方向，其所激发的波场中包含 P 波和 S 波。

2）炸药震源

炸药震源又被称为胀缩源，相当于在震源点产生一瞬时压力。炸药震源是指在相应的网格单元的四个角点上施加水平以及垂直方向的作用力，其合力的方向在四个角点所在圆的径向上，并且背离圆心。在各向同性介质中，激发炸药震源只产生 P 波；而在各向异性介质中，采用炸药震源时则会在产生 P 波的同时也会产生 S 波。

炸药震源的震源函数在 $X$ 方向的表达式为

$$f(x,z,t) = w(t)h(x,z)(x-x_0)/\left[(x-x_0)^2+(z-z_0)^2\right] \tag{5-31}$$

在 $Z$ 方向的表达式为

$$f(x,z,t) = w(t)h(x,z)(z-z_0)/\left[(x-x_0)^2+(z-z_0)^2\right] \tag{5-32}$$

3）纯剪切力源

纯剪切力源模拟与炸药震源模拟相似，不同之处在于合力方向与过这 4 个节点的圆相切，并且其旋转方向是一致的。纯剪切力源相当于纯横波震源，在均匀各向同性介质中只能产生 S 波，在各向异性介质中也会产生 P 波。由于纯横波地震比纵波地震要求更高，花费也更多，因此没有得到广泛的应用。

4）等能量震源

等能量震源的模拟方式与上述几种震源的模拟方式不同，等能量震源中，将节点上施加的力进行分解，其中径向上的分力可以产生纵波，切向上的分力可以产生横波，当两个分力大小相等时，便构成了等能量震源。加载等能量震源可以同时激发 P 波和 S 波，并且 P 波和 S 波的能量基本相同。

在进行数值模拟时，选用不同的震源加载方式会有不同的模拟效果。

## 5.2.4 边界条件

在进行矿井反射波超前探测数值模拟时，由于计算空间并不是无限大，不能真实地模拟一个无限大的区域，由此会不可避免地引入人为的边界，当介质中的地震波传播到人为的边界时，会产生影响地震波场的模拟精度和准确性的人工边界反射波，以至于无法正确地认识介质中的全空间波场的响应特征。针对人工边界带来的不良影响，学者进行了深入的边界计算研究，为了更加真实和正确地模拟地震波在全空间介质中的传播情况，提出了很多不一样的边界条件设置方式，主要包括：①最佳吸收边界条件，该边界条件的设置方式是在边界上设定一定的边界系数以此来吸收人为边界处产生的反射波，但存在无法实现反射波的完全吸收的缺点，只对特定入射角和频率的反射波有较好的吸收效果；②吸收衰减边界条件，该边界条件减少人为边界反射波影响的方式是在边界处添加一个衰减带，并采用相应的衰减函数使边界处地震波能量的衰减直至为零，衰减的效果和衰减带的宽度呈正相关，为了达到较好的效果，就需较宽的衰减带，而如此则会带来计算量的增加，这是该边界条件最主要的缺点；③完全匹配层（perfectly matched layer，PML）边界条件是通过在计算区域的边界处添加一个介质层，此介质层的波阻抗和周围介质的波阻抗能够完全匹配，可以让入射波进入该介质层而不会产生反射，而且在介质层内表现按照指数的方式进行衰减，从而起到减小人为边界处所产生反射波影响的效果。一般模拟煤田矿井地质条件时，常采用 PML 边界条件进行数值模拟，同时，巷道空间的边界为自由边界（图 5-3）。

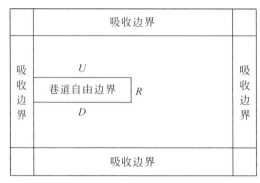

图 5-3　边界条件示意图

### 5.2.4.1　PML 边界条件

在 PML 边界条件还没有被提出之前，以傍轴近似的单程波动方程为理论基础的吸收条件运用得最为广泛，此种边界条件针对入射角比较小的弹性波吸收效果十分理想，而且实现的方式比较简单，所以是在地震波的数值模拟过程中运用最多的边界条件，但存在对于入射角比较大的弹性波的吸收效果不甚理想的缺点；另外一种叫作海绵吸收方法的边界条件，它的实现方式是需要在计算区域的边界处添加一个阻尼锥体或空间滤波器，而且需要保证计算区域到边界处之间有一个充分大的过渡区，同时过渡区需要保持光滑，这种边界条件的运算量比较大，计算效率低，应用不是特别多；直到 1994 年，Berenger 在研究 Maxwell 方程时提出了一种新的吸收边界条件——完全匹配层，该边界条件需要在计算区域周围添加一个一定厚度的吸收层，当地震波进入该吸收层时，地震波的能量会表现为按照指数的形式进行衰减，直到为零，而且不会发生反弹，回到计算区域；Berenger 通过研究发现，如果该吸收层设置得比较合适，基本不会受到地震波频率和入射角度的影响，可以实现完全吸收，且不会产生任何反射，完全匹配层正因如此优点而得名，相较传统的吸收边界条件，完全匹配层的吸收效果更为理想，于是开始受到广泛的关注和应用。各国学者对完全匹配层边界条件进行了深入的研究和实践应用，相继提出了很多新的完全匹配吸收层的实现方法，如复频移 PML（complex frequency shifted-PML，CFS-PML）、卷积 PML（convolutional-PML，C-PML）、递归积分 PML（recursive integral-PML，RI-PML）、辅助微分方程 PML（auxiliary differential equation-PML，ADE-PML）、近似 PML（nearly-PML，N-PML）等方法。以上这些方法都是对完全匹配层从不同方面进行完善而来，在电磁波和地震波的数值模拟过程中都得到了较好的应用。完全匹配层经过了二十多年的发展，愈发成熟，尤其在地震波数值模拟的应用中取得了丰硕的研究成果。

PML 边界条件的实现方法是在计算区域的边界处添加一个具有一定范围的吸收层来进行人为边界处产生的反射波的吸收，随着离边界距离的缩小而慢慢衰减至零，由此不会在边界处发生反弹，影响计算区域，从而消除人为边界的影响。

PML 边界条件的实现步骤是：首先需要将地震波场进行分解，分为 $X$ 方向分量和 $Z$ 方向分量，不同方向的边界匹配层内部对应不同的衰减系数，衰减系数的计算与坐标轴方向有关，采用 Collino 导出的衰减因子：

$$d(x) = \frac{3v_{\max}}{2\delta} \lg\left(\frac{1}{R}\right)\left(\frac{x}{\delta}\right)^2 \tag{5-33}$$

$$d(z) = \frac{3v_{\max}}{2\delta} \lg\left(\frac{1}{R}\right)\left(\frac{z}{\delta}\right)^2 \tag{5-34}$$

式中，$v_{\max}$ 为模型介质的最大 P 波速度；$\delta$ 为完全匹配层的厚度；$R$ 为设计的理想边界系数，一般取值 0.000001；$x$、$z$ 为距离 $X$、$Z$ 方向内边界的距离。

以 $v_x$ 为例实现 PML 吸收边界。

将 $v_x$ 分解为 $X$ 方向和 $Z$ 方向两个部分：

$$v_x = v_x^Z + v_z^X \tag{5-35}$$

那么，$\rho \dfrac{\partial v_x}{\partial t} = \dfrac{\partial \sigma_{xx}}{\partial x} + \dfrac{\partial \sigma_{xz}}{\partial z}$ 可分解为

$$\frac{\partial v_x^X}{\partial t} = \frac{1}{\rho}\frac{\partial \sigma_{xx}}{\partial x} \tag{5-36}$$

$$\frac{\partial v_x^Z}{\partial t} = \frac{1}{\rho}\frac{\partial \sigma_{xz}}{\partial z} \tag{5-37}$$

则对应的 PML 边界方程为

$$\frac{\partial v_x^X}{\partial t} + d(x)v_x^X = \frac{1}{\rho}\frac{\partial \sigma_{xx}}{\partial x} \tag{5-38}$$

$$\frac{\partial v_x^Z}{\partial t} + d(z)v_x^Z = \frac{1}{\rho}\frac{\partial \sigma_{xz}}{\partial z} \tag{5-39}$$

在数值模拟中使用 PML 边界条件作为边界条件就是在计算区域外部增加完全匹配层进行数值运算。如图 5-3 所示，模型左右匹配层只在水平方向的衰减系数不等于零，垂直方向的衰减系数为零；上下匹配层只在垂直方向的衰减系数不等于零，水平方向的衰减系数等于零；在模型的四个边角区域水平方向与垂直方向的衰减系数都不等于零。

为验证 PML 边界条件的有效性，通过建立模型来实现理想完全吸收的情形、不添加边界条件的情形和添加 PML 边界来分析 PML 边界条件的吸收效果。模型介质参数为：$v_P = 2600\mathrm{m/s}$，$v_S = 1700\mathrm{m/s}$，$\rho = 2000\mathrm{kg/m^3}$，交错网格高阶有限差分数值模拟的过程中，取空间步长 $\Delta x = \Delta z = 1$，时间步长 $\Delta t = 0.1\mathrm{ms}$，采样时间为 100ms，采用纯纵波震源激发，激发主频率为 200Hz。

针对理想完全吸收情形，地质模型大小为 $500 \times 500$，震源点位于（250，250），检波器设置在（240，100）、（240，175）和（240，250）处以模拟不同的入射角度（图 5-4），在采样时间 0.1s 内边界的反射波不能到达检波器，以此来表示理想完全吸收。

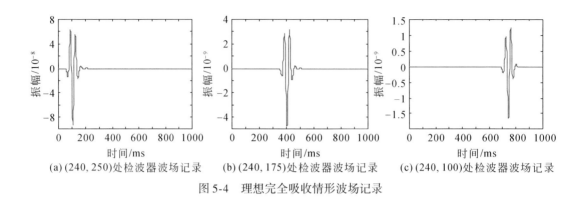

(a) (240, 250)处检波器波场记录　　(b) (240, 175)处检波器波场记录　　(c) (240, 100)处检波器波场记录

图 5-4　理想完全吸收情形波场记录

针对不添加边界条件（图 5-5）和添加 PML 边界条件（图 5-6）情形，模型的大小为（285，500），震源点位于（35，250），为了保证三种情形中检波器接收到同一点的地震波场，检波器设置在（25，100）、（25，175）和（25，250）处，PML 边界条件的厚度取 20。

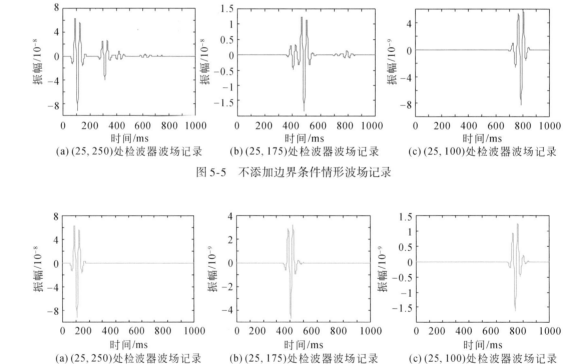

(a) (25, 250)处检波器波场记录　　(b) (25, 175)处检波器波场记录　　(c) (25, 100)处检波器波场记录

图 5-5　不添加边界条件情形波场记录

(a) (25, 250)处检波器波场记录　　(b) (25, 175)处检波器波场记录　　(c) (25, 100)处检波器波场记录

图 5-6　添加 PML 边界情形波场记录

图 5-7 中蓝色曲线表示理想完全吸收情形的波场记录，红色曲线表示不添加边界条件情形的波场记录，绿色曲线表示添加 PML 边界条件情形的波长记录。图可知，添加 PML 边界条件的吸收效果比较理想，基本与理想完全吸收的情形相同。不同入射角的地震波都有较好的吸收效果，但有随着入射角的增大吸收效果会变坏的趋势。

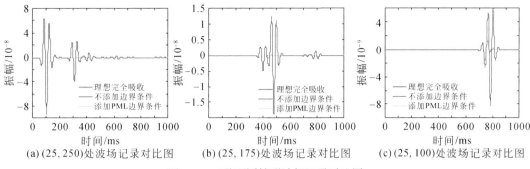

图5-7 三种不同情形波场记录对比图

PML边界条件厚度的选取十分重要，既要考虑计算速度和效率，还要达到比较理想的吸收效果。通过分别设置边界厚度为10、15、20的模拟与理想完全吸收情形进行了吸收效果的对比（图5-8），模拟模型参数大小为200×200，震源点位于（100，100），检波器设置在（25，100）、（25，125）和（25，150）处以模拟不同角度的入射波的情形，介质参数和数值模拟过程中的参数设置与验证PML边界的有效性的试验中相同。理想完全吸收情形，模型大小为400×200，震源点位于（300，100），为了保证各种情形中检波器接收到同一点的地震波场，检波器设置在（225，100）、（225，125）和（225，150）处。

图5-9为图5-8中虚线圈部分的放大图，图中蓝色曲线表示边界厚度为10时的波场记录，绿色曲线表示边界厚度为15时的波场记录，红色曲线表示边界厚度为20时的波场记

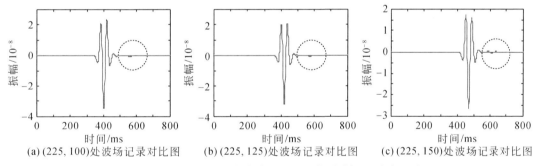

图5-8 不同边界厚度与完全理想吸收情形波场记录对比图

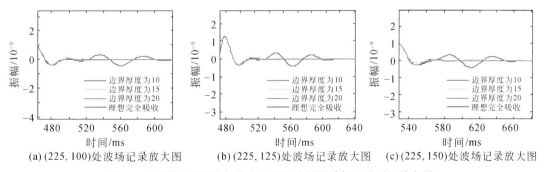

图5-9 不同边界厚度与完全理想吸收情形波场记录对比放大图

录，黑色曲线表示理想完全吸收情形的波场记录。据图 5-9 可知，PML 边界条件的厚度越大，吸收的效果越好，但当厚度达到一定程度后，基本与理想完全吸收的情形一致，如果在此基础上在增加边界厚度，反而会增加计算量，因此在数值模拟过程中和逆时偏移过程中，PML 边界的厚度选取为 20 较合适。

### 5.2.4.2 自由边界条件

在进行地震波场的数值模拟时，巷道空间属于物理性质的突变界面，属于自由边界。对于边界 $R$ 有

$$\sigma_{xx} = 0 \tag{5-40}$$

$$\sigma_{xz} = 0 \tag{5-41}$$

将上述两式代入一阶速度-应力方程可以推导出自由边界 $R$ 需要满足的差分格式是

$$T_{i+1/2, j}^{k+1} = T_{i+1/2, j}^{k} + \frac{\Delta t}{\Delta x} \frac{4M (L+M)_{i+1/2, j}}{(L+2M)} \sum_{n=1}^{2} C_n \left( V_{i+1/2, j+(2n-1)/2}^{k+1/2} - V_{i+1/2, j-(2n-1)/2}^{k+1/2} \right) \tag{5-42}$$

对于边界 $U$、$D$ 有

$$\sigma_{zz} = 0 \tag{5-43}$$

$$\sigma_{xz} = 0 \tag{5-44}$$

将上述两式代入一阶速度-应力方程可以推导出自由边界 $U$、$D$ 需要满足的差分格式是

$$R_{i+1/2, j}^{k+1} = R_{i+1/2, j}^{k} + \frac{\Delta t}{\Delta x} \frac{4M (L+M)_{i+1/2, j}}{(L+2M)} \sum_{n=1}^{2} C_n \left( U_{i+n, j}^{k+1/2} - U_{i-n+1, j}^{k+1/2} \right) \tag{5-45}$$

## 5.2.5 稳定性

利用有限差分法进行波动方程求解时，必须深入分析和研究算法的稳定性，如果选取的参数不合适，很有可能会造成波场数值呈指数的方式变化，甚至会出现数据的溢出，造成计算无法进行，而这类数据并没有实际的物理意义，会严重影响我们对模拟的结果进行分析。可见，参数的选择对有限差分数值模拟稳定性的影响相当明显，为避免此种结果，需进行稳定性分析，给出相应参数的稳定性约束条件。

对波动方程运用有限差分法进行求解时，空间导数的计算采用的是微分算子，而时间域的递推则是通过泰勒级数展开进行的近似处理，因此，会造成一些无法避免的计算误差，而这些误差主要体现在振幅和相位两个方面。对于在无限的各向同性介质中传播的平面波来说，波场的振幅大小有限，另外波的传播速度也和频率没有任何关系，在有限差分数值模拟过程中，如果时间步长和空间步长的参数选择不合适，可能会随着在时间域的迭代，波场的振幅大小会呈指数式增加，这种情况下，就可以认为算法是不稳定的。但针对不稳定的问题，在数值模拟过程中可以通过选取合适的参数来满足算法的稳定性要求。

针对稳定性分析，不同学者进行过不同尝试，国内，董良国提出的稳定性条件如下：

$$0 \leqslant \sum_{m=1}^{M} \frac{(-1)^{m-1}}{(2m-1)!} \left( \frac{(\lambda + 2\mu) \Delta t^2}{\rho \Delta x^2} + \frac{\mu \Delta t^2}{\rho \Delta z^2} \right)^m \left[ \sum_{n=1}^{N} C_n (-1)^{n-1} \right]^{2m} \leqslant 1 \tag{5-46}$$

$$0 \leqslant \sum_{m=1}^{M} \frac{(-1)^{m-1}}{(2m-1)!} \left( \frac{\mu \Delta t^2}{\rho \Delta x^2} + \frac{(\lambda+2\mu)\Delta t^2}{\rho \Delta z^2} \right)^m \left[ \sum_{n=1}^{N} C_n (-1)^{n-1} \right]^{2m} \leqslant 1 \quad (5\text{-}47)$$

针对数值模拟和逆时偏移拟采用的精度而言，取 $2M=2$、$2N=4$，可得

$$\Delta t \sqrt{\frac{(\lambda+2\mu)}{\rho \Delta x^2} + \frac{\mu}{\rho \Delta z^2}} \leqslant 0.8571429 \quad (5\text{-}48)$$

$$\Delta t \sqrt{\frac{\mu}{\rho \Delta x^2} + \frac{(\lambda+2\mu)}{\rho \Delta z^2}} \leqslant 0.8571429 \quad (5\text{-}49)$$

总体来说，稳定性的问题是指当进行有限差分进行数值计算的时候，在波场递推时，使起始的误差得到不断传播和积累，如果处理不好，会对波场的计算结果产生严重的影响。

## 5.2.6　频散分析

在运用交错网格高阶有限差分算法进行地震波场的数值模拟过程中，会出现一种类似"波纹"的干扰，而且"波纹"会随着地震波在介质中的传播变得更加明显，这就是所说的有限差分数值模拟过程中不可避免的数值频散问题。这是因为在利用有限差分法对波动方程进行求解时，会对波动方程进行离散处理，这样会造成不同频率的地震波在介质中的传播速度不一样，一般来说，频率较高的地震波的相速度衰减会比较快。由此可知，数值频散是有限差分算法本身具有的缺陷，没有办法避免。

为了解决数值频散的问题，众多学者做了很多相关的研究。一般来说，在对波动方程进行有限差分求解时，随着空间步长的增大，数值频散程度会变得更大，由此可以利用减小空间步长的方式，来实现消减数值频散，但如此会带来计算量的增加，对计算效率有比较大的影响。为了解决压制数值频散和增加计算量的矛盾，Boris 和 Book 等借鉴了流体力学连续方程的求解过程中所运用的通量校正传输技术，并将其运用在了声波的数值模拟过程中，数值频散的压制效果比较理想。20 世纪 80 年代末，Zalesak 通过研究发现当通量校正传输格式为低阶时有非常强的扩散性，波阵面会被拉得过于平滑，而高阶的格式则没有这方面的问题，于是他给出了新的反扩散通量的限制形式，进一步完善了通量校正传输技术，增大了该技术的适用范围，但存在计算过于烦琐的问题；1998 年，王肖钧等针对 Boris 和 Book 的方法进行了适当的改进；Velarde 在 1993 年首次将通量校正传输技术运用在交错网格 Lagrangian 有限差分方程中，有较好的效果；同年，Fei 首次在弹性波的数值模拟中使用通量校正传输技术，对数值频散有很好的压制效果。

1997 年，杨顶辉等利用有限差分法和通量校正传输技术结合的方式对各向异性波动方程进行了求解，得到了对于弹性波动方程和各向异性介质中的二阶声波方程都比较适用的通量校正传输技术有限差分法；2002 年，杨顶辉等在双向介质的有限差分数值模拟过程中使用了通量校正传输技术；2005 年，郑海山等利用有限差分法、通量校正传输技术和幅值限制器联合的方式实现了 VTI 介质中的二维非线性弹性波方程的数值模拟，效果很好；随后，李景叶等对比了通量校正传输技术交错网格四阶有限差分法和传统的波动方程二阶有限差分法压制频散的效果，发现前者压制数值频散的效果更好，精度比较高，计算效率

也高。

### 5.2.6.1　FCT 技术

通量校正传输（flux-corrected transport，FCT）技术，来源于 Boris 和 Book 的研究工作，他们在求取流体动力学连续方程时，提议使用此种手段来消除在网格间隔较大的条件下差分计算所造成的数值频散，效果良好。

FCT 技术是一种以守恒方程为理论基础的频散压制技术，它需要保证在网格的分界面处流入和流出的通量要相等，也就是说，分界面处需要守恒的物理量流入和流出的通量相等。FCT 技术压制数值频散的基本思想是先认为全部的极值点是因为数值频散所形成的，然后通过对全部的网格节点都实行漫射校正，从而实现数值频散的压制，为了使不需施加漫射校正的网格节点处的波场得到恢复，而对不是局部极值点的网格节点施加漫反射校正补偿。FCT 技术的实现过程主要分为三个步骤：①通过有限差分法进行迭代得到波场值；②进行漫射校正，即平滑有限差分得到的解，以此消除数值频散；③进行反漫射校正，即对被平滑的有限差分的解进行校正，使不需要进行漫射校正网格点处的波场得到修正。

运用 FCT 技术实现有限差分数值解 $W_{i,j}^k$ 校正时，只需要对 $U_{i,j}^k$、$V_{i,j}^k$ 进行运算，因为完成运算后，通过一阶速度–应力波动方程已经对 $R_{i,j}^k$、$T_{i,j}^k$、$H_{i,j}^k$ 进行了校正；当然，一样也能只对 $R_{i,j}^k$、$T_{i,j}^k$、$H_{i,j}^k$ 进行校正，随后利用一阶速度–应力方程对 $U_{i,j}^k$、$V_{i,j}^k$ 进行校正。很容易发现，前面那一种方式只需要计算两个参数实现校正，在计算效率方面有一定的优势。

利用 FCT 技术压制运用交错网格高阶有限差分算法求解二维各向同性介质中波动方程所造成的频散的步骤主要包括：

（1）运用交错网格有限差分法迭代得到所对应的波场值 $W_{i,j}^k$，$k>=1$；

（2）计算 $k-1$ 时间层的漫射通量：

$$P_{i+\frac{1}{2},j}^{k-1} = \eta_1 \left( W_{i+1,j}^{k-1} - W_{i,j}^{k-1} \right) \tag{5-50}$$

$$Q_{i,j+\frac{1}{2}}^{k-1} = \eta_1 \left( W_{i,j+1}^{k-1} - W_{i,j}^{k-1} \right) \tag{5-51}$$

式中，$\eta_1$ 为漫射参数，可以是一个常量也可以是一个线性函数，它的取值和有限差分算法的频散误差有关，需要进行试验进行合适的取值。

（3）计算 $k+1$ 时间层的反漫射通量：

$$\overline{P}_{i+\frac{1}{2},j}^{k+1} = \eta_2 \left( W_{i+1,j}^{k+1} - W_{i,j}^{k+1} \right) \tag{5-52}$$

$$\overline{Q}_{i,j+\frac{1}{2}}^{k+1} = \eta_2 \left( W_{i,j+1}^{k+1} - W_{i,j}^{k+1} \right) \tag{5-53}$$

式中，$\eta_2$ 为反漫射通量，一般 $\eta_2$ 的取值要比 $\eta_1$ 大，这是由于振幅以及分辨率的降低一般由两部分组成：一是进行有限差分计算所造成的数值频散；二是人为加入的漫射。在进行反漫射校正时需对进行有限差分计算所造成的振幅损失和人为漫射的损失进行补偿。

（4）利用 $P_{i+\frac{1}{2},j}^{k-1}$ 和 $Q_{i,j+\frac{1}{2}}^{k-1}$ 对 $k+1$ 时间层的 $W_{i,j}^{k+1}$ 进行漫射校正：

$$\overline{W}_{i,j}^{k+1} = W_{i,j}^{k+1} + \left( P_{i+\frac{1}{2},j}^{k-1} - P_{i-\frac{1}{2},j}^{k-1} \right) + \left( Q_{i,j+\frac{1}{2}}^{k-1} - Q_{i,j-\frac{1}{2}}^{k-1} \right) \tag{5-54}$$

（5）利用 $\overline{W}_{i,j}^{k+1}$ 来计算反漫射通量：

$$X_{i+\frac{1}{2},j} = \overline{W}_{i+1,j}^{k+1} - \overline{W}_{i,j}^{k+1} \tag{5-55}$$

$$Z_{i,j+\frac{1}{2}} = \overline{W}_{i,j+1}^{k+1} - \overline{W}_{i,j}^{k+1} \tag{5-56}$$

（6）利用 $\overline{W}_{i,j}^{k+1}$ 和反漫射通量求取校正后的 $W_{i,j}^{k+1}$：

$$W_{i,j}^{k+1} = \overline{W}_{i,j}^{k+1} + \left( X_{i+\frac{1}{2},j}^{c} - X_{i-\frac{1}{2},j}^{c} \right) + \left( Z_{i,j+\frac{1}{2}}^{c} - Z_{i,j-\frac{1}{2}}^{c} \right)$$

$$X_{i+\frac{1}{2},j}^{c} = S_x \max \left\{ 0, \ \min \left[ S_x X_{i-\frac{1}{2},j}, \ \mathrm{abs}\left( \overline{P}_{i+\frac{1}{2},j}^{k+1} \right), \ S_x X_{i+\frac{3}{2},j} \right] \right\}$$

$$Z_{i,j+\frac{1}{2}}^{c} = S_z \max \left\{ 0, \ \min \left[ S_z Z_{i,j-\frac{1}{2}}, \ \mathrm{abs}\left( \overline{Q}_{i,j+\frac{1}{2}}^{k+1} \right), \ S_z Z_{i,j+\frac{3}{2}} \right] \right\} \tag{5-57}$$

$$S_x = \mathrm{sign}\left( \overline{P}_{i+\frac{1}{2},j}^{k+1} \right)$$

$$S_z = \mathrm{sign}\left( \overline{Q}_{i,j+\frac{1}{2}}^{k+1} \right)$$

上式为反漫射校正的限制条件，为了避免新的极值点的产生，在进行反漫射校正时，利用该限制条件来判定需要进行反漫射的点。

### 5.2.6.2　应用 FCT 技术波场模拟

为了验证运用 FCT 技术压制数值频散的效果，建立了不同模型进行对比分析（图 5-10 ~ 图 5-17）。模型的大小为 $100 \times 100$，空间步长 $\Delta x = \Delta z = 2$，时间步长 $\Delta t = 0.1\,\mathrm{ms}$，选用纯纵波震源进行激发，频率为 200Hz，震源点位于（50，50）处。

由图 5-10 和图 5-11、图 5-12 和图 5-13 可知，未进行 FCT 技术压制数值频散时，有限差分数值模拟形成的数值频散现象非常明显。通过图 5-14 和图 5-15、图 5-16 和图 5-17 可知，运用 FCT 技术后，数值频散压制效果明显。

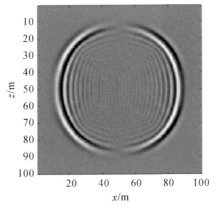

图 5-10　$\eta_1 = 0$，$\eta_2 = 0$ 时速度 $x$ 方向分量 35ms 时刻波场快照

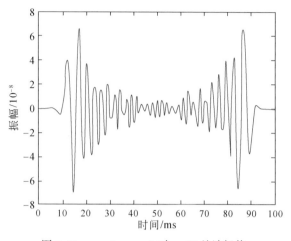

图 5-11　$\eta_1=0$，$\eta_2=0$ 时 $z=50$ 处波场值

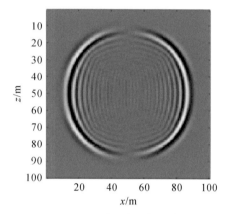

图 5-12　$\eta_1=0.001$，$\eta_2=0.002$ 时速度 $x$ 方向分量 35ms 时刻波场快照

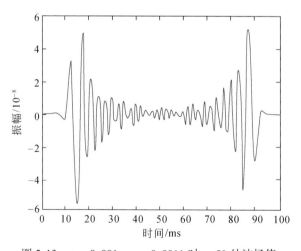

图 5-13　$\eta_1=0.001$，$\eta_2=0.0011$ 时 $z=50$ 处波场值

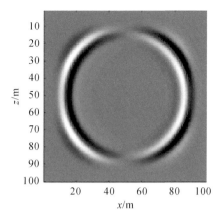

图 5-14 $\eta_1 = 0.02$，$\eta_2 = 0.022$ 时速度 $x$ 方向分量 35ms 时刻波场快照

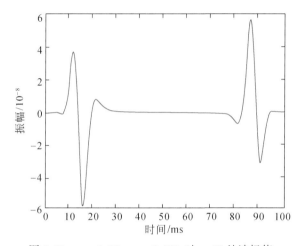

图 5-15 $\eta_1 = 0.02$，$\eta_2 = 0.022$ 时 $z = 50$ 处波场值

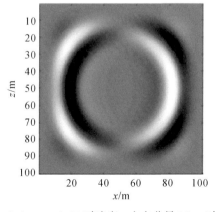

图 5-16 $\eta_1 = 0.1$，$\eta_2 = 0.11$ 时速度 $x$ 方向分量 35ms 时刻波场快照

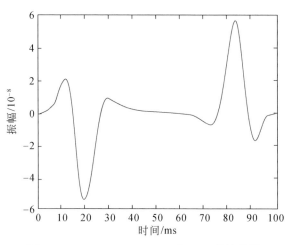

图 5-17 $\eta_1 = 0.1$，$\eta_2 = 0.11$ 时 $z = 50$ 处波场值

在运用 FCT 技术对数值频散进行消除时，参数的选取十分重要。当参数取值为 $\eta_1 = 0.001$，$\eta_2 = 0.0011$ 时，数值频散的压制效果不理想，当参数取值为 $\eta_1 = 0.02$，$\eta_2 = 0.022$ 时，数值频散能够得到较好的压制，当参数取值为 $\eta_1 = 0.1$，$\eta_2 = 0.11$ 时，数值频散能够得到较好的压制，但对波场进行了较大程度的平滑，分辨率较低。表现为：随着漫射参数和反漫射参数的变大，数值频散会不断变弱，而对波场的平滑却越来越严重，因此只有选取合适的参数时，运用 FCT 技术才能在保证较好的消除数值频散效果的同时较好地维持真实的波场。

## 5.3 典型矿井介质模型全空间波场响应特征

为了深刻地认识典型矿井介质中全空间的波场响应特征和传播规律，针对矿井反射波超前探测所需解决的地质问题，本书建立了水平层状介质模型、煤层错断模型和侵入地质异常体模型进行地震波场的数值模拟，通过截取不同时刻的波场快照对不同模型的全空间波场特征进行了详细的研究和分析。

## 5.3.1 水平层状介质模型

图 5-18 为模拟矿井巷道前方无地质异常情形所建立的水平层状介质模型，模型的大小为 $200 \times 200$，具体的模型参数见表 5-1。进行有限差分数值模拟时，空间步长设置为 $\Delta x = \Delta z = 1$，时间步长设置为 $\Delta t = 0.1 \text{ms}$，采样时间为 200ms，相隔 10ms 截取一次波场快照，震源点设置在煤层底板（100，110）处，采用 200Hz 的雷克子波作为激发震源，共在煤层底板设置 24 道检波器进行接收，最小偏移距设置为 10，道间距设置为 2，位于（44，110）~（90，110）之间，PML 边界条件的厚度设置为 20，FCT 技术采用的漫射系数为 0.01，反漫射系数为 0.011。

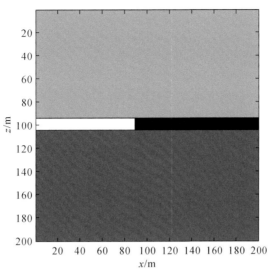

图 5-18　水平层状介质模型

**表 5-1　模型参数**

| 参数 | 纵波速度 $v_p/(m/s)$ | 横波速度 $v_s/(m/s)$ | 密度/$(kg/m^3)$ |
|---|---|---|---|
| 顶板 | 2600 | 1700 | 2000 |
| 巷道 | 340 | 0 | 100 |
| 煤层 | 2000 | 1200 | 1400 |
| 底板 | 3300 | 2000 | 2400 |

图 5-19 是水平层状介质模型 25ms 时刻波场快照，从图我们能够看到，由于巷道和低速煤层的存在，矿井介质的波场比较复杂，主要有直达 P 波、反射 P 波、反射 S 波，巷道声波、煤层槽波、透射 P 波和岩性突变点处产生的绕射波等，由于震源距离煤层底板较近，反射纵波和直达纵波时间相隔较短，混杂在一块。

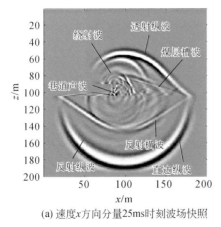

(a) 速度 x 方向分量 25ms 时刻波场快照

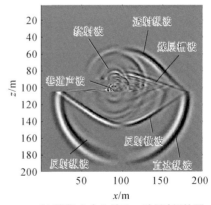

(b) 速度 z 方向分量 25ms 时刻波场快照

图 5-19　水平层状介质模型 25ms 时刻波场快照

## 5.3.2　煤层错断模型

### 5.3.2.1　正断层模型

图 5-20 为模拟矿井巷道前方存在煤层错断情形所建立的正断层模型，模型的大小为 200×200，断层的倾角为 75°，具体的模型参数同表 5-1。进行有限差分数值模拟时，空间步长设置为 $\Delta x = \Delta z = 1$，时间步长设置为 $\Delta t = 0.1$ms，采样时间为 200ms，相隔 10ms 截取一次波场快照，震源点设置在煤层底板（100，110）处，采用 200Hz 的雷克子波作为激发震源，共在煤层底板设置 24 道检波器进行接收，最小偏移距设置为 10，道间距设置为 2，位于（44，110）~（90，110）之间，PML 边界条件的厚度设置为 20，FCT 技术采用的漫射系数为 0.01，反漫射系数为 0.011。

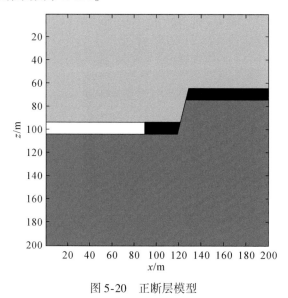

图 5-20　正断层模型

图 5-21 为正断层模型 25ms 时刻波场快照，由于断层的存在，相较水平层状介质而

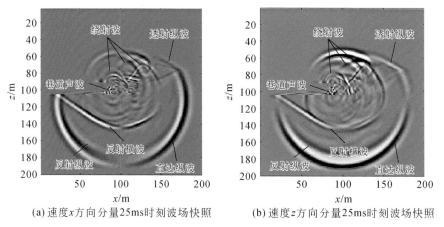

(a)速度 x 方向分量 25ms 时刻波场快照　　　(b)速度 z 方向分量 25ms 时刻波场快照

图 5-21　正断层模型 25ms 时刻波场快照

言，地震波场更加复杂，主要包括直达 P 波、反射 P 波、反射 S 波、巷道声波、透射 P 波和岩性突变点处产生的绕射波，断面处产生的反射波等。由于正断层断层面位于煤层上侧，地震波传播到断层面处能量较弱，产生的反射波与绕射波混杂在一起，难以分辨。

#### 5.3.2.2 逆断层模型

图 5-22 为模拟矿井巷道前方存在煤层错断情形所建立的逆断层模型，模型的大小为 $200 \times 200$，断层的倾角为 $45°$，具体的模型参数同表 5-1。进行有限差分数值模拟时，空间步长设置为 $\Delta x = \Delta z = 1$，时间步长设置为 $\Delta t = 0.1\,\mathrm{ms}$，采样时间为 200ms，相隔 10ms 截取一次波场快照，震源点设置在煤层底板（100，110）处，采用 200Hz 的雷克子波作为激发震源，共在煤层底板设置 24 道检波器进行接收，最小偏移距设置为 10，道间距设置为 2，位于（44，110）~（90，110）之间，PML 边界条件的厚度设置为 20，FCT 技术采用的漫射系数为 0.01，反漫射系数为 0.011。

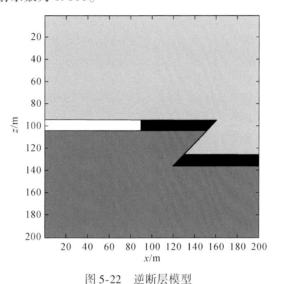

图 5-22　逆断层模型

图 5-23 为逆断层模型 25ms 时刻波场快照，逆断层断层面与震源位于巷道和煤层的同一侧，相较正断层模型而言，断面处产生的反射波能量更强，更容易分辨。

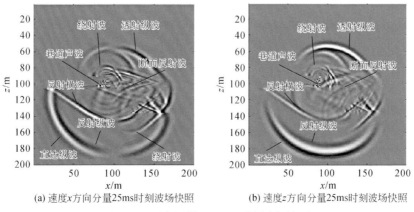

(a) 速度 $x$ 方向分量25ms时刻波场快照　　(b) 速度 $z$ 方向分量25ms时刻波场快照

图 5-23　逆断层模型 25ms 时刻波场快照

### 5.3.3 侵入地质异常体模型

图5-24为模拟矿井巷道前方存在地质异常体情形所建立的侵入地质异常体模型,地质异常可以是顶底板含水砂岩或灰岩等,模型的大小为200×200,具体的模型参数见表5-2。进行有限差分数值模拟时,空间步长设置为 $\Delta x = \Delta z = 1$,时间步长设置为 $\Delta t = 0.1$ms,采样时间为200ms,相隔10ms截取一次波场快照,震源点设置在煤层底板(100,110)处,采用200Hz的雷克子波作为激发震源,共在煤层底板设置24道检波器进行接收,最小偏移距设置为10,道间距设置为2,位于(44,110)~(90,110)之间,PML边界条件的厚度设置为20,FCT技术采用的漫射系数为0.01,反漫射系数为0.011。

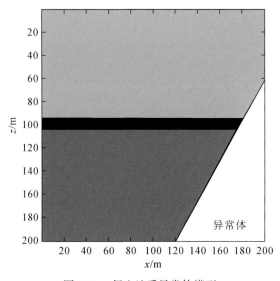

图5-24 侵入地质异常体模型

**表 5-2 模型参数**

| | 纵波速度 $v_p$/(m/s) | 横波速度 $v_S$/(m/s) | 密度/(kg/m³) |
|---|---|---|---|
| 顶板 | 2600 | 1700 | 2000 |
| 巷道 | 340 | 0 | 100 |
| 煤层 | 2000 | 1200 | 1400 |
| 底板 | 3300 | 2000 | 2400 |
| 侵入体 | 3800 | 2600 | 3000 |

图5-25为侵入地质异常体模型25ms时刻波场快照,从图我们能够看出侵入异常体模型中的波场主要包括直达P波、反射P波、反射S波,巷道声波、煤层槽波、透射P波和岩性突变点处产生的绕射波等,异常体界面处产生的反射波和透射波清晰可见。

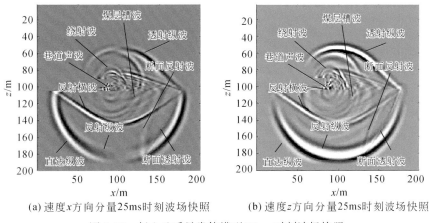

(a) 速度x方向分量25ms时刻波场快照　　　(b) 速度z方向分量25ms时刻波场快照

图 5-25　侵入地质异常体模型 25ms 时刻波场快照

# 5.4　煤矿隐蔽致灾地质因素震波识别特征

## 5.4.1　矿井地震波频谱特征

各种不同的震源激发的地震波，或来自不同传播路径的地震波，其波形或波的频率成分是不同的，在震源类型和激发条件一致的情况下，所接收的来自地下同一地质界面的地震波，其频谱分布和变化与传播地震波的介质性质密切相关。地震波频谱特征分析是地震勘探技术的一个重要方面，可用来帮助我们确定观测工作参数，并给数字处理和资料解释等工作提供依据。

矿井地震勘探在工作面巷道空间内进行，地震波震源一般在煤系顶底板砂岩、泥岩或煤中激发，地震地质条件一般较好，所形成地震波场频谱丰富，主频较高，有利于开展高分辨率地震勘探。但在井下不同巷道由于岩层层位、激发条件与环境条件等的变化，时常引起地震波频谱的变化。例如，根据山西晋城永红煤矿 3300 轨道大巷（补巷）3 煤巷道侧帮上小药量激发接收的多道地震波频谱图（图 5-26），可知地震波主频在 80 ~ 120Hz，频带较宽。由龙固矿井底车场北区辅助运输大巷粉砂岩中小药量激发接收的多道地震波频谱图（图 5-27）可以看出，接收信号的频带分布较宽，有效信号频谱主要分布在 80 ~ 360Hz 范围内，主频 180Hz 左右。

实际工作中，改变地震波激发条件与环境噪声水平都会对地震波起到严重影响，如果激发部位位于巷道围岩松动圈内或炮孔堵塞不好，不仅会影响地震波激发能量，而且其频谱也会发生不规则变化，一般会形成主频不突出，低频噪声干扰严重，接收信号信噪比低的现象。例如，山西晋城永红煤矿 3300 轨道大巷（补巷）3 煤巷道侧帮工作时，因炮孔处于松散煤层中激发而接收的地震波频谱图（图 5-28），与激发条件较好的（图 5-26）相比，前者地震波主频不突出，频谱较紊乱，接收信号质量较差。因此，在矿井地震勘探前，应注意开展震源激发条件试验，采取措施改善激发条件并尽可能保持激发条件的一致。

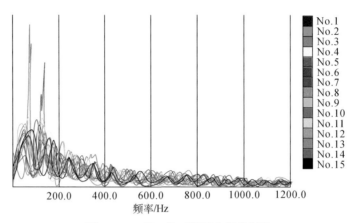

图 5-26　3 煤工作面煤层中激发频谱

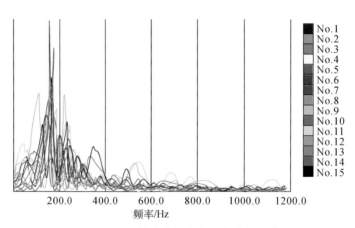

图 5-27　运输大巷粉砂岩层中激发频谱

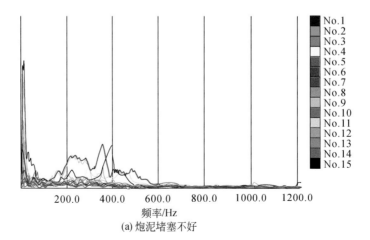

(a) 炮泥堵塞不好

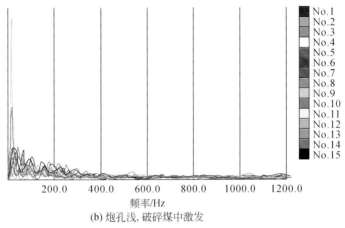

(b) 炮孔浅, 破碎煤中激发

图 5-28  3 煤工作面煤层中激发坏炮频谱

## 5.4.2  矿井地震波激发与接收条件试验研究

矿井地震勘探根据勘探地质任务不同, 可以选择不同的震源方式, 常用于矿井地震勘探的震源方式有小药量爆炸、锤击、震源枪 (板、架)、电火花等, 由弹性波波动特性可知, 对于锤击、震源枪等机械震源 (集中力源), 其激发既产生 P 波, 也产生 S 波。至于作为点震源的炸药、电火花等, 在均匀各向同性介质中, 均匀作用于具有球形对称的爆炸空腔壁上的胀缩激发力只产生 P 波, 但实际上震源周围介质往往是非均匀的, 并且点源激发难以做到完全对称, 所以, 通常除激发了 P 波外, 同时也激发了 S 波, 常常还有面波。试验发现, 任何不是球对称的震源或激发围岩介质不均匀或在近地表激发, 都将同时激发 P 波与 S 波。

为分析对比矿井地震勘探震源激发震波信号性态, 设计制作不同结构功能的震源, 并开展在煤系地层中不同震源类型、不同激发能量与不同激发岩石层位的地震波激发试验与分析。图 5-29 为在煤层中小药量爆炸所激发的震波信号频谱, 可见, 在煤中爆炸药量为

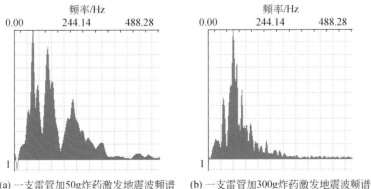

(a) 一支雷管加50g炸药激发地震波频谱   (b) 一支雷管加300g炸药激发地震波频谱

图 5-29  炸药震源在煤层中激发试验频谱分析

50g 时，信号频带宽，100～200Hz 频带内有较强的信号能量，而爆炸药量为 300g 时，频带变窄，其高频端受到衰减。图 5-30 为利用研制的震源枪在砂岩体上激发接收信号的频谱，图 5-30（a）为在完整致密的砂岩岩层上激发信号频谱，表现为信号主频高（220Hz），主峰尖锐、能量集中，图 5-30（b）为在受采动影响的破裂砂岩上激发接收的震波，其信号低频端有所增强，主频仍然较高。

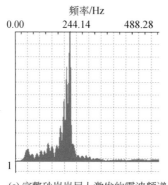
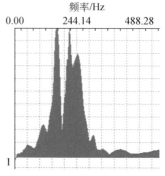

(a) 完整砂岩岩层上激发的震波频谱　　　(b) 采动破坏裂隙砂岩上激发的震波频谱

图 5-30　震源枪在细砂岩中激发试验频谱分析

　　检波器耦合接收是矿井地震勘探另一影响因素，工作时，一般需根据场地条件试验选择接收方式，常采用打浅孔、孔中耦合方式，若在致密完整岩体上亦可采用尾锥或底座耦合。

## 5.4.3　断层的识别特征

　　矿井中，最常见影响生产的地质要素是断层，并且其他多种影响矿井安全的致灾地质因素的成灾机制基本上都与断层或多或少有关，因此，矿井地震勘探主要地质任务之一为探测断层构造，特别是工作面小构造的精细勘探。

### 5.4.3.1　地震剖面上断层的识别

　　地震波传播过程中，如遇断层，就会在断层棱角处产生绕射。在矿井下依据井巷条件合理选择观测系统并进行观测和数据处理后，对小断层的识别一般是在标定层位的基础上，利用剖面上有效波的同相性、波形、振幅强度、波组特征，以及上、下层之间的时差等进行综合对比，利用以下矿井地震勘探中断层在垂直时间剖面上的主要标志解释时间剖面上的断点，实现对反射层连续追踪。

　　1）反射波同相轴明显错断

　　稍大的断层，其落差大于或近于半个地震波长，剖面上可引起反射波同相轴的明显错断达到或超过半个相位，同相轴在断层处形成台阶，断面波形可有部分紊乱，由于断层面对地震波的散射和反射作用，下盘下相位近断面附近波组有时模糊不清。

　　2）反射同相轴扭曲

　　落差 3m 左右的小断层在地质上有时不会形成明显的断层破碎带，只会造成断面两侧相应地层同相轴的小幅错开，若错开相位很小，则视觉上同相轴在该处仅发生扭曲或转折，没有明显断开迹象。

3）正断层和逆断层在时间剖面上的对比

断层在地震剖面上表现为同相轴错断或扭曲，在错断、扭曲的两侧，波组特征、错断点或扭曲点反射波振幅变弱，断开一般视为正断层断点，反射波同相轴重叠为逆断层的断点。

4）反射波同相轴分叉或合并

反射波同相轴发生分叉或合并，这也是小断层存在的迹象。在一些低角度正断层中，由于断面两侧地层形成明显的楔形，造成地震反射波容易与附近上下地层的波形发生复合，形成同相轴分叉或合并的假象。

5）同相轴发生强相位转换或振幅强弱变化

有些小断层发育在地层结构或岩性发生变化的部位，从而造成断面两侧界面物性差异，同相轴到此弱化或变强，但看不出明显的错动，这一般也可能预示着小断层的存在。

另外，断层的解释应该注意其多解性，对于地震剖面上所出现的同相轴变化应综合工作区地质构造特点与地震波组特征仔细分析，并加强验证对比，寻找判据，增加判定的可靠度。

### 5.4.3.2  矿井小断层探测识别示例

图5-31为在某矿-250m水平3煤联络巷进行纵横波联合勘探调查下伏岩层赋存状态时，反射横波的多次覆盖地震剖面（巷道呈东西向），测试时，使用12台三分量检波器同时接收，偏移距20m，道间距5m，激发点与检波器在巷道内布置的测线上滚动，间隔激发与接收。图中清晰显示出1煤及太原组1灰的赋存界面，查明3煤底板到1煤距离为80~90m，1煤至1灰距离为20m左右，下伏岩层东边埋藏较深，且小构造发育，东边发育两条穿过1灰和1煤的小断层，往西还发育了两条1灰层内小断层，断层主要表现为反射波同相轴扭曲，断距很小，3~5m。此结果和后期采掘验证情况完全吻合。

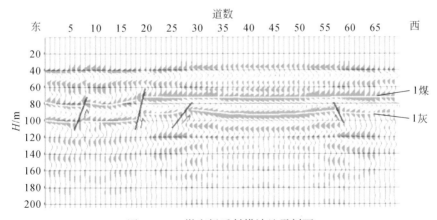

图5-31  3煤底板反射横波地震剖面

在井陉矿区某矿0916工作面下巷底板进行底板下伏奥陶系灰岩地质条件探测，探测数据经处理如图5-32所示，在图上可以明显地看到下伏砂质页岩、细砂岩、铝土岩及奥陶系灰岩层的变化，对照矿区下组煤综合柱状图，底板向下分布地层为：砂质页岩，细砂岩（底部为少量灰岩），铝土岩和奥陶系灰岩。在剖面中东部岩层同相轴有错断、反射能量也在局部呈现一定变化，初步断定这应是断层 $F_1$ 和 $F_2$ 及其破碎带或岩性变化形成的。从剖面上可以看出，$F_1$ 断层使下伏各地层同相轴发生错断，断层右盘下降，断层从奥灰岩层延伸至砂岩顶面，是奥灰水导升的有利途径；$F_2$ 断层特征与 $F_1$ 相近，也发育于奥灰岩层，但由于未穿透上覆砂质页岩，导水的可能性相对较低。但是也不能排除奥灰水导升至细砂岩层位以后，再通过 $F_1$ 导升到上覆砂质岩层，甚至造成煤层底板突水的可能性。此探测结果与矿井地质资料和后期在 $F_2$ 断层处的地质钻孔揭露资料相符合。

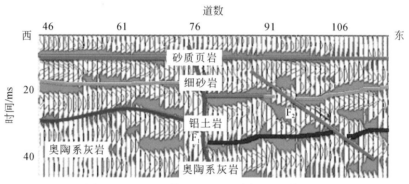

图 5-32　0916 工作面下巷地震剖面图及其解释

淮南某矿区 A 组煤底板灰岩在浅部多表现为岩溶发育、富水性强与疏干降压困难等特征，而随着矿井开采深度的增加其岩溶发育与富水性也发生了较大改变，表现为灰岩岩溶发育量减少、水压波动变化大、局部低流量等，目前矿井对底板灰岩水只能盲目地采取钻探的方法进行探放水，不仅工程量大、效率低，而且由于岩溶水的赋存规律不清，简单的探放往往会遗漏某些线状赋水区或导水通道，给 A 组煤开采留下突水隐患。因此，在 A 组煤 $-567\mathrm{m}$ $C_3^1$ 放水巷开展 A 组煤底板灰岩层赋存状态的探测研究。

图 5-33 显示出 $-567\mathrm{m}$ $C_3^1$ 放水巷底板灰岩赋存分布状态，底板下伏主要有三层灰岩：$C_3^1+C_3^2$、$C_3^{3\pm}$ 和 $C_3^{3\mp}$，岩层倾向南，下伏 $C_3^2$ 灰底界面反射波同相轴较清晰连续，而 $C_3^{3\pm}$ 和 $C_3^{3\mp}$ 底界面则连续性较差，局部间断，各层之间发育断续薄层反射，为灰岩间薄层泥岩或泥质砂岩影响，灰岩界面连续性差可能是岩性变化或裂隙发育引起的。在测线南端发育一断层，断层在地震剖面上呈现出同相轴错断，但往下延伸中断距减小并消失，此断层和巷道实际揭露资料（断距 3m）一致。

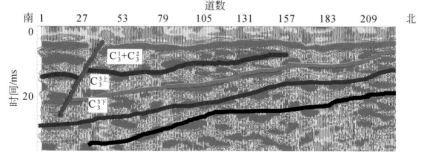

图 5-33　$-567\mathrm{m}$ 放水巷底板灰岩探测地震剖面

在巨野某矿井底车场主井水泵房掘进头进行了超前探测。图 5-34 为超前地震探测成果剖面，探测成果显示，掘进头探测前方分布有数组岩层面反射波组，且前方反射波同相轴时有分叉合并现象，判断为可能存在小断层，如图中 20～40ms 段的两组分叉合并反射波组（红线标注）。后期巷道掘进验证为：该段有揉皱或断裂现象，似乎发育一组平行断层带，断距小于 3m，且岩层较破碎，岩层中节理或裂隙较发育。

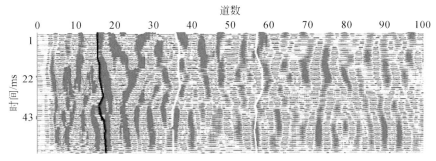

图 5-34　掘进头超前地震探测成果剖面

瑞利波勘探在矿井地质工作中也发挥了一定的作用，煤岩层中发育断层与裂隙，其瑞利波频散曲线将发生不规则变化，图 5-35（a）显示出断层在瑞利波频散曲线的表象，在断层处瑞利波曲线发生严重变异，波速下降，但断层带两侧瑞利波速变化不大；裂隙在瑞利波曲线上的反映多不明显，必须结合已知地质资料来判断，图 5-35（b）中频散曲线连续之字形拐点即为前方砂岩层中裂隙带引起的。

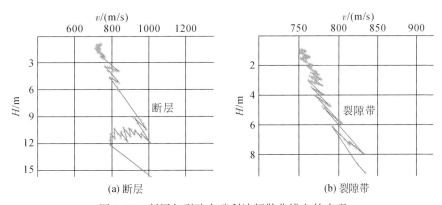

图 5-35　断层与裂隙在瑞利波频散曲线上的表现

矿井工作面内构造发育状况将直接影响矿井安全高效生产，可以利用透射地震波进行 CT 成像，来查明工作面内构造及其他地质异常体。

地震波在介质中传播的过程中，携带大量的地质信息，通过波速、频率及振幅等特性表现出来，其中地震波速度与岩体的结构特征及应力状态之间有显著的相关性。地震波在煤层中传播，煤层是地震波的低速介质，当煤层是均匀分布时，CT 反演出的波速分布结果应当是一个较均匀速度图。而当煤层中出现构造及其他异常时，特别是单个的中、小正断层的作用，或者煤层顶、底板突出，使得煤层变薄，而相对高波速的顶、底板岩石介质取代了煤层或部分煤层位置，根据波的传播规律，高波速介质具有"吸引"波的作用（费马原理），这为地震波 CT 解释提供了依据。从而可以认为波速 CT 图中，高速线性条带应代表断层的顶底板切入工作面一盘或煤层构造变薄区。而低速条带应代表断层构造另一盘、裂隙发育区或煤层增厚区等形迹，具体低速带解释还应结合区域地质与异常条带产状进行。

图 5-36 为皖北矿业集团某矿 3241 工作面巷间震波 CT 探测结果与实际回采煤层厚度分布对照图。从中可以看出，工作面中无煤区或薄煤区与解释的构造线对应程度较高，所确定的 9 条断层除 $F_8$ 为煤层增厚区外，其他均为构造影响区。原探测的低波速区在回采中存在严重淋水现象。因此，地震波 CT 探测解释结果对生产起到指导作用。

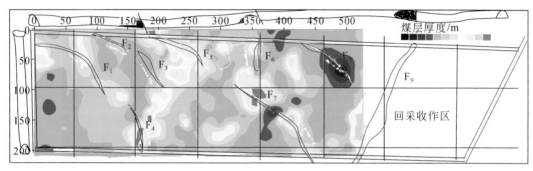

图 5-36　3241 工作面巷间震波 CT 探测解释图

## 5.4.4　矿井工作面煤层裂隙带特征

煤层为煤系地层中脆弱岩层，经常发育裂隙，裂隙引起煤层不均一或形成煤层各向异性，在矿井工作面开展顺层探测，煤层中的裂隙带将形成一些散乱、不规则反射波组，由于煤层裂隙带经常是煤层顶底板薄弱或瓦斯富集的区域，因此，利用地震勘探技术开展煤层裂隙带探测对工作面顶底板管理或瓦斯防突具有一定意义。

第 3 章依据煤层顶底板岩石声波参数进行的地层条件下煤层方位各向异性反射系数与方位角关系的正演模拟结果表明，煤层顶底板反射系数在方位角 90° 时反射系数取最大值。因此，在矿井工作面进行煤层裂隙（瓦斯）富集带探测时，应结合矿区已有地质构造资料认真分析判定可能的裂隙走向，在煤层裂隙具有方向性的工区尽量将地震测线布置与裂隙主体走向相垂直，以便观测到较强能量的反射波，同时地震观测系统的布置也应考虑煤层顶底板反射系数随入射角的变化规律，选择合适的偏移距与道间距来接收振幅随偏移距单调增加的煤层顶底板反射波，为实现地震多属性分析提供条件。

山西晋城沁水煤田 3 煤是高瓦斯煤层，瓦斯涌出量大且局部富集，已知资料表明 3 煤硬度相对较大，煤层裂隙局部发育，且瓦斯富集区多与裂隙发育相关，为有效地开展瓦斯抽排工作，在晋城矿区永红、永安等矿开展了工作面地震勘探。

在永红矿三上山回风巷北帮布置一条共偏移剖面，对探测数据分别进行 CDP 道集解析处理，得图 5-37 所示的地震剖面。图 5-37 显示：北巷帮前方不均匀地分布一些物性界面，这些界面时间分别为 30ms、64ms、103ms、136ms 等，界面的物性变异较小，皆为弱变异引起的，并且物性变化不均匀，界面连续性差，波组呈短轴状，其间还不规则地分布有弱小反射，这些短轴状反射即为可能的煤层裂隙富集带。

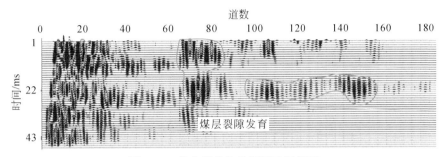

图 5-37　北巷帮共偏移探测地震剖面

在 3300 轨道大巷（补巷）施测了巷帮共偏移剖面，探测数据处理结果如图 5-38 所示。

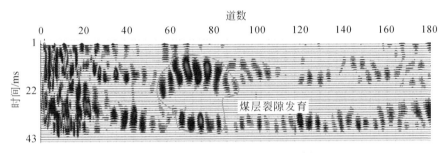

图 5-38　补巷北帮共偏移探测地震剖面

图 5-38 显示，补巷左帮前方不均匀地分布一些反射波组，界面的物性变异不大，皆为弱变异引起的，并且，探测前方物性变化不均匀，界面连续性差，其间不规则地分布有更弱反射。不规则反射集中区形成煤层裂隙带即瓦斯可能富集区。

在永安矿轨道运输大巷的联络巷东帮布置一条共偏移剖面，对探测数据进行解析处理，如图 5-39 所示。

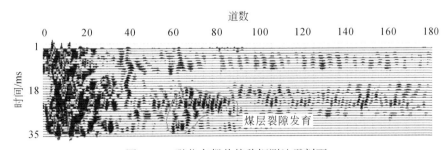

图 5-39　联巷东帮共偏移探测地震剖面

图 5-39 显示，联巷东帮前方不均匀地分布一些不规则反射波组，其中部分界面反射能量相对较强，连续性相对较好，可能为岩性界面或较为破碎带，其他界面的物性变异不

大，皆为弱变异引起的，并且，探测前方物性变化不均匀，界面连续性差，其间不规则地分布有更弱的节理或裂隙面反射。

对轨道运输大巷掘进头超前探测多道记录进行处理，得图 5-40 所示的波形记录。

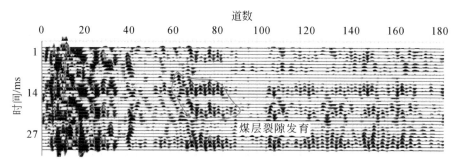

图 5-40　掘进头超前探测地震剖面

图 5-40 上可见探测前方分布的弱信号波组，但波组的横向连续性较差，多呈断续状态，说明这些反射界面是不均匀分布的。界面物性横向变化不均匀，界面间或不连续，其间还夹杂多处不规则分布的更微弱反射面，即可能的煤层裂隙发育带。

在永安矿尾巷东帮布置一条共偏移剖面，对探测数据分别进行 CDP 道集处理得如图 5-41 所示的地震剖面。

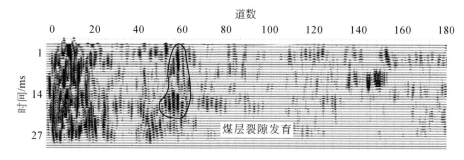

图 5-41　尾巷东帮共偏移探测地震剖面

由图 5-41 可以看出，尾巷东帮前方不均匀地分布一些物性界面，界面反射能量不大，皆为弱物性变异，并且，探测前方物性变化不均匀，界面连续性差，其间不规则分布有微弱反射波组，反映出探测煤层中不均匀裂隙发育的状况。

上述在永红、永安矿多点探测的煤层裂隙富集带，基本上与后期瓦斯抽排孔验证的高瓦斯区相对应，探测表明，在高硬度煤层中利用高分辨率地震探测技术进行裂隙（瓦斯）等异常体探测具有可行性。

## 5.4.5　岩溶溶洞与陷落柱的多波探测识别

我国东部多为华北型石炭–二叠纪煤田，煤系内有多层灰岩含水层，煤系基底为太原群、奥陶系灰岩，岩溶发育，含水性强，煤系形成后又经历多期构造运动的影响，加剧了灰岩内岩溶、裂隙的发育，加强了含水层之间的水力联系，使得华北石炭-二叠系太原组水文地质环境具有含水性丰富、岩溶发育与突水危险性高等特点。煤矿开采下组煤时，探测预防底板下伏灰岩溶水成为矿井地质工作的首要任务。

井巷中探测灰岩岩溶的分布一般在巷道底板布设测线，采用共偏移或多次覆盖观测系统采集多分量地震数据，从地震数据中提取有效震波进行处理解析，获得下伏岩溶异常体分布信息。

灰岩岩溶根据其发育空间大小及发育程度可分为溶洞和陷落柱，小的溶洞一般发育于灰岩层内，是灰岩溶蚀的结果，溶洞逐步发育并引起围岩失稳则形成不同规模的岩溶陷落柱。灰岩溶洞和陷落柱均可能成为储水空间，甚至形成导水通道，因此，需要应用地质勘探手段加以查明。

利用多波多分量地震勘探技术在两淮、山西、河北与山东等矿区开展了下组煤底板灰岩岩溶探测工作，以下给出灰岩溶洞与陷落柱在地震成果剖面的显现特征。

1）溶洞的地震剖面特征

溶洞是灰岩在水流的作用下溶蚀的结果，其发育规模时常较小，在地震剖面上将引起同相轴起伏、扭曲、分叉合并或相位反转等特征，但经常会形成溶洞腔体产生的弯曲或紊乱反射，从而有别于小断层。

淮南煤田老矿区煤炭资源枯竭，受水威胁的 A 组煤成为这些老矿井的主要资源，但由于煤系地层底部为太原群及奥陶系灰岩，直接对矿井 A 组煤的开采构成威胁。太原群薄层灰岩中岩溶发育强的是厚度大、水平方向分布又稳定的 $C_3^{3上}$、$C_3^{3下}$、$C_3^{11}$ 三层灰岩，其余各层为弱发育和不发育岩溶。因此，采用地震勘探技术探测太灰岩溶分布成为探放水工程的重要地质任务，图 5-42 ~ 图 5-47 为该区多个矿井进行灰岩溶蚀或溶洞探测地震剖面示例。

孔集矿所采煤层属急倾斜煤层，其 A1 煤底板下伏灰岩中存在溶洞等岩溶异常体（图 5-46），灰岩层含水性不均匀，溶洞往往是储水体或与岩溶裂隙形成导水通道。

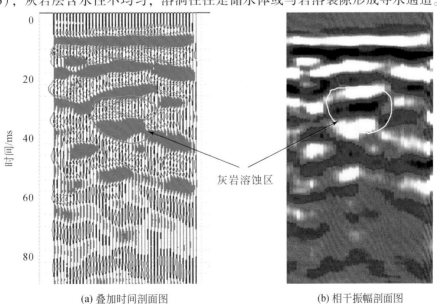

(a) 叠加时间剖面图      (b) 相干振幅剖面图

图 5-42　谢一矿-645m 放水巷东端底板 $C_3^3$ 灰岩地震勘探成果剖面

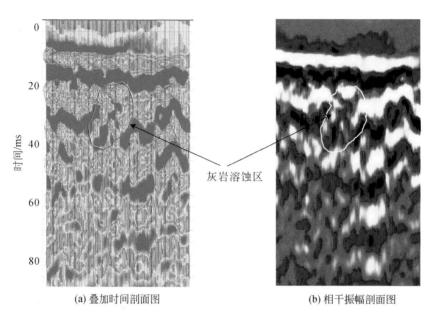

(a) 叠加时间剖面图　　　　　　　　　　　(b) 相干振幅剖面图

图 5-43　谢一矿 -645m 放水巷中部底板 $C_3^3$ 灰岩地震勘探成果剖面

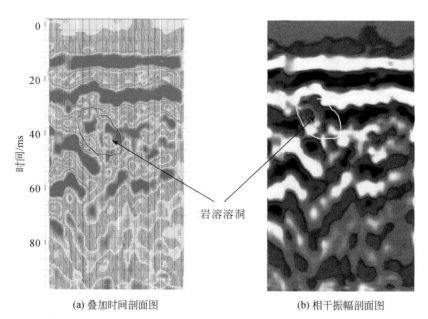

(a) 叠加时间剖面图　　　　　　　　　　　(b) 相干振幅剖面图

图 5-44　谢一矿 -567m $C_3^1$ 放水巷南侧底板灰岩地震勘探成果剖面

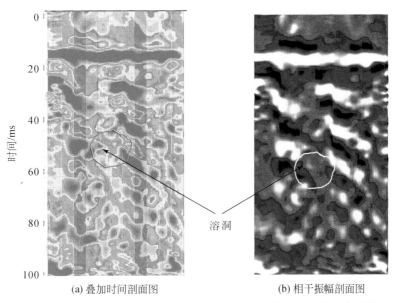

(a) 叠加时间剖面图          (b) 相干振幅剖面图

图 5-45  孔集矿 A1 槽 –250m 西八–西九排水巷底板灰岩地震勘探成果剖面

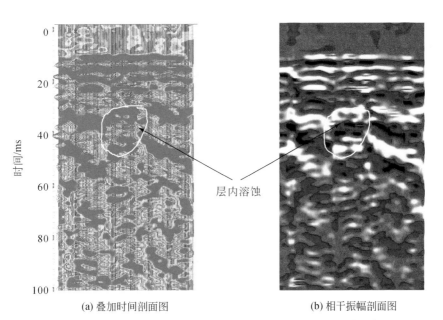

(a) 叠加时间剖面图          (b) 相干振幅剖面图

图 5-46  孔李矿 A1 槽 –250m 西八排水巷底板灰岩地震勘探成果剖面

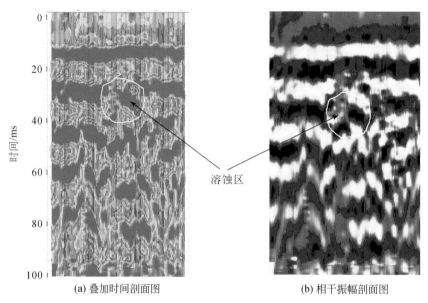

(a) 叠加时间剖面图　　　　　　　　　　　(b) 相干振幅剖面图

图 5-47　新庄孜矿底板灰岩地震勘探成果剖面

2) 陷落柱的地震剖面特征

陷落柱是溶洞围岩失稳的产物, 上覆围岩表现为下陷或垮落。陷落柱在地震剖面上表现为下伏岩层反射同相轴向下局部弯曲或杂乱分布。

图 5-48 与图 5-49 是在凤凰山矿 1325 (下) 风巷和 1325 (上) 机巷底板探测陷落柱的地震剖面图, 可以看出底板下伏岩层因岩层发生陷落而使反射同相轴向下弯曲, 但柱体内岩层和围岩并无明显错断, 边界岩层基本上呈渐变连续状, 表明此陷落柱岩层陷落深度不大, 可能是下伏灰岩层内小型溶洞体垮塌造成的。探测结果为后期采掘所验证。

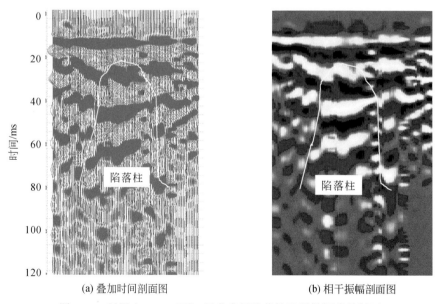

(a) 叠加时间剖面图　　　　　　　　　　　(b) 相干振幅剖面图

图 5-48　凤凰山 1325 (下) 风巷底板陷落柱地震勘探成果剖面

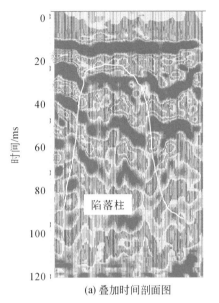 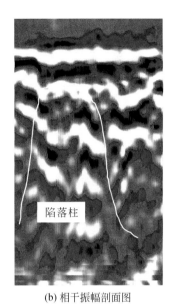

(a) 叠加时间剖面图　　　　　　　　(b) 相干振幅剖面图

图 5-49　凤凰山 1325（上）机巷底板陷落柱地震勘探成果剖面

# 6 矿井三分量地震数据采集系统研制

地球物理探测技术用于矿井地质条件探查，是近几十年发展起来的地球物理探测技术分支之一，因其具有无损、简便、超前、快速高效、低成本等突出技术优势，而逐渐成为解决诸多矿井地质问题所必需的新技术手段。现有矿井物探技术主要包括地震波法、直流电法、电磁波与槽波等勘探方法，这些方法在实践应用中都取得了一定的成果，但已有矿井物探仪器普遍存在精度低、稳定性差、功能单一或便携性不够等问题，跟不上当今地球物理勘探技术与仪器装备的飞速发展，因此制约着它们在矿井下的应用。由于我国煤田煤层及其围岩构造复杂，构造、瓦斯与水等影响矿井安全生产的致灾地质因素威胁突出，而现有矿井地球物理装备与技术难以很好地解决此类高精度、多参数探测的问题。现代大型矿井一井一面的作业组织方式，其工作面顺利回采和稳定接续至关重要，因此对物探技术提出了大跨度、快速地质预报和高精度、高分辨率、多参数、广信息等越来越高的技术要求。准确的地质预报是安全高效掘进的保证，目前如瑞利波、地质雷达、直流电法等传统超前地质预报技术只能达到 30~50m，无法满足日掘进 40 多米的作业要求。

地震勘探具有震波传播距离远、波场信息丰富、能进行多属性参数反演等特点，其新近发展起来的多波多分量地震勘探更是用于解决复杂地区高精度探测及诸多工程地质问题的一种地震勘探新技术，使用三分量采集地震波场的丰富震波信息，给地震勘探走向精确勘探之路提供了前提条件，目前地面三维三分量地震勘探使用的装备皆为国外进口的大型遥测系统，三分量地震勘探在工程领域尚很少应用，特别是煤矿工程因其环境条件与特殊要求（防爆）更无适合井下开展此项技术的物探装备。

## 6.1 地震勘探仪器的发展概况及存在的问题

如果抛开地质意义来看地震勘探过程，则是一个比较复杂的测量过程，它包括地震波的激发与地震数据采集、数据处理、资料解释等环节。地震勘探仪器就是用于地震勘探数据采集的成套设备，是一种典型的数据采集系统。

随着电子技术、计算机技术和地震勘探技术的不断发展，地震勘探仪器也不断得到发展和完善。在国外，地震勘探仪器的发展始于 20 世纪 30 年代，从记录形式上看分别经历了模拟光点记录地震仪、模拟磁带记录地震仪、数字磁带记录地震仪（集中式）、遥测数字记录地震仪（分布式）及新一代遥测数字记录地震仪五代，其中前两代地震仪其记录形式为模拟量，由于精度低，现已被淘汰，后面三代地震仪其记录形式为数字量，通常称为数字地震仪，精度较高。地震勘探在我国的应用起步较晚，始于 20 世纪 50 年代，地震勘探仪器主要依赖于进口。地震勘探根据其勘探深度和规模可分为（大中型）深层勘探与（中小型）浅层勘探；同时，根据勘探任务的需要，地震勘探仪器的发展也明显趋向于两个方面,一方面为用于石油、煤炭资源开发等大规模深层勘探的大型地震仪;另一方面为主要用于解决工程、建筑设计等问题的浅层地震仪。根据仪器结构的不同,现代数字地震仪主要有两类,一类是集中式地震仪,一类是分布式地震仪。

## 6.1.1 地震勘探仪器的基本构成

尽管用于不同勘探范围的地震仪器在性能上有差异,但其主体结构基本包括:地震检波器、地震电缆、地震数据采集系统、主控单元,以及记录、显示单元。

(1) 地震检波器:地震检波器为一种传感器,主要担负拾取地震波信号的任务,它的性能好坏将直接影响地震数据采集质量的好坏。依据勘探对象的不同,地震检波器又可分为陆地、水上和钻井井内检波器。用于陆地接收时,它可将地表的机械振动信号转换为电信号,而用于水上接收时,它可将瞬间压力变化信息转换成电信号。用于不同的勘探目的和方法,检波器又可分为横波检波器、纵波检波器和三分量检波器等类型。

(2) 地震电缆:在常规集中式地震仪中的电缆通常称为大线,用于将检波器输出的电信号传送到采集系统的输入端,其长度根据勘探规模可从几百米到上千米。在分布式地震仪中电缆可分为模拟电缆和数传电缆,模拟电缆的作用与集中式地震仪相同,其长度从几十米到数百米,数传电缆主要用于将采集系统转换后的数字信号传送到主控单元进行存储和回放。

(3) 地震数据采集系统:是地震勘探仪器的重要组成部分,虽然在不同类型的数字地震仪中,具体电路实现差异较大,但基本功能都是将检波器拾取的模拟信号量转换成数字信号量,以便后续的资料处理和解释。

(4) 主制单元:它的主要任务是实现对采集系统的监控和管理,它一般包括对采集系统的通信管理以及对显示、记录单元的控制,小型地震仪中控制单元主要以单片机或微机为中心,而在大型地震仪中则以较高档的微机或工作站为中心。

(5) 记录、显示单元:记录、显示单元主要完成地震数据的存储和采集波形的显示功能,其操作控制一般由主控单元来完成。在大型地震仪中记录单元一般由磁带机和存储器构成,显示单元一般由示波器或 CRT 显示器构成。小型便携式仪器中一般由非易失性存储器和液晶显示器来构成记录、显示单元。

## 6.1.2 地震勘探仪器的发展

针对不同的勘探要求,地震勘探仪器的发展趋势也发生变化,大规模深层勘探要求有数千道乃至上万道同时工作,采集数据量极大。为了达到高分辨率地震勘探的目的,避免高度集中造成的干扰,尽量提高采集信号的信噪比,人们把大型地震仪的数据采集部分由主控系统中分离出来,研制生产出遥测地震仪;在浅层工程勘探领域,现场工作需要小型便携式、重量轻、耗电量小、抗干扰能力强的仪器,道数一般较少(6 道、12 道、24道),由于浅层勘探中地震波一般能量较强、频率较高,这类仪器常为集中式地震仪,一般具有固定增益、采样率高等特点。

1）常规集中式地震仪

用于大、中型地震勘探的常规数字地震仪产生于 20 世纪 70 年代，主要由模拟地震检波器、大线、覆盖开关、模拟箱、控制箱、磁带机、示波器、遥控震源同步系统、电台和电源等构成。

地震信息的采集主要由数字地震仪的采集系统来完成，常规数字地震仪的采集系统通常称为模拟箱，集中在仪器车上，所以常规数字地震仪又称为集中式地震数据采集系统；采集系统是数字地震仪的主要部件，它主要由前置放大器、多路采样开关、主放大器和模数转换器等构成。常规数字地震仪的模拟箱内有若干个地震道电路，如 DFS- V 数字地震仪的一个模拟箱内有 60 个地震道和 6 个辅助道（一般只用 4 个辅助道）；SN338 数字地震仪中，一个模拟箱内有 48 个地震道和 4 个辅助道。要扩展地震道数，可以用增加模拟箱个数的方法来解决。如 DFS- V 数字地震仪，120 道用 2 个模拟箱，240 道用 4 个模拟箱，图 6-1 中显示的 2 个模拟箱，可控制 120 道。

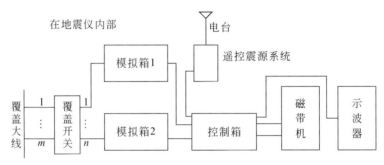

图 6-1　DFS- V 集中式地震仪的组成框图

常规地震仪的基本工作过程是：由震源激发产生的地震波信号到达地面测线各检波点，地震波使地面作机械振动，地震检波器与地面一起振动，便将其接收并转换为相应的模拟电信号，地震检波器的覆盖大线接在覆盖开关的输入端，经过覆盖开关将模拟地震波信号传送到地震仪器车上的模拟箱的输入端，由模拟箱内的采集电路完成地震波信号的模数转换，最后将转换后的数据按一定记录格式记录下来，记录下来的数据可通过相应的回放处理后送入显示记录器（示波器）进行波形显示。

用于小型浅层地震勘探时，由于采集道数较少，此类常规集中式数字地震仪主要由检波器、大线、震源与主机组成，如图 6-2 所示，一般称为工程地震仪。仪器主要工作流程为：震源激发产生的地震波，经地下介质传播返回地面，被设置在地面测线上的检波器所接收，检波器拾取的模拟信号通过连接于主机的大线输入主机，主机启动 A/D 转换器使检测数据数字化，并显示存储起来。

信息增强型地震仪为新型工程地震仪，仪器采用信息增强的方法改善检出信噪比，从而增大勘探深度或在干扰严重地区能进行有效的工作。浅层工程地震勘探多在背景干扰严重的环境中进行，为削弱干扰对测试信号的影响，在噪声环境中提取深部弱信号，可以采取增加震源能量的方法，然而，考虑到施工现场的具体条件，如用小药量爆炸作震源时，很多场合（如建筑物旁、居民区等）是不适宜的，若以锤击为震源，则能量有时达不到要求，信息增强型地震仪可多次接收在同一锤击点激发的地震波，使与各地震界面相对应的

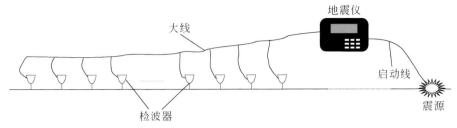

图 6-2　浅层工程地震仪现场布置示意

有效信号同相叠加而增强，相位紊乱的随机干扰信号则随叠加次数的增加而彼此有所抵消。

2）遥测地震仪

20 世纪末，随着数字通信、遥控遥测、计算机控制处理等方面新技术的发展，为了克服采集数据急剧增加与勘探设备集中式控制之间的矛盾，满足勘探精度不断提高的要求，出现了遥测地震仪，这里的遥测是指利用电缆、光缆、无线电或其他传输技术对远距离的物理点进行测量。

遥测地震仪的采集系统通常由仪器车上移到测线附近的采集站，工作时，采集站布置在接收地震信息的物理点附近，每个采集站控制一定数量的检波点（器），并以数传方式将信息传输到中央控制记录系统，故又称遥测数字地震仪为分布式数据采集系统。

遥测地震仪通常由许多分离的野外地震数据采集站和中央控制记录系统组成。遥测地震仪的主要特点如下：

（1）遥测地震仪缩减了数据采集电路与检波器之间的大线电缆，通过放置在检波点附近的采集站将检波器输出的模拟信号转变为数字信号后向中央控制记录系统传送。由于数字信号传输的抗干扰能力强，可适量避免模拟信号传输时大线所固有的道间串扰、天电干扰与工频干扰等。

（2）遥测地震仪排除了常规数字地震仪那些限制记录道数的因素，道数得到扩展，分辨率得到提高。其道数扩展只受到数据传输速率的限制，因此遥测地震仪的道数可达几百道，甚至数千道，适用于大数据量采集的地震勘探。

（3）遥测地震仪采用计算机对整个系统进行可编程控制，系统的功能得到增强。

（4）遥测地震仪在野外可对采集数据进行部分预处理。

最近几年，我国石油、煤炭部门先后引进了很多不同品牌的遥测地震仪，如美国 I/O 公司的 SYSTEM-2000、法国 SERCEL 公司的 SN428 等。近年来，国外推出了各种型号的新一代遥测地震仪。新一代遥测地震仪的主要特点为：仪器的采样率仍为 2ms，并兼有 1ms 及 0.5ms；采集站中使用了 24 位 A/D 转换器，地震道基本不采用模拟信号滤波，仅采用固定增益放大器；实用的多道地震仪仍以有线数传为主，传输媒介采用了双绞线或同轴电缆；普遍重视人机界面的应用，小至电子计算机，大至工作站均在使用；仪器及采集站的设计上，普遍采用了表面贴装技术（SMT）及超大规模门阵列芯片（FPGA）。

新型地震数据采集系统在我国还处于开发研究阶段，目前国内还没有比较成熟的新一代遥测地震仪。就国外的新一代遥测地震仪而言，尽管其具有数字传输、多道数、高分辨率及分布式控制等优点，然而由于受其前端检波器性能和接收环节的限制，其高性能未必能发挥作用，部分高指标只是出于商业考虑，不仅耗费大量外汇，且部分性能不适应多波勘探的施工要求，并且新一代遥测地震仪虽然利用分布式控制的采集站缩短了模拟信号的传输距离，但并未消除模拟信号的传输及模拟通道间的串扰影响。为满足我国经济建设的需要，急待开发高性价比、适合地震数据采集高信噪比要求的地震勘探仪器。

## 6.1.3　现有地震仪存在的问题

1）采集前端均存在模拟信号的传输

用于中小型勘探的集中式地震仪在其接收地震波信号的检波器和采集系统的输入端之间均存在一定距离的模拟信号传输，存在电缆和检波器串引起的不规则干扰信号。

遥测地震仪虽然使用了采集站使模拟信号的传输距离得以缩短，但并没有消除模拟信号的传输，只是通过采集站使模拟信号的传输距离和常规集中式装备相当。例如，一个6道的采集站大线，按330m计算，道间隔55m，再加上10多米的模拟小线，则目前被称为24位高精度有线遥测地震仪的每道模拟传输线最短约65m，而最长则有175m，由此可见，遥测地震仪只是与其勘探规模相比缩短了模拟信号的传输距离，而在其依然保留的模拟线中，仍然存在道间串扰、工频干扰和天电干扰等，并且整个装备体系仍然庞大并笨重（如SN388中仅一条330m长的数据电缆，重达40kg），现场工作强度正比于勘探规模而增大。

2）片面追求局部性能的高指标

实现高精度、高分辨率地震勘探的关键在于提高地震数据的采集质量，而衡量采集质量的最重要指标是仪器所记录的有效信号的动态范围，影响动态范围主要环节有：激发条件、接收条件和记录条件等，其中接收与记录部分是地震仪器的核心组成。现有新型地震仪器片面追求模拟信号与数字信号转换电路部分的高动态范围，却忽略了前端接收环节中检波器和模拟信号传输的影响。

检波器对地震信号的响应，应该具有理想的频带和尽可能大的动态范围。实际的地震信号可以从 $\mu V$ 级到1V以上，其动态范围大于120dB。目前，仪器生产厂家片面追求记录仪器的大动态范围，却忽略了直接拾取地震波信号的检波器前端的各种制约因素。仪器所能记录的信号，必定是检波器所能响应的地震信号。提高仪器所记录下来的地震信号的动态范围，首先取决于检波器本身的动态范围。检波器本身的动态范围上不去，记录仪器的动态范围再大也无济于事。而制约检波器动态范围的主要因素是其失真度。失真度与动态范围的关系如下：

$$F = 20 \lg D$$

式中，$F$ 为动态范围；$D$ 为失真度。

如果 $D = 0.1\%$，则 $F = 20 \lg 10^{-3} = -60 \text{dB}$。

这一结果表明，如果检波器的失真度为0.1%，其动态范围仅60dB。而这个指标对于一般检波器而言是根本达不到的。失真度为0.1%的检波器已被誉为超级检波器了。因此可以认为，目前检波器的动态范围最大不超过60dB。

如果检波器的动态范围最大不超过60dB，记录仪器的动态范围再大也未必能得到理想的高品质记录。因为地震波信号是多种频率的复合信号，在实际地震记录时，我们不仅要记录那些较弱的高频地震信号（地震波在传播中的衰减速度与频率成正比），同时也要记录那些较强的低频地震信号。在记录强低频信号时由于其畸变增大，意味着平添许多高频谐波分量，而这些高频谐波便足以把高频弱地震信号淹没掉。结果还是得不到大动态范围的地震信号记录。因此，要得到理想的大动态范围的记录，仅靠提高仪器的动态范围是达不到的。必须从直接拾取地震信号的检波器入手，改进检波器的结构，提高检波器本身的性能，降低失真度，在此基础上才可能使用于记录其响应的仪器的大动态范围得以发挥作用。

3）互换性差

目前，地面二维、三维地震勘探要求地球物理学家进行越来越多道的地震勘探设计，要求从数百道到成千乃至上万道的采集规模，因此，现有用于大型地震勘探的遥测地震仪都把系统道能力作为一个很重要的指标加以倡导。然而，系统总的道能力越强，其主控部分的规模与重量都将越大，如果用于要求相应较小的勘探任务，随着实际使用的道数变少，其单道设备重量与勘探成本都将升高，同时财力等因素的限制（多数地震勘探任务则属于这种情况），也就使大型地震仪的用户与利用率受到限制。

用于浅层勘探的地震仪其对道数的要求变化也很大，有些较大规模的勘探项目要求具有上百道的采集能力，而某些工程探测任务需要的道数可能少至1道，另外工程地震勘探的场地条件多变，工作方法不拘泥于常规，野外工作时，整套设备往往要不断地移动，因此，要求设备的结构简单，道数配置的可变性强，同时具备高分辨率与较强的抗干扰能力。已有的浅层地震仪都很难做到这些。

总之，已有的各种地震勘探仪器都存在系统道能力大小与应用范围的矛盾，其总配置的可变更性差，要解决以上这些问题，必须走全数字化和网络化之路。

# 6.1.4　MMS 型矿井地震仪系统设计

要开发研制地震仪器，必须深入了解地震勘探过程，深入分析勘探过程中信号的产生、传播、衰减以及可能受到的干扰，然后根据地震勘探的要求，应用现代电子技术、计算机技术等设计出实用的地震勘探仪器。

数据采集技术是一门跨学科的技术，它研究信息的采集、存储、通信、显示、处理以及控制等作业，并包括将各种被测的非电量转换成电量以及将它们合理地组合在一起，然后提供一个经过编码的多路信号的全部过程。

实现数据采集的设备称为数据采集系统，地震勘探仪器作为一种典型的数据采集系统，既具有一般数据采集系统的共性，又由于地震勘探的需要而具有其特殊性。地震仪的研究与以下几方面有关：

（1）地震勘探仪器是按照一定的观测方法对地震波场进行数据采集的装备，因此，首先要对勘探过程进行深入分析，要了解地震波的特性、种类及其在地层中的传播规律，并以此作为设计依据，确定仪器的各项要求，如仪器的动态范围、放大倍数、A/D 转换器位数、采样率等，都要根据地震波的特性和所需的勘探精度来设计。同时，还要根据地震勘探的野外工作方法，合理地设计仪器的结构。

（2）分析地震波场的特点，弄清有效信号的特性及各种可能的干扰，在仪器的设计中采取相应的抗干扰措施。地震数据采集过程中常常受到各种干扰的影响，有些干扰的规律是已知的，有些干扰没有确定的规律；有些干扰是野外施工引入的，有些干扰是数据采集系统所固有的。要提高测量精度，关键是要克服干扰，提高信噪比。

（3）现代电子技术与计算机技术是研究地震仪器的重要基础，地震数据采集系统主要由各种电子部件构成，并由计算机控制各部件协调地工作。地震仪器研究涉及的电子技术的内容十分广泛，如在地震仪的前置放大器中涉及低噪声电子设计理论，在结构设计上要研究数据传输方式以及计算机控制技术，在仪器使用环境上要考虑组成电子电路的元器件性能以及整体设计原则（比如矿井下使用要求防爆，最好进行本质安全型设计），在整机设计上要涉及可靠性与可测试性理论，在设计方法上要尽可能利用现代设计工具等。

（4）要注重研究地震仪器的发展状况，对当代各种地震仪的性能、特点及其结构构成进行深入分析、解剖，找出现有仪器在满足实际需求时存在的不足，以及引起这种不足的关键原因。由于资源勘探与工程建设对地震勘探提出的要求越来越高，现有地震勘探装备在实际应用中往往不能满足生产的切实需要。实际上，地震数据采集的质量如何，不仅和其数据转换电路的性能相关，而且与前端信号的机电转换装置（传感器）的性能以及信号的传输过程与方式等都有关，是整个系统总体性能的反映，所以，不能只停留在局部器件的性能优化上，片面地追求部分电路的高指标。应从提高地震数据采集系统的整体性能入手，在利用新型、高性能地震检波器的前提条件下，着重改善地震数据采集系统的结构组成，优化系统的结构性能，以充分发挥地震数据采集系统各个部分的指标效应。

地震数据采集的质量取决于整个系统中的每个环节，其中主要包括数据的接收、传输和采集。如前所述，现有的地震勘探仪器的共同点是片面追求电器性能的高指标，而不注意努力达到仪器的最佳组合效应，对于检波器的离散性和作为信号通道的检波器电缆长度变化所做的工作很少。目前，常用于地震勘探的检波器超级系列产品的动态范围也不超过60dB，所以，检波器被视为地震勘探的瓶颈；同时，由于检波器与采集电路的距离远近不同，使连接检波器与采集电路的模拟电缆长度不等，这样不仅会在传输过程中引起干扰，还会由于各道电阻不同而造成各道灵敏度不同，而且还会由于输入电容不同引起可变的信号畸变（图6-3）。因此，要想改变地震勘探系统的现状，提高所采集地震信号的信噪比与分辨率，系统构成的改良是需要解决的首要问题之一，在采用先进的电子技术与传感器技术的同时，只有充分利用勘探系统中各主要功能器件的最佳组合效应，把原模拟地震传感器与采集系统、数字通信等集成一体，形成集地震检波器、模数转换及通信于一体化的数字化单元，真正实现地震数据采集系统的完全数字化，这样才能使拾取的地震信号不再因系统构成而进一步牺牲其有限的性能指标。

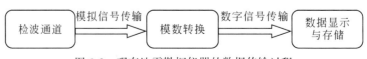

图6-3　现有地震勘探仪器的数据传输过程

通过对国内外已有地震勘探仪器的性能及构成基础分析，依据矿井地震仪对电器防爆、巷道局限空间与复杂探测地质任务的诸多苛刻要求，确定出新型分布式矿井三分量地震仪的设计方案：首先，利用现代低功耗、大规模集成电路电子元器件，采用检波一体化的设计思想，将传统的三分量检波器和数据采集、控制和通信等电路集成于一体，形成新型数字化三分量检波器；对检波器芯体进行实验选型，以获得良好的响应，选用可编程仪表放大器和高性能24位高速模数转换器构成信号采集电路，以提高采集系统的整体性能。其次，利用高性能32位嵌入式微处理器制作便携式控制主机，配套开发相应的通信管理软件和数据处理软件；并在此基础上根据地震数据传输系统的特点采用总线型结构实现主机和数字检波器的互联，进而形成分布式三分量地震数据采集系统。由于总线型网络结构可使节点数方便地增加或减少，多个数字三分量检波器互联即可形成中小型勘探系统，既增强了仪器的适用性与灵活性，又实现多道地震数据采集时无模拟信号传输的理想采集条件。

分布式矿井三分量地震数据采集系统主要由数字三分量检波器、主机及辅助系统构成。针对多波地震勘探的特点和目前勘探装备的现状，系统的设计首先从接收环节入手，利用当今微电子技术和微处理器技术的优势，研制一种适合多波地震勘探的新型数字化、智能化三分量检波器，并结合当今先进的电子技术、计算机技术与网络通信技术等构成小型中、浅层地震仪的新型模式：便携式控制主机（带地震数据管理软件包）+智能检波器（简称分机）的全数字化分布式地震仪。图6-4是改进后的新型分布式地震仪的数据传输过程。

图6-4 改进后的新型分布式地震仪的数据传输过程

设计的分布式多波地震仪主要由主机及其控制下的多个智能三分量检波器（分机）构成，系统利用RS-485总线实现分布式控制，主从式管理，通过对各从机的地址分配及完善的通信协议实现控制智能化，进而形成地震数据采集系统的数字化网络。其中智能三分量检波器的功能相当于遥测地震仪的采集站，但区别是其内部集模拟检波器、数据采集、控制和数据通信于一体，可以实现模拟地震信号的直接转换和数字化输出，从而为提高整个采集系统的抗干扰能力和采集信号的质量奠定了基础。

## 6.2 数字三分量检波器

检波器对地震信号的响应，应该具有理想的频带和尽可能大的动态范围。实际的地震信号可以从μV级到1V以上，其动态范围大于120dB，而现有检波器响应的动态范围却远达不到这一标准。制约检波器动态范围的主要因素是畸变（即非线性），目前常规检波器的畸变指标出厂要求仅为0.2%，对应的动态范围为54dB，为了与新型地震仪相配套，各厂商争相推出各种新型超级检波器，然而其非线性指标也仅为0.1%，对应动态范围仅为60dB，因而检波器的性能已成为制约高分辨率地震数据采集发展的瓶颈。可见，为了提高数据采集系统的整体性能，检波器的性能亟待提高。

## 6.2.1　检波器芯体测试选型

要提高采集地震信号的动态范围与信号质量，首先要提高检波器的性能指标，并在优化采集系统结构性能的基础上，尽量保证检波器拾取信号的信噪比不再进一步降低。同时，由于多波勘探不仅要利用纵波，还要利用面波、横波与转换波进行勘探，而纵、横波又有各自不同的振动特性，因此用于接收的三分量检波器其 $z$ 分量（接收 P 波）与 $x$、$y$ 分量（接收 S 波、P-sv 波、P-sh 波等）应具相应的特性参数。结合对各种芯体的性能参数的实验了解，同时考虑数字三分量检波器的应用范围，其各分量性能参数指标可选范围见表 6-1。

表 6-1　数字三分量地震检波器参数指标分布范围

| 名称 | $x$ 分量 | $y$ 分量 | $z$ 分量 |
| --- | --- | --- | --- |
| 自然频率/Hz | 8～14（±2.5%） | 8～14（±2.5%） | 40～60（±2.5%） |
| 线圈电阻/Ω | 300～750（±2.5%） | 300～750（±2.5%） | 500～800（±2.5%） |
| 开路阻尼 | 0.25～0.30 | 0.25～0.30 | 0.25～0.35 |
| 并阻阻尼 | 0.6～0.7（±2.5%） | 0.6～0.7（±2.5%） | 0.65～0.75（±2.5%） |
| 灵敏度/V/（cm·s） | 0.25～0.28（±2.5%） | 0.25～0.28（±2.5%） | 0.27～0.29（±2.5%） |
| 失真/% | <0.1 | <0.1 | <0.05～0.1 |
| 假频/Hz | 200～250 | 200～250 | 350～500 |
| 惯性体质量/g | 10～12 | 10～12 | 10～15 |
| 绝缘电阻 | 大于数十兆欧姆 | | |

## 6.2.2　数字三分量检波器硬件电路设计

数字检波器研制的主要目的是实现地震信号的原位数字化，极大限度地抑制环境噪声及其他干扰源的影响；在采集系统中影响采集信号质量的主要因素是系统的采样率和硬件本身造成的畸变。由系统硬件造成的信号畸变主要体现在模拟滤波器造成的相位畸变和复杂的硬件组成所造成的幅值畸变。为了提高采集信号的质量，设计中对采集系统的各部分电路进行了优化，简化硬件结构，所设计的采集系统的硬件部分包括：地震信号传感器（传统的地震检波器）、信号调理及模/数转换电路、控制处理单元 MCU、存储器和通信接口等部件。硬件组成框图如图 6-5 所示。

电路设计中由反混叠滤波电路和数字可编程仪表放大器构成信号调理电路，模数转换器选择的是 TI 公司生产的高性能 24 位、4 通道模数转换器 ADS1274，实现采集控制的微控制处理器（MCU）选用的是 TI 公司生产的超低功耗型微控制器 MSP430F2232，它是基于 RISC 结构的高性能 16 位处理器，片上集成有 8K+256 字节 Flash 存储器，512 字节的 RAM，具有两个 SPI 接口及增强型 UART 接口，设计时为了存储采集的 3 通道数据，扩展了 32K 字节的 FRAM，系统可根据需要外扩多个 32K 字节的 FRAM 芯片，同时也可根据程序量的调整采用更大存储容量的系列微控制器如 MSP430F2272、F2274 进行替换。

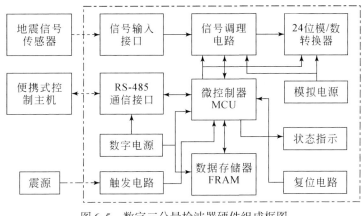

图 6-5　数字三分量检波器硬件组成框图

### 6.2.2.1　信号调理电路

信号调理电路的功能是将传感器拾取的模拟信号量进行适当的调整和处理，以便对物理特性提供相应的测量，调理电路的结构和性能取决于传感器的电特性和输出。基于简化结构和防止信号畸变两方面因素，在采集系统的设计中去除了模拟低切滤波器，仅在数据输入端加入一级反混叠滤波器，其滤波电路如图 6-6 所示。图中 +IN、–IN 分别表示来自模拟地震传感器的差分输入信号，由 R、$C_D$ 和 $C_C$ 构成的低通滤波器滤波后送入仪表放大器的输入端，电容 $C_D$ 与 $C_C$ 并联可有效地降低由于两输入端 $C_C$ 不匹配引起的 AC CMR 误差，当 $C_D$ 比 $C_C$ 大 10 倍，则可将由于 $C_C$ 不匹配造成的 CMR 误差降低 20 倍。

选用的模数转换器是高速、24 位 Δ-Σ 型模数转换器，它的主要特点是具有优良的 AC 和 DC 特性，采样率最高可达 128kSPS，工作于高精度模式时信噪比（SNR）可达 111dB，失调漂移为 0.8μV/℃。考虑到组成系统的每一个器件的性能都会影响采集系统的整体性能，再加输入信号是一个随使用条件变化的量，因此设计系统中的放大驱动电路选用的是高性能指标的可编程仪表放大器。

在地震数据采集系统中，前放电路对整个系统的影响最大，其性能直接关系到系统对输入信号的抗干扰能力和检波器的输出灵敏度（即输出效率）。由于差动放大器作输入电路，具有输入阻抗高、抗共模干扰能力强等特点，且不会造成复合信号的相位畸变，因此选用了单片集成的三运放式仪表放大器 AD8253 作为前置放大器，它具有体积小、噪声低、建立时间短等特点，因而非常适合宽频带、高分辨率信号采集的设计需要。由于来自三通道的地震波信号的振幅有一定差别，因此，设计中使用了三个前置放大器分别对三道输入信号进行调理以使各道幅值均衡。图 6-6 给出了 AD8253 的应用电路，为了与 ADS1274 匹配，采用差分方式输出，同时将电位平移 2.5V 以满足 ADS1274 的电平要求。

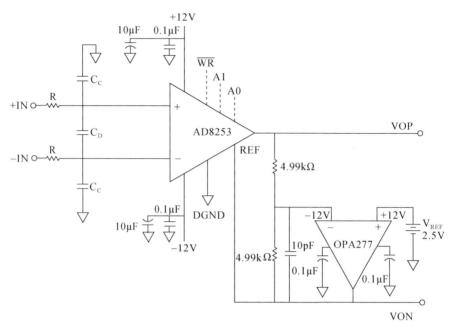

图 6-6 信号调理电路的组成及连接方式

### 6. 2. 2. 2 数据采集电路

在数据采集电路的设计中，模/数转换器（ADC）的性能直接关系到信号采集的质量，衡量 ADC 的主要性能指标有采样率和采样精度，其中采样率决定了允许输入信号的有效频率范围，即输入信号的带宽，采样精度决定了输入信号的动态范围。从地震勘探仪器的发展来看，用于地震勘探的 ADC 主要有两类，即逐次逼近型和 Δ-Σ型，在较早期的数字地震仪中主要使用的是逐次逼近型模数转换器，采样精度一般为 15 位或 16 位，地震仪的结构采用集中式，为了减少体积和成本，多个地震采集道共用一个 ADC，单个 ADC 控制采集的道数较多，一般为 24 道或 48 道，到了 20 世纪 90 年代，随着电子技术的发展出现了 24 位 Δ-Σ型 ADC，地震勘探仪器的结构由集中式发展为分布式，采集电路位于采集站内，单个采集站采集的道数一般为 3 道或 6 道。

采集电路的设计中选用 ADC 主要从以下几个因素考虑：一是被采集信号的频带：这里主要用于采集中、浅层地震波反射信号，有效信号频段多在几十赫兹至几百赫兹，用于地面工程勘探时最高可达 1000Hz 以上。二是采样的精度：常规震源激发的地震波信号可从微伏级至几百毫伏，为了记录来自不同深度的地震波信号（信号强度随深度增加而逐渐衰弱），要求 ADC 的动态范围应大于 110dB。三是采集系统的功耗和体积：本采集系统电路板要求嵌入常规三分量模拟检波器壳体中，采用电池供电，因而要求体积小、功耗低。在本系统的设计中从功耗、集成度、采样率、精度等需求分析，确定选用 24 位、高速、Δ-Σ型 ADC。

随着电子技术的发展，Δ-Σ型模数转换器在性能方面比原有器件都有较大提高，新器件和老器件相比主要在以下几个方面有差别。

1) 采样精度

在较早期的 Δ-∑ 型 ADC, 其采样精度一般随采样速度的增加而下降, 低采样率下一般可以达到 120~130dB, 但在高采样率下一般只能达到 90~100dB; 新型的 ADC 在采样率高于 4kHz 时可以达到 120dB, 如 ADI 公司新出品的 AD7760、AD7762、AD7764 在输入信号为 1kHz、采样率为 78kSPS 时其动态范围可达 120.5dB, 有效分辨率为 20 位。

2) 采样频率

在较早期的 Δ-∑ 型 ADC, 其采样频率一般最高只能达到 4kSPS, 随着采样频率的提高其采样精度会急剧下降, 而新型的 24 位 Δ-∑ 型 ADC 其采样频率可以达到几百 kSPS, 如 AD7760、AD7762、AD7764 在采样率为 625kSPS 时动态范围可达 109dB。

3) 功耗

较早期的 Δ-∑ 型 ADC 受当时制造技术的限制, 调制器和滤波器一般是分离的, 因此使用时需将调制器和滤波器同时使用, 占用面积大、功耗大, 如已有地震仪中使用的 CS5321/CS5322, 调制器本身的典型功耗为 55mW, 最大为 75mW, 滤波器功耗为 20mW。新型 Δ-∑ 型 ADC 的功耗与封装和采样率有关, 对于高速并行输出接口的 ADC 功耗较大, 而采用串行接口的 ADC 则功耗较低, 如 BB 公司的 24 位串行四通道同步采样模数转换器 ADS1274, 其在数据输出率为 128kSPS 时功耗为 70mW/通道, 而在 10.547kSPS 时仅为 7mW/通道。

4) 群延迟

从 Δ-∑ 型模数转换器的工作原理可知, Δ-∑ 型 ADC 的输出不仅是当前模拟输入的函数, 同时也是前 $n$ 次模拟输入的函数。这主要是因为数字滤波器必须存储一些 "历史" 数据, 以完成对当前采样数据的滤波, 并且由于 Δ-∑ 调制器中含有积分器和反馈, 所以 Δ-∑ 调制器也具有某种存储 "历史" 数据的作用。在多路开关应用中, 从一个输入通道切换到下一个输入通道之后, 在一段时间内两个输入通道的采样数据会在数字滤波器内并存, 在此期间, 数字滤波器的输出是没有意义的, 通常这段时间被称为滤波器的建立时间。在经历了建立时间之后, 数字滤波器内存储的 "历史" 数据才完全是当前通道的数据。通常将调制器的计算时间与滤波器的建立时间之和称为群延迟。在较早期的 Δ-∑ 型模数转换器中, 群延迟时间较长, 如 AD1555/AD1556, 在数据输出率为 4kHz 时, 其群延迟为 6ms, 而在 500Hz 时其群延迟达到 48ms。随着电子技术的发展, 新型 Δ-∑ 型 ADC 的群延迟时间大为缩短, 如 ADI 公司的 AD7764 在 256 倍抽样率、数据输出率为 78kHz 时其群延迟为 351.45μs, 而在 128 倍抽样率、数据输出率为 156kHz 时其群延迟仅为 177μs。

在具体的型号选择中通过查阅相关新型元器件资料, 有 2 种方案可供选择: 第一种是单通道、单 AD 方案, 即一个输入信号对应一个单独的 ADC, 该方案中又有两种选择方案, 一种是 3 个输入通道对应 3 个独立的 ADC 芯片, 另一种是 3 个输入通道对应一个集成有多个 ADC 的芯片。第二种是多通道、单 AD 方案, 即多个输入信号通过多路转换器共用一个 ADC, 这时对 ADC 的性能要求是采样率高、群延迟小。在众多 ADC 芯片生产商家中, 从中选取最有代表性的两个模拟电路生产厂家, 即美国的模拟器件 (Analog Device Inc, ADI) 公司和德州仪器 (Texas Instrument, TI) 公司, 这里分别选取 ADI 公司的新型

24 位高速模数转换器 AD7760、AD7764 和 TI 公司的新型 24 位高速模数转换器 ADS1271、ADS1274 进行性能分析和比较。表 6-2 分别给出不同 ADC 的主要参数和性能特点。

表 6-2 不同 ADC 的主要性能参数

| ADC 型号 | 最高数据输出率 | 差分输入电压/V | 信噪比 SNR (−0.5dBFS) | 总谐波失真 THD(−0.5dBFS, 256 抽样率) | 群延迟 | 通道数 | 最大功耗 /mW(低功耗模式) | 引脚数 |
|---|---|---|---|---|---|---|---|---|
| AD7760 | 2.5MSPS | $\pm 3.25$ $V_{REF}=4.096$ $\pm 2(V_{REF}=2.5)$ | 107dB (32 抽样率) 112dB (256 抽样率) | −105dB | 47μs (32 抽取率) 358μs (256 抽取率) | 1 | 661 | 64 |
| AD7764 | 315kSPS | $\pm 3.2768$ $V_{REF}=4.096$ | 104dB (64 抽样率) 107dB (128 抽样率) 109dB (256 抽样率) | −105dB | 89μs (64 抽取率) 177μs (128 抽取率) 358μs (256 抽取率) | 1 | 215 | 28 |
| ADS1271 | 105kSPS | $\pm V_{REF}$ (随 $V_{REF}$ 可变) | 106dB (高速模式) 109dB (高精度模式) | −105dB | $38/f_{DATA}$ (S) | 1 | 54 | 16 |
| ADS1274 | 128kSPS | $\pm V_{REF}$ (随 $V_{REF}$ 可变) | 106dB (高速模式) 111dB (高精度模式) | −108dB | $38/f_{DATA}$ (S) | 4 | 54/通道 | 64 |

表 6-2 表明：AD7760 采样率、信噪比较好，但功耗大，集成度复杂（引脚数多），AD7764 的性能介于 AD7760 和 ADS1274 之间；而 ADS1271 和 ADS1274 性能较接近，只是 ADS1274 是在一个芯片上集成了 4 个独立 ADC，因此较适合多通道、低功耗要求的应用。通过综合考虑目前新型 ADC 的指标，决定选用单通道、单 AD 方案，为了节省空间，选择单片集成四个 ADC 的模数转换器 ADS1274。

为了在功耗、精度方面灵活调节，将 ADS1274 的工作模式设置为可调模式，采样频率根据实际应用的需要设置为可调，ADS1274 的数据输出率在模式选择后与芯片的时钟频率 CLK 有关，实际应用中利用 MCU 的 ACLK 的输出作为 CLK，频率可通过程序设置；数据输出采用 SPI 接口，转换后的数据采用 TDM 模式移位输出，设计中将 FORMAT [2：0] 设置为 000，使得串行数据输出采用 SPI 接口协议，所有通道采集的数据均通过 DOUT1 引脚输出，各通道输出数据位置采用动态分配。ADS1274 与微控制器 MCU 的接口电路如图 6-7 所示，图中 VREFP 和 VREFN 为 A/D 转换的参考电源，设计中接 2.5V 的基准电压信号。

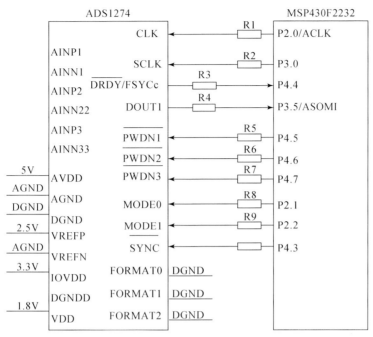

图 6-7  ADS1274 与微处理器的接口

### 6.2.2.3  存储器及其接口

在采集电路的设计中，需将采集的数据存入存储器中，设计中选用新型铁电存储器
FM25L256 存储采集的数据，FM25L256 是由 RAMTRON 生产的、具有 256Kb 的低功耗型
铁电存储器（以下简称 FRAM），它既具有 SRAM 和 DRAM 快速读写的特性，又具有
EEPROM 和 Flash 的非易失的特性，构成的系统具有接口简单、占用系统资源少、非易失、
无读写延迟的特点。设计中利用 FM25L256 实现采集数据缓冲存储功能，图 6-8 是
FM25L256 与 MSP430F2232 的接口电路，本设计中采用标准的 SPI 总线传输数据。

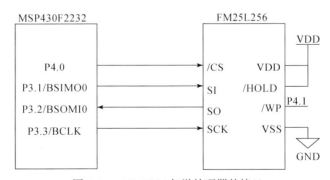

图 6-8  FM25L256 与微处理器的接口

#### 6.2.2.4 辅助电路及其说明

辅助电路主要由复位电路、状态指示电路、信号输入接口和串行通信接口组成，其中复位电路包括上电复位和手动复位，手动复位时通过外接复位按钮实现；状态指示电路用于指示采集电路当前的工作状态，设计中用双色发光二极管两种颜色变化做状态指示；信号输入接口用于将地震信号传感器的输出信号送入采集电路的输入端口，设计中可送入三通道差分信号；串行通信接口用于与外部主机进行信息传输，设计中使用 RS-485 通信接口。

## 6.2.3 数字检波器软件设计

在数字三分量检波器的设计中，为了满足不同勘探目的的应用需要，要求采样点数、采样时间间隔、采样的通道数均可通过程序调节，因此在硬件设计的基础上应配置参数可调的采集控制软件，其中采集参数来自控制主机，由数字检波器通过串口接收后根据命令解释予以设置，为了实现采样间隔的精确控制，程序设计中对 ADS1274 每次转换结束后发出的控制信号采用查询方式，一次转换后新数据的读出和存储时间应小于一个转换周期。数字检波器的软件部分主要包括通信模块、采集控制模块、低功耗管理模块、漂移校准模块的设计。

1）采集控制模块的程序

采集控制模块的功能是在已设置好采集参数的条件下控制数据的采集，并将采集后的数据存入随机存储器中；数据采集前，首先进行采集参数的初始化设置，然后等待外部震源启动的触发信号，图 6-9 为地震数据采集控制模块的程序设计流程，进行数据采集时，系统屏蔽所有中断，并进入待触发状态，一旦检测到采集触发信号，系统即启动模/数转换器进行数据采集，转换后的多通道数据首先送入 MCU 的寄存器中，然后写入随机存储器 FRAM 中，最后根据主机给出的传数命令通过串口向主机发送所采集的数据。

2）通信模块的程序

通信模块的功能是完成主机与数字检波器之间的命令传送及数据交换。主机与数字检波器（简称从机）之间的每一次通信都由主机启动，以从机的正确应答结束，为及时响应主机发送的命令，避免信息丢失，接收数据采用查询方式，且在接收时对各字段按约定进行实时检查，以提高通信的可靠性。主机发出的命令有两种形式，一种是各从机分别执行的命令，如握手命令、置参命令，它需要各从机分别应答，这时主机与各从机的通信以从机的地址为周期轮流发出；另一种命令是广播式命令，即各从机需同时执行的命令，如采集命令、背景检查命令，这时所有从机在接到命令后同时执行相应的操作，但只由主机指定的其中某一从机回送应答信息。为确保通信的可靠性，主机向从机发送命令帧时，设置了超时检测和重发功能（允许重发次数为三次），通信模块的程序设计流程如图 6-10 所示。

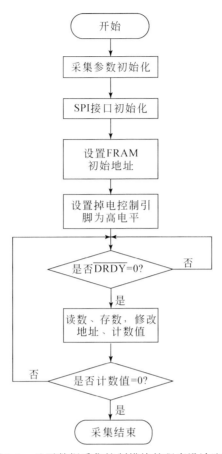

图6-9 地震数据采集控制模块的程序设计流程

3) 漂移校准模块的程序

零点漂移是指当输入信号为零时，测量的输出值偏离零点的值。零点漂移的大小以及零点是否稳定是造成测量误差的主要来源之一，消除这种影响一方面应在硬件上选用低漂移、温度稳定性高的放大器和 A/D 转换器，使漂移量尽可能小；另一方面就是利用微处理器的优势，通过软件来调整。本采集电路漂移校准的实现过程是：首先根据主机发送的置参命令设置好采集参数，然后由微处理器控制多路选择器转到接地输入端，启动背检操作，采集一组数据，然后对这组数据求得一个平均值，将这个均值存入 MCU 的一个内部RAM 单元中，在以后的数据采集中，每次将采集后的数据与前面测得的均值相减即可得校正后的数据。在以后的采集过程中，如果需要修改采集参数，则再按上述步骤重新测量一次漂移值存入原单元中即可，运算的数学模型为

$$D = \frac{1}{N} \sum_{n=1}^{N} I_n \tag{6-1}$$

式中，$D$ 为漂移值；$I$ 为各样点值；$n$ 为样点序数；$N$ 为总样点数。

4) 低功耗管理模块的程序

为了实现对采集系统的低功耗运行和管理，一方面在硬件设计上要提供相应的低功耗

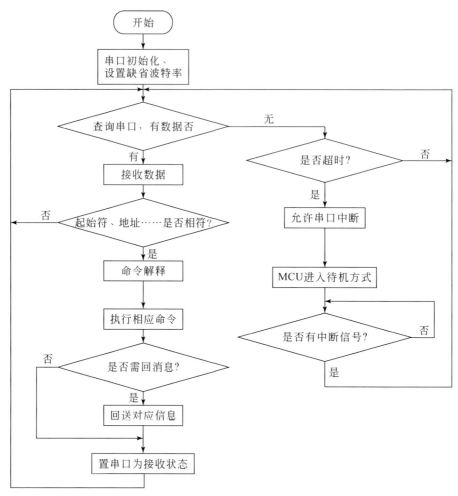

图 6-10　数字检波器通信模块的程序设计流程

控制信号，另一方面就是在软件上要配合相应的管理指令，图 6-11 是采集电路系统的低功耗管理流程。开机后，系统初始化，等待接收主机的控制命令，这时除通信电路应维持正常运行以保证随时接收主机命令外，其余电路均处于无效运行状态，此时应使它们进入低功耗备用状态（模数转换模块和存储模块置于空闲方式），当采集系统接收到主机发送的命令后，才使相应的电路模块进入正常工作状态。为避免通信电路及 MCU 处于盲目等待状态，设计中设置了超时检测电路，若等待超时则 MCU 进入待机方式，打开串口中断，只有当检测到串口中断时，MCU 才返回正常工作状态。

数字三分量检波器采集电路及封装见图 6-12，主要技术参数如下：

通道数：3。

采样间隔：20μs～2ms 递增可选。

采样点数：512、1024、2048 可选。

分辨率：24 位。

瞬时动态范围：110dB。

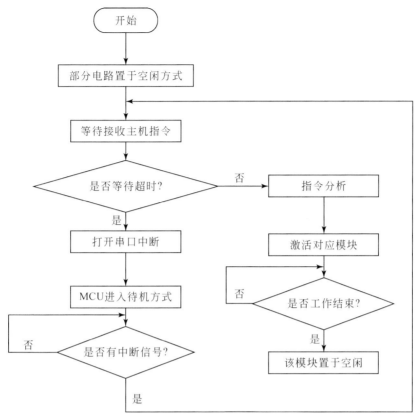

图 6-11 采集电路系统的低功耗管理流程

系统动态范围：170dB。

共模抑制比：120dB，$G=100$。

前放噪声：$8nV/\sqrt{Hz}$，$G=100$。

$9nV/\sqrt{Hz}$，$G=10$。

工作电压：±12V。

非线性：<0.05%。

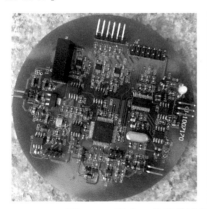

图 6-12 数字三分量检波器采集电路板及封装

# 6.3 本安便携式主机

## 6.3.1 主机硬件电路

1）硬件电路

主机的主要功能是控制各数字检波器进行数据采集，接收各数字检波器回送的采集数据，并以图形形式显示出来供操作者观察分析，有选择地把有效数据存储起来，以便进一步处理与解释。此外，在某些应用场合还需要对采集的数据进行谱分析、滤波等数字处理，以帮助观测人员分析判断采集信号质量，及时采取措施改善勘探效果，这就要求主机要具有适时数字信号处理与解析功能。由于地震勘探一次采集的数据量大，使用通用的 8 位、16 位微处理器很难同时满足监控管理和数字信号处理的任务，为了提高主机的管理和数据处理能力，在新型便携式主机的设计中对已有的控制主机进行了改进，采用高性能、低功耗型嵌入式工控主板构成控制主机，其中微处理器采用的是基于 Xscale 构架的 32 位嵌入式微处理器芯片 PXA270，主机的硬件结构框图如图 6-13 所示。

对用于煤矿井下进行采集监控和数据记录存储的主机来说，在设计时除应具有体积小、重量轻、功耗低、容量大及抗干扰力强等特点外，另一个要求就是要设计成本质安全型。为此在主机的硬件构成上采用高性能、低功耗型工控主板，其工作温度范围是−40 ~ +85℃，工作电压为 5V，最大工作电流为 550mA（550MHz），主存容量为 64MB，用于存储程序和数据的存储器采用非易失性存储器 NAND Flash，其存储容量为 256MB，可供存储数据和应用程序的容量是 160MB，此外还可外接 2GB 以上的 CF 卡或 U 盘用于存储采集的数据。为满足低功耗、本质安全型的设计需要，组成电路的元器件均为低功耗型表面贴装元件，所有元器件的工作特性均满足本质安全型设计要求。此外设计中分别需对通信接口电路和液晶显示器的背光电路进行特殊设计，通信接口电路增加了光电隔离和安全栅，显示器背光光源由原来的冷阴极荧光灯管改为 LED 背光，相应的背光控制电路由非本质安全型的逆变器输出（启动时瞬时电压高）改为本质安全型的低压（低于 5V）控制电路。

2）显示背光电路

显示屏的背光电路需要满足本质安全型设计要求，设计背光灯采用 LED 背光，背光控制电路的设计如图 6-14 所示。

3）电源电路

主机电源采用锂离子电池供电，电池组的输出电压为 10 ~ 12V，主机电路板的电源电压为 5V，设计中采用高性能 DC–DC 转换芯片 TPS5420 实现 12 ~ 5V 的电压转换，电压转换电路的设计如图 6-15 所示。

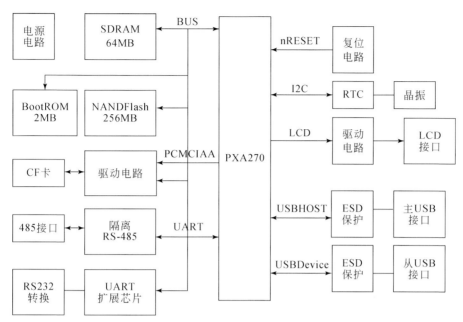

图 6-13　便携式主机结构框图

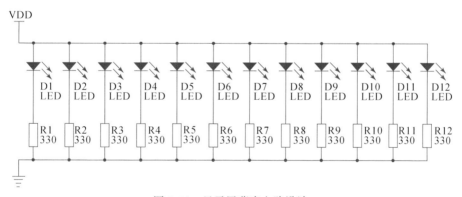

图 6-14　显示屏背光电路设计

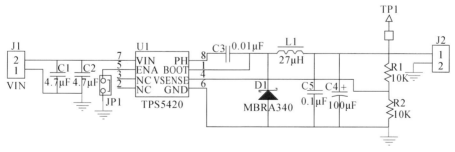

图 6-15　主机电压转换电路

## 6.3.2　主机软件

主机软件的主要任务是实现对多个从机的监控管理、数据存储及数字信号处理等功能，其进行了以下模块的程序设计和调试。

（1）采集控制模块：该模块的主要功能就是用户通过人机接口进行采集参数的设置、控制各数字检波器（简称分机）进行数据采集，接收各分机回送的采集数据，并以图形形式显示出来供操作者观察分析，有选择地把有效数据存储起来，以便进一步处理与解释。

（2）通信模块：该模块的程序设计包括与检波器的多机通信及与 PC 机通信。

（3）预处理模块：该模块主要实现对采集数据的预处理功能，主要包括静校正、抽道集、零漂校正、道内平衡等功能的设计。

（4）数字处理模块：该模块主要实现数字信号的谱分析和滤波功能。

主机软件开发主要基于 Windows CE 5.0 和嵌入式工控主板配套的工具包 SDK，采用 eMbedded Visual C++4.0 开发。

1）采集控制模块

采集控制模块的主要功能是用户可根据采集的实际需要设置各数字检波器的采集参数，向各数字检波器发布控制命令，控制各数字检波器执行相应命令进行数据采集、背景检测、数据传输等操作，然后将对接收的数据进行波形显示、叠加、存储等操作，主机控制各数字检波器采集的流程如图 6-16 所示。

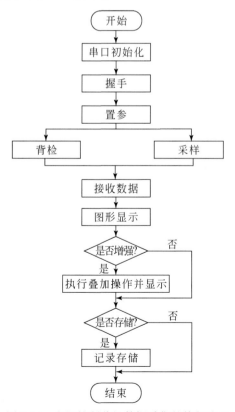

图 6-16　主机控制分机数据采集的执行流程

该模块中，可进行采集参数设置和通信接口设置，其人机界面见图6-17；图6-18是主机接收三个数字检波器采集数据的波形。

图6-17　设置采集参数和串口初始化的人机界面

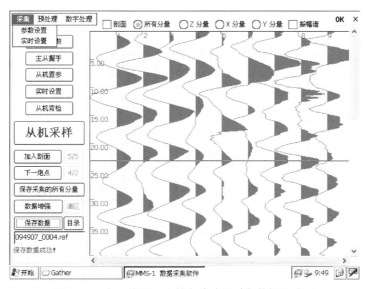

图6-18　主机接收三个数字检波器采集数据的波形

2）通信模块

设计的通信模块主要包括与各数字检波器的通信及与PC的通信，其中主机与各数字检波器的通信包括命令的传输和数据的传输，为了实现多机之间正确的信息传输，主机和各检波器之间需要制度完善的通信协议，按照约定的协议进行信息传输，该传输协议主要包括通信的速率、数据传输的格式、传输数据的长度等，其格式具体如下（表6-3）。

**表 6-3　通信模块参数设置格式**

| 起 始 符 | 地 址 | 命令/类型 | 长 度 | 数 据 | 结 束 符 |
|---|---|---|---|---|---|
| 4 字节 | 1 字节 | 1 字节 | 2 字节 | $N$ 字节 | 4 字节 |

起始符：发送和接收信息的帧标志，主机发送控制命令帧时，起始符由 4 个字节的"AA"组成；当从机被寻址时，其回送的响应信息帧的起始符由 4 个字节的"55"组成。"AA"、"55"为十六进制表示形式的数。

地址：主机要访问的从机地址，有效地址为 1 ~ 254（16 进制表示为 01 ~ 0FEH），另外设计中还设置了广播地址，即所有从机均可响应的地址，其值设置为 0FFH。

命令/类型：当由主机发送信息时，该字节表示命令码（设置有握手、置参、采集、背检、传输），当由从机回送信息时，该字节表示回送信息的类型。

长度：表示其后字段的字节长度。

数据：当由主机发送信息时，该字段表示参数，当由从机回送信息时，该字段表示回送的结果或数据。

结束符：表示本帧信息的结束，由 4 个字节的"AA"组成。

3）分布式多机通信网络

由于煤矿井下电讯干扰极大，为保证系统的稳定性与可靠度，系统中采用有线通信技术。基于网络化的设计思想，根据地震数据传输系统的特点采用总线型结构实现各节点的互联，主机和各数字三分量检波器都看成网络中的一个节点，各节点自带数据缓冲器、微处理器和通信软件，数据传输率、传输顺序可通过软件设置，且各节点数可根据需要方便地增加或减少。图 6-19 是采用分布式结构构成新型多波地震仪的组成结构图。

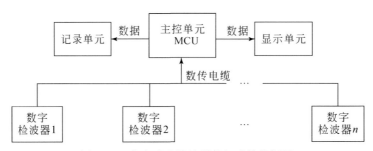

图 6-19　分布式多波地震仪组成结构框图

新型多波地震仪主机（图 6-20）主要性能指标如下。

控制检波器数量：1 ~ 96 个。

存储器容量：256MB Flash，64MB SDRAM，同时可通过 USB 接口外扩 2G 以上 U 盘或移动硬盘。

显示接口：支持 800×480，800×600 点彩色液晶显示屏。

数据传输速率（kBPS）：115.2 ~ 4.8。

最大传输距离（km）：　0.5 ~ 3.0。

工作电压：5V。

最大功耗：5.5W。

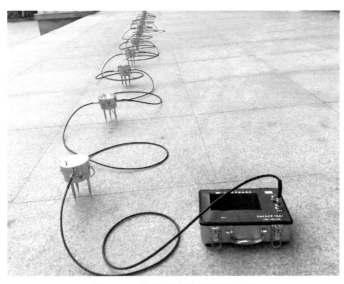

图6-20 分布式多波地震仪主机

4）数据处理模块

利用 eMbedded Visual C++4.0 开发平台开发了预处理模块和数据处理模块，图6-21 给出了主机预处理模块的界面，其中预处理模块主要包括：CMP 叠加剖面、抽道集、零漂校正、道内与道间平衡、二次采样和空间混波，地震数据处理模块主要对预处理后的数据进行数字处理，以便更好地分析采集信号，该模块主要包括谱分析、数字滤波、FK 滤波、相关褶积、反滤波、反褶积滤波等功能，图6-22、图6-23 分别为数据处理模块的菜单和使用数字滤波器的滤波效果图。

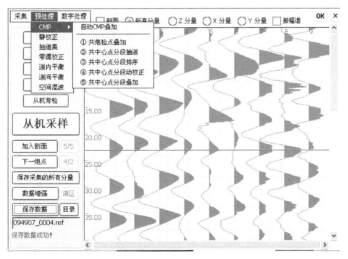

图6-21 预处理模块界面

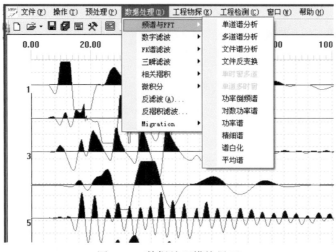

图 6-22 数据处理模块界面

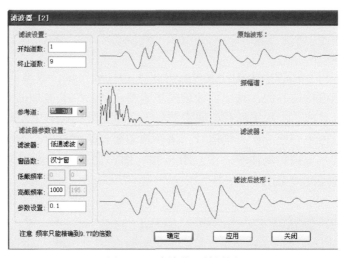

图 6-23 滤波处理效果图

5) 工程物探模块

工程物探模块的设计主要用于工程勘查，主要包括反射波法、折射波法和手动解析模块，其中折射波法主要实现初至拾取功能，图 6-24 所示的红点为拾取初至点的结果。

反射波法主要实现叠加剖面、自动动校正、直接动校正和人工校正功能，其中叠加剖面可以实现所有道数据叠加然后再赋回给每一道；自动动校正是根据各道确定的同相轴计算出反射波的速度，反射界面的深度和倾角，然后根据这些计算出来的结果再对每道数据做动校正；直接动校正是不用描出反射波的同向轴，而改由操作者输入参数，程序根据这些提供的结果对每道数据进行动校正；人工校正可由操作者用鼠标或键盘移动辅助线以确定将要操作的道，然后可用"A，D，W，S"来校正数据，按下"F"一次表示快速移动，再按下回复。

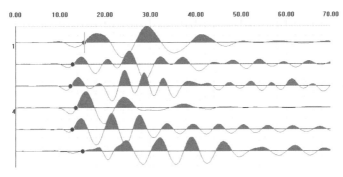

图 6-24　初至拾取

图 6-25 为自动动校正时在图 6-24 所示的波形图上确定同向轴后计算结果，x1～x6 是各点的源检距，t1～t6 是各点的到达时间。根据这些数据可计算出来的结果有：v，反射波的速度；h，反射界面的深度；a，倾角。程序可根据这些计算出来的结果再对每道数据做动校正。

图 6-25　自动动校正

6）工程检测模块

工程检测模块主要实现超前探测、桩基检测、弹性模量计算及强度计算功能。其中超前探测包括多道叠加、求解波的速度及解释功能，其中解释功能就是根据某一道或叠加好的道来确定地层或某一工作点的构造情况。

## 6.4　振动响应检定

数字三分量地震检波器的性能检测着重于其对地震波振动的响应状况，该检波器性能通过了中国计量科学研究院针对振动响应的检定，从图 6-26 可以看出，数字三分量检波器的垂直 Z 分量和水平 X、Y 分量的频响曲线除垂直分量 5Hz 点外，频响曲线波动均不超过±0.3dB，在 10～200Hz 范围内，波动小于 0.1dB，十分平坦，线性响应度极高（常规超级检波器在 5Hz 为–10dB 以上）。相对比较，垂直分量在高频段 200～800Hz、水平分量在低频段 10Hz 以下的线性响应度相对变差。

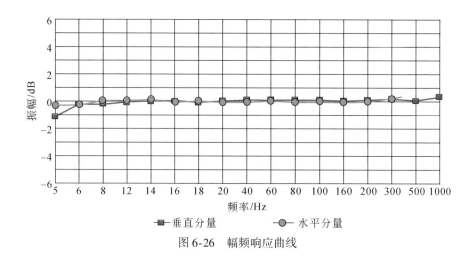

图 6-26　幅频响应曲线

　　振动检定结论为：数字三分量地震检波器对低频信号（5～1000Hz）的测量精度不低于 1%（目前超级检波器的允差为 2.5%）。检波器工作的环境条件也在中国计量科学研究院低温实验室进行了测试，测试项目包括温度和湿度，测试结论为：在温度 0～50℃，湿度 95%RH（40℃时）条件下仪器工作正常。并且，检波器和主机均获得矿用产品安全标志证书。

# 7 矿井巷道地震勘探典型观测系统

矿井地震勘探工作环境条件特殊，除地面常规意义下与波的运动和波动特性相关的影响地震分辨率因素外，还表现为与矿井地震勘探相关的特殊性，一方面，井下环境条件差、噪声高，工作空间狭小，仅能在有限空间下根据地质任务合理设计观测系统，通过高密度采集和高分辨率数据处理来提高空间分辨率；另一方面，由于井下地震勘探是在煤系岩层中进行激发和接收，因此，无地面勘探中受地表松散层吸收或煤系上覆高速层屏蔽作用等的影响，又具有实现近源高分辨率勘探的有利条件。

## 7.1　井下巷道二维地震勘探观测系统

煤矿井下场地空间有限，只能根据矿井巷道分布情况，在巷道展布空间内开展地震勘探工作，通常是在巷道底（顶）板、侧帮或掘进工作面进行。矿井地震勘探观测系统多是在井下工作空间条件和所要解决的地质任务约束下，由矿井物探工作者试验与开发总结出来的，其系统布置灵活多变，这里介绍的是沿巷道走向布置的观测系统，包括地震波反射小排列、自激自收（高密度地震影像法）和多次覆盖观测系统等。

### 7.1.1　地震波反射小排列

在选择布置好的测线上布置激发与接收点，一次激发，多道接收，形成一个具有一定偏移距与道间距的观测系统即为地震勘探排列。

当界面埋深为 $h$，反射波的时距曲线方程为

$$t_P = \frac{1}{v}\sqrt{x^2 + 4h^2} = \sqrt{t_0^2 + \frac{x^2}{v^2}} \qquad (7\text{-}1)$$

式中，$t_P$ 为纵波反射时间，s；$v$ 为波传播速度，m/s；$x$ 为震源与检波器间距，m；$h$ 为反射界面深度，m；$t_0$ 为垂直反射时间，s。

设界面倾角为 $\varphi$，测点法线深度为 $h$，则时距方程为

$$t_P = \frac{1}{v}\sqrt{x^2 + 4h\sin\varphi + 4h^2} \qquad (7\text{-}2)$$

矿井井下地震勘探激发与接收系统的震源和检波器布置方式如图 7-1 所示。

这样，在一次布置的观测系统中，就可以利用检波器排列接收观测有效地震波的时间与距离的变化关系，并通过软件解析得出地下不同物性介质层的赋存状况。利用三分量检波器串接收，可对三维波场信号进行观测分析，同时观测研究纵波、横波和瑞利波等（图 7-2），实现多波联合勘探。

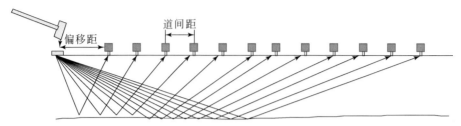

图 7-1　多波勘探震源与检波器的布置排列示意图

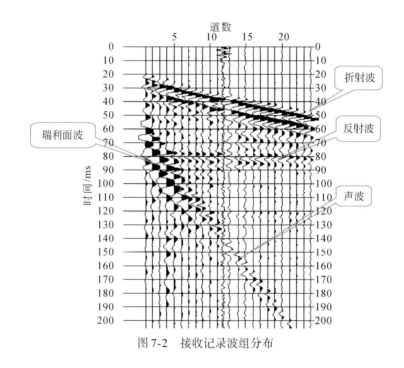

图 7-2　接收记录波组分布

## 7.1.2　自激自收

　　高密度地震影像法是浅层反射波法吸收地质雷达方法的优点后产生的一种新的物探方法，它采用小偏移距或等偏移距，单点激发，单点接收或多点接收，经实时数据处理，以大屏幕密集显示波阻抗界面的方法形成彩色数字剖面，再现地下结构形态。

　　在地震勘探中，反射波法为了避免先于反射波到达的直达波、横波、地滚波和折射波等的干扰，需选择足够大的偏移距。而在浅层和超浅层探测时，偏移距过大，则可能形成宽角反射，并带来一系列难题，偏移距小则难以避开上述干扰。在场地狭小处也难以布置水平叠加观测系统。地质雷达、水声法等通常采用小偏移距的反射-接收系统，以避开先于反射波到达的各种干扰波。高密度地震影像法是仿照这些方法，采用小偏移距系统，并充分利用所能接收到的各种波携带的地下信息，达到重现地下结构的目的。

由弹性波理论可知，震源附近为折射波盲区，不存在极浅层折射波对浅层反射波的干扰，其他规则干扰波大多为远区场的解，在震源附近无法满足其边界条件，如面波等都不存在。因此，在震源附近一个极窄小的区域内存在着一个最佳反射波观测接收窗口。自激自收反射波法就是利用这一窗口在有限区域内进行探测的。高密度地震影像法现场测量布置如图 7-3 所示。

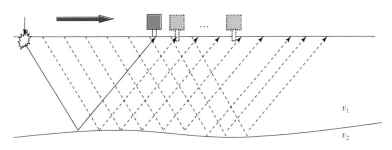

图 7-3　自激自收（高密度地震影像法）的布置示意图

由震源激发的地震波在向下传播时，当遇到不同的波阻抗界面，如空洞、断层破碎带和岩性界面等，就会在界面上发生反射，其反射系数 $R_n$ 为

$$R_n = \frac{\rho_n V_n - \rho_{n-1} V_{n-1}}{\rho_n V_n + \rho_{n-1} V_{n-1}} \tag{7-3}$$

式中，$\rho_n$、$\rho_{n-1}$ 为第 $n$ 层和第 $n-1$ 层介质的密度；$V_n$、$V_{n-1}$ 为两层介质中地震波传播的速度。从公式中可以看出，当 $R_n \neq 0$ 时，即 $\rho_n V_n \neq \rho_{n-1} V_{n-1}$，在该界面就会产生反射，$R_n$ 越大，反射信号能量越强。高密度地震影像法勘探就是基于这一原理，通过激发和接收地震反射波信号来研究各种地质现象的。

## 7.1.3　多次覆盖观测

多次覆盖观测系统是根据水平叠加技术的要求而设计的，水平叠加又称共反射点叠加或共中心点叠加，如图 7-4 所示，就是把不同激发点、不同接收点上接收到的来自同一反射点的地震记录进行叠加，这样可以压制多次波和各种随机干扰波，从而大大地提高信噪比和地震剖面的质量，并且可以提取速度等重要参数。多次覆盖观测系统是目前地震反射波法中使用最广泛的观测系统。

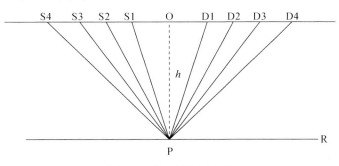

图 7-4　共反射点示意图

　　现场工作时，选定偏移距和检波距之后，沿测线布置炮点和检波点排列，每激发一次，激发点和整个排列都同时向前移动一个距离，直至测完全部剖面。为了容易在观测系统上找出共中心点道集的位置，目前常用综合平面法来表示多次覆盖的观测系统，如图 7-5 所示，在该观测系统中，可用下式计算炮点的移动道数 $\Delta$：

$$\Delta = \frac{S \cdot N}{2n} = \frac{d}{\Delta x} \tag{7-4}$$

式中，$N$ 为一个排列的接收道数；$n$ 为覆盖次数；$d$ 为激发点间距离；$S$ 为一个常数，单边激发 $S=1$，双边激发 $S=2$；$\Delta x$ 为检波距。

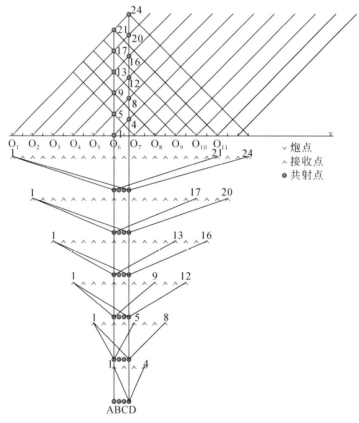

图 7-5　单边激发 6 次覆盖观测系统

　　在煤矿井下利用多次覆盖观测系统进行煤层探测时，应综合考虑探测煤层及其顶底板岩性条件与赋存深度，根据第 3 章煤层顶底板反射特征的研究成果，合理地选择观测系统的偏移距与道间距，以便于利用观测地震数据进行振幅随偏移距变化（AVO）属性分析。

## 7.1.4　矿井工作面平行测线立体观测及可视化技术

　　由于煤矿井下条件限制，可供观测的空间十分有限，必须充分利用有限的空间条件，在巷道空间内尽可能多地布置激发与接收点，采集尽可能多的地震数据供处理分析，才能提高探测效果，达到地质构造精细探测与描述的目的。同时，由于煤岩巷道周边围岩受采动影响多破碎，并且巷道支护与侧帮矿用装置时常影响侧帮激发与接收点的布设，使采集数据出现坏炮或坏道记录，为充分利用巷道空间，克服井巷条件限制并提高采集效率，在巷道侧帮或底板各布置两条以上测线同时施测，形成巷道空间平行测线立体观测系统（图7-6），也对克服井巷条件限制具有一定作用。测试的三分量数据根据空间分布进行数据抽排和处理，并可利用可视化技术对平行测线空间数据形成数据体，从而增加地质异常精细判别能力。

可视化三维数据体显示是一种最常用的对地球物理数据进行可视化的显示方法，它具有简单、直观的特点，显示允许快速浏览三维数据体，获得易于理解的分析结果并对感兴趣的重要区域进行标示和圈定。利用自主开发的地震数据三维可视化软件，对各平行测线最终成果进行三维可视化处理，从而获得巷道局限空间下探测数据三维立体全视图以及部分切片、组合切片，提高地质异常精细判别效果。

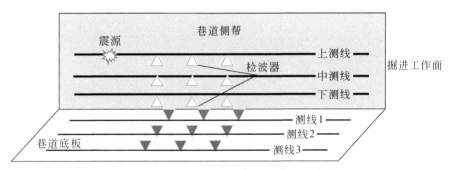

图7-6　巷道平行测线立体观测布置示意图

## 7.2　掘进工作面震波超前探测

矿井水、瓦斯和断裂构造等是影响煤矿生产的致灾地质因素，要建设安全高效现代化矿井必须拥有准确的超前地质预报技术，目前国内外的地震超前预报技术以反射地震方法为主，人们借助诸如地面反射地震和垂直地震剖面（VSP）观测等技术方法形成隧道（矿井）工程超前探测一些特殊勘测技术方法，国内已有的超前预报技术有负视速度法、水平剖面法、TST反射地震CT法，国外开发的方法有瑞士的TSP、美国的TRT技术，TST、TSP、TRT技术都基于地震偏移成像技术，同时利用地震波运动学和动力学信息，进行复杂地质条件下超前地质预报。由于煤矿井下条件限制，可供观测的空间十分有限，必须充分利用有限的空间条件，在全空间内尽可能多地布置激发与接收点，采集尽可能多的地震数据供处理分析，才能提高探测效果，更好地为矿井生产服务。

TSP技术采用的是直线观测方式，检波器和炮点布置在隧道一侧，呈一条直线，缺乏横向展布，不能可靠地确定工作面前方的波速结构，因而就不能准确地确定反射体的位置，预报精度和准确性较低。TST和TRT技术尽管采用的是空间观测系统，但其处理分析仍采用平面系统。

## 7.2.1　超前探测布置

### 7.2.1.1　RST 观测系统设计

由于煤矿井下条件限制，可供观测的空间十分有限，必须充分利用有限的空间条件，在巷道空间内尽可能多地布置激发与接收点，采集尽可能多的地震数据供处理分析，才能提高探测效果，更好地为矿井生产服务。为此，在巷道掘进工作面试验设计 RST 技术，它采用巷道全空间布置的观测方式，即全面利用巷道空间，合理布设炮点和检波点，三分量检波器接收，炮点附近布设检波点接收源信号，RST 系统一般要求保证至少 4 ~ 8 个炮点，4 ~ 24 个检波点，浅孔（2m±）激发与接收，观测系统自掘进工作面沿巷道走向向后展布 6 ~ 30m。RST 接收数据结合地震源信号记录开展在全空间坐标下多波反射信号提取与处理分析，包括波速分析与深度偏移成像等，其具体布置如图 7-7 所示。

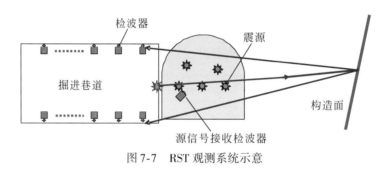

图 7-7　RST 观测系统示意

### 7.2.1.2　平行、交叉巷道 CT+RST

掘进工作面超前地震探测的主要研究工作包括：全空间数据采集、波场分离、深度偏移成像及多属性联合反演等，对于激发接收透射、反射空间区域可分别进行透射 CT 成像和反射偏移成像，如图 7-8 所示。

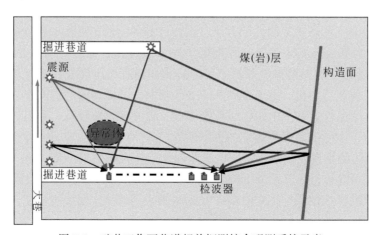

图 7-8　矿井工作面巷道超前探测综合观测系统示意

## 7.2.2 超前探测地震数据处理与模拟实验

### 7.2.2.1 巷道全空间时距曲线分析

1）巷道前方遇垂直反射界面

巷道前方存在一垂直反射界面时，如图 7-9 所示，炮点位于巷道掌子面上，并且炮孔深为 $rm$，检波点放置于巷道侧壁上并且测线与巷道延展方向平行，炮点到侧壁的距离为 $d$，掌子面距反射界面的距离为 $h$，检波点 $S_x$ 至掌子面的距离为 $x$。根据射线几何关系便可以得出巷道前方垂直反射界面的时距曲线方程。

$$t = \frac{\overline{O^* S_x}}{v}$$

$$\overline{O^* S_x} = \sqrt{d^2 + (x + 2h - r)^2}$$

则

$$t = \frac{\sqrt{d^2 + (x + 2h - r)^2}}{v} \tag{7-5}$$

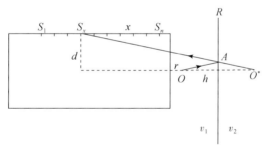

图 7-9 垂直反射界面射线路经示意图

2）巷道前方遇倾斜反射界面

当巷道前方存在一倾斜反射界面时，如图 7-10 所示，同样，炮点位于巷道掌子面上，并且炮孔深为 $rm$，检波点放置于巷道侧壁上并且测线与巷道延伸方向平行，炮点到侧壁的距离为 $d$，掌子面距反射界面的距离为 $h$，检波点 $S_x$ 至掌子面的距离为 $x$，反射界面与巷道延伸方向夹角为 $\alpha$，根据射线几何关系便可以得出巷道前方倾斜反射界面的时距曲线方程。

$$t = \frac{\overline{O^* S_x}}{v}$$

延长测线 $S_x$，过 $O^*$ 做其延长线的垂线，交于 $A$ 点。则

$$\overline{O^* S_x} = \sqrt{\overline{O^* A^2} + \overline{S_x A^2}} \tag{7-6}$$

再过 $C$ 点作 $AB$ 的垂线交于 $D$ 点。根据几何关系，得出 $\angle CMD = \angle OO^* A = \alpha$。

$$\overline{O^* O} = 2(h - r\sin\alpha)$$

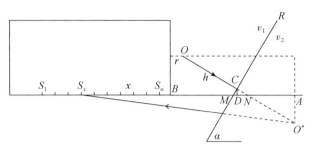

图 7-10　倾斜反射界面射线示意图

$$\overline{O^*A} = \overline{O^*O}\cos\alpha - d$$

$$\overline{S_xA} = x + r + \overline{O^*O}\sin\alpha$$

则

$$t = \frac{\sqrt{[2(h - r\sin\alpha)\cos\alpha - d]^2 + [x + r + 2(h - r\sin\alpha)\sin\alpha]^2}}{v} \tag{7-7}$$

其反射波时距曲线为一条双曲线，形态如图 7-11 所示。

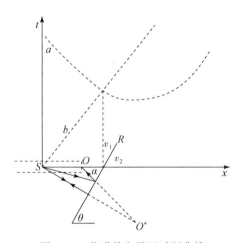

图 7-11　巷道前方界面时距曲线

*a*. 反射波；*b*. 直达波；*R*. 反射界面；*O*. 接收点；*S*. 激发点；*θ*. 反射界面倾角

### 7.2.2.2　全空间坐标的建立

由以上的两种情况可以看出，检波点所在的面为侧壁面，而炮点所在的面为掌子面，因此为了准确定位激发点和接收点以及反射界面在巷道前方的出露点，我们必须建立三维空间坐标系，这样才能有效地掌控巷道全空间范围的地质构造情况。

三维坐标系的建立：以巷道底面为 *xoz* 面，巷道底面中轴线为 *z* 轴，*y* 轴垂直于 *xoz* 面，如图 7-12 所示。

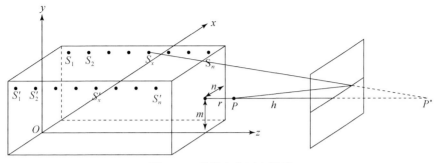

图 7-12　巷道全空间坐标系

从所建立的坐标系中，我们根据相应点的坐标关系，便可以求出各两点的距离。从而很方便地利用式（7-5）、式（7-7）进行时距曲线求解。

例如，若炮点位于掌子面中心，炮点埋深为 $r$，掌子面与坐标原点的距离 $L$ 可以量测，炮点距巷道底面的距离为 $m$，距 $x$ 方向巷道侧壁的距离为 $n$，则炮点的坐标为 $P$（0，$m$，$L+r$）；由于各检波点位于 $x$ 方向上巷道侧壁上，因此这些检波点的 $x$ 坐标为 $n$，若这些检波点位于一条平行底面的测线，则它们的 $y$ 坐标为相同值，即测线到底面的距离；若掌子面距反射界面的距离为 $h$，反射界面为垂直界面情况下，虚震源点的坐标为 $P^*$（0，$m$，$L+2h-r$）；反射界面为倾斜界面时一样可以根据几何关系来求解。最终我们便可以根据各点的坐标，以及相应的几何关系求出反射波的几何路径，也就是前面垂直和倾斜界面两种情况的时距曲线方程。

### 7.2.2.3　数据处理及偏移

地震成像的目的是使反射波或绕射波回返到产生它的地下位置上去，使地下界面真实地归位，提高地震记录的横向分辨率。这一点，主要由偏移技术来实现。为了适应复杂的地质情况，人们不断修改理论模型，发展了一系列的改进办法，如 DMO 技术、叠前时间偏移、叠前（后）深度偏移以及其他各种改进的偏移成像技术来得到更好的地下成像，以求不断逼近地下真实情况。

波动方程有限差分法，基于 20 世纪 70 年代初 Claerbout 教授首先提出的使用有限差分法解单程波动方程的近似式，利用波场连续性的特征，假设波场满足拉普拉斯方程 $\Delta^2=0$，通过将标量方程分解为上、下行波方程，经算子展开后对上、下行波方程作不同程度的近似，然后利用有限差分方法解近似方程，对地震波进行向下延拓成像。在地下速度模型已知的前提下，波动方程叠前深度偏移在某种程度上可视为地震波在地下传播过程的计算机逆模拟，用地面观测的地震数据重建地震波在地下传播过程中的波场。有限差分法能较好地适应地下速度横向变化，既可以在时间–空间域进行，又可以在频率–空间域实施。

RST 叠前深度偏移和地面单炮记录叠前深度偏移一样，都可利用单程声波方程作波场外推。但 RST 不同于地面地震，偏移有其特殊性。对于 RST 而言，由于检波器在巷道中排列，每个检波器的记录都是前方地质结构面反射的叠加，该记录对其位置前方的构造的偏移成像都有贡献。所以，在波场沿测线延拓的过程中，当在某位置处向前延伸记录波场时，此处的波场除了从后方延拓到此位置的波场外，还有此位置本身埋置的检波器的记录，即两者的叠加。

1）混合法单程声波方程波场延拓公式

对于二维各向同性介质，可取二维标量声波方程作为波场延拓的基本方程：

$$\frac{\partial^2 P}{\partial x^2} + \frac{\partial^2 P}{\partial z^2} = \frac{1}{v^2}\frac{\partial^2 P}{\partial t^2} \tag{7-8}$$

式中，$P = P(x, z, t)$ 为二维地震波场；$t$ 为时间；$v$ 为纵、横向都可变的地震波传播速度；$(x, z)$ 为二维剖面的物理坐标。

对式（7-8）两边时间作傅里叶变换，结合深度域相位移和快速有限差分延拓算法，可推导出相位移（解析解法）加有限差分（数值解法）混合波场延拓算法（PSFD）的一般公式：

$$\overline{P}(x, z_{j\pm1}, \omega) = \overline{P}(x, z_j, \omega)\mathrm{e}^{\mp iA\Delta z_j} \tag{7-9}$$

$$\text{或} \quad \begin{cases} \overline{P}_1(x, z_{j\pm1}, \omega) = \overline{P}(x, z_j, \omega)\mathrm{e}^{\mp iA_1\Delta z_j} \\ \overline{P}_2(x, z_{j\pm1}, \omega) = \overline{P}(x, z_{j\pm1}, \omega)\mathrm{e}^{\mp iA_{21}\Delta z_j} \\ \overline{P}_2(x, z_{j\pm1}, \omega) = \overline{P}(x, z_{j\pm1}, \omega)\mathrm{e}^{\mp iA_{31}\Delta z_j} \end{cases}$$

式中，$\overline{P}(x, z_j, \omega)$ 为 $\overline{P}(x, z_j, t)$ 的傅里叶变换；$\Delta z_j$ 为延拓的深度步长；$A_1 = \sqrt{\dfrac{\omega^2}{v^2} - \dfrac{\partial^2}{\partial x^2}}$

$1$；$A_2 = \left[\dfrac{\omega}{v} - \dfrac{\omega}{c}\right]$；$A_3 = \dfrac{\omega}{v}\left[1 - \dfrac{c}{v}\right]\left[\dfrac{a_1\dfrac{x^2}{\omega^2}\dfrac{\partial^2}{\partial x^2}}{1 + b_1\dfrac{x^2}{\omega^2}\dfrac{\partial^2}{\partial x^2}}\right]$。

2）共炮记录 RST 叠前深度偏移算法

在直角坐标系中，设 $z$ 轴沿巷道方向并指向探测前方，$x$ 轴为水平且垂直于巷道走向方向，震源位于 $(x_0, z_0)$，震源原始波场为 $S(x_0, z_0, t)$（以雷克子波作震源），RST 记录用 $P_{\mathrm{RST}}(x_{\mathrm{RST}}, z, t)$ 表示，$x_{\mathrm{RST}}$ 为巷道的掘进工作面位置，反射系数即所求的偏移结果记为 $R(x, z)$。首先把震源波场和 RST 记录都对时间作傅里叶变换：

$$S(x_0, z_0, t) \xrightarrow{\text{FFT}} \overline{S}(x_0, z_0, \omega)$$

$$P_{\mathrm{RST}}(x_{\mathrm{RST}}, z, t) \xrightarrow{\text{FFT}} \overline{P_{\mathrm{RST}}}(x_{\mathrm{RST}}, z, \omega)$$

把点波场（震源点、检波点）拓展到整个测线：

$$\overline{S}(x_0, z_0, \omega) \rightarrow \overline{S}(x, z_0, \omega)$$

$$\overline{P_{\mathrm{RST0}}}(x, z_{j+1}, \omega) \rightarrow \overline{P_{\mathrm{RST}}}(x, z_j, \omega)\mathrm{e}^{-iA\Delta z_j}$$

把震源和 RST 记录同时分别向探测前方延拓一个相同的深度间隔（$\Delta z_j$）：

$$\overline{S}(x, z_{j+1}, \omega) \rightarrow \overline{S}(x, z_j, \omega)\mathrm{e}^{-iA\Delta z_j} \tag{7-10}$$

$$\overline{P_{\mathrm{RST0}}}(x, z_{j+1}, \omega) \rightarrow \overline{P_{\mathrm{RST}}}(x, z_j, \omega)\mathrm{e}^{-iA\Delta z_j} \tag{7-11}$$

每延拓一个深度步长，两者对应相乘（在时间域则进行相关运算）：

$$\overline{R}_1(x, z_{j+1}, \omega) = \overline{P_{RST0}}(x, z_{j+1}, \omega) \times \overline{S}(x, z_{j+1}, \omega) \tag{7-12}$$

完成式（7-12）的运算后，一方面用时间一致性成像原理进行处理，即把所有频率的波场 $\overline{R}_1(x, z_{j+1}, \omega)$ 叠加，求得深度 $z_{j+1}$ 处的反射系数：

$$R(x, z_{j+1}) = \sum_{-\omega_{max}}^{\omega_{max}} \overline{R}_1(x, z_{j+1}, \omega) \tag{7-13}$$

另一方面把波场继续向下延拓。这一步和地面地震偏移不同，对于 RST 而言，由于记录位置在巷道中沿测线排列，必须把所有的检波器的记录波场都向下延拓并叠加，才能获得正确的成像。所以把波场 $\overline{P_{RST0}}(x, z_{j+1}, \omega)$ 和该位置处的频率域 RST 记录 $\overline{P_{RST}}(x_{RST}, z_{j+1}, \omega)$ 相加：

$$\overline{P_{RST}}(x, z_{j+1}, \omega) = \overline{P_{RST0}}(x, z_{j+1}, \omega) + \overline{P_{RST}}(x_{RST}, z_{j+1}, \omega) \tag{7-14}$$

把相加后的 $\overline{P_{RST}}(x, z_{j+1}, \omega)$ 作为新的 RST 记录继续向下延拓。重复上述运算过程，一直把波场延拓到最远处，求得所有深度处的 $R(x, z)$，完成共炮记录叠前深度偏移。

#### 7.2.2.4 深度偏移数值模拟

为了更好地研究巷道前方界面的时距特征，选取不同的反射界面数学模型，通过合成地震记录模拟方式，进一步了解和掌握不同倾角、不同出露点界面反射波特点。模拟研究中为简化模型结构，假设震源与检波点均在测线上，所设计的数值模型存在两个反射界面，界面倾角分别为 50°和 90°，出露点位置分别为 55m 和 80m。图 7-13 为数值模型反射射线路径示意图，界面及各种参数特征见表 7-1。

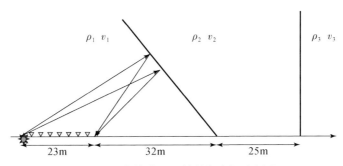

图 7-13　数值模型反射射线路径示意图

表 7-1　数值模型参数表

| 反射界面编号 | 密度/（kg/m³） | 速度/（m/ms） | 出露点/m | 倾角/（°） |
|---|---|---|---|---|
| 背景 | 1360 | 1.4 | 无 | 无 |
| 界面1 | 2600 | 3.8 | 55 | 50 |
| 界面2 | 2800 | 4.5 | 80 | 90 |

　　数值模拟在自编的软件平台上进行，记录合成时选用了 50Hz 雷克子波。观测系统参数为：偏移距为 0m，道间距 1m，共 24 道地震记录（图 7-14）。为了验证偏移效果，未做波场分离，直接进行深度偏移，见图 7-15。

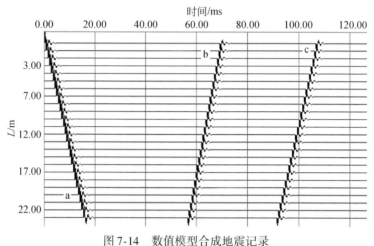

图 7-14　数值模型合成地震记录

a. 直达波；b. 第一层反射波；c. 第二层反射波

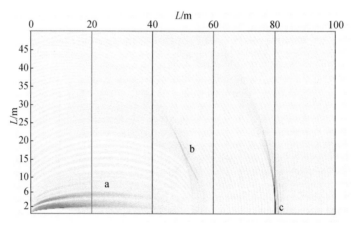

图 7-15　数值模型绕射偏移剖面图

a. 直达波归位；b. 第一层界面；c. 第二层界面

　　从图 7-14 和图 7-15 可知：①巷道前方高倾角界面（50° ~ 90°）在有限测线段内反射波同相轴表现负视速度；②运用叠前深度偏移处理后，直达波能量聚集在测线附近，倾角为 50° 的界面 1 反射段清晰，反射段反向延长交于 55m，倾角为 90° 的界面 2 反射恰好位于前方 90m，反映了数值模型的镜面反射特征；模拟实验数据及其偏移结果同时表明，在井巷中可以利用巷道工作面超前探测法不同观测系统对前方地质构造及其异常进行探测与位置确定，且能获得较好的效果。但与实际地质条件相比，二维数据采集方法以及扫描法偏移处理还存在诸多问题，比如立体空间中测线数据对构造结构面的归位较差，绕射扫描偏移对复杂结构探测精度和成像时的波形特征都不是很准确。因此进行三维多分量立体数据采集，并对数据进行波动方程偏移，包括克希霍夫积分偏移、有限差分偏移和有限元偏移等应用将会大大提高成像效果。同时应加强对多层结构面重叠的特征分辨，对有效探测距离的确定，以及与隧道和井巷中心线不同夹角地质构造反应特征的研究程度，为实际应用提供必要的分析研究成果，这将是反射波法超前探测要深入研究的方向。

## 7.3  矿井工作面声波成像

### 7.3.1  工作面内小构造 CT 探测原理与方法

地震层析成像技术以它独特的观测方式以及由此产生的比地面地震高一个数量级的分辨率，为人们提供了高精度的地下岩性信息。工作面巷道间地震层析成像的分辨率大小，主要受反演算法、观测系统、震源频率、目标体的形态及性质（高速体还是低速体）等方面的影响。

采面震波 CT 探测是通过在巷–巷、孔–巷、孔–孔或巷–地面之间建立探测区域，在一条巷道煤帮中激发地震波，并在另一条巷道的煤帮中接收地震波，根据地震波信号初至时间数据的变化，利用计算机通过不同的数学处理方法重建介质速度或衰减特征的二维图像。通过这种重建的测试区域地震波速度场或衰减特征的分布，并结合介质的物理性质来推断剖面中的精细构造及地质异常体的位置、形态和分布状况。

#### 7.3.1.1  方法原理

CT 成像技术以射线理论的旅行时间延迟和古典的 Radon 变换为数学基础。假设在工作面四周巷道内布设激发与接收点，沿巷道的不同位置布置激发点 $S_1$、$S_2$、$\cdots$、$S_n$，相对另一巷道布设接收检波点，其沿巷道的不同位置布置接收点 $R_1$、$R_2$、$\cdots$、$R_k$，一次激发多点接收。将工作面网格化（图 7-16），划分为 $p \times q = m$ 个网格，$L_{ij}$ 为第 $i$ 个发射点到第 $j$ 个接收点间的直线距离，$t_i$ 为第 $i$ 条射线的走时。由 Radon 公式可得：

$$t_i = \int_{l_{ij}} \frac{1}{v_j(x, \ y)} \mathrm{d}l = \int_{l_{ij}} S_j(x, \ y) \mathrm{d}l \tag{7-15}$$

式中，$v_j$ 为第 $j$ 个成像单元的波速；$S_j$ 为第 $j$ 成像单元的波慢度，即波速的倒数。假定成像单元足够小，则可将每个单元的 $S$ 视为常数，故式（7-15）可写成级数形式：

$$t_i = \sum_{j=1}^{m} a_{ij} S_j \tag{7-16}$$

式中，$a_{ij}$ 为第 $i$ 条射线在第 $j$ 个成像单元内的长度。

从数学角度看，式（7-16）实际上是一次线性方程组，并可以写成如下矩阵式：

$$\boldsymbol{T} = \boldsymbol{AS} \tag{7-17}$$

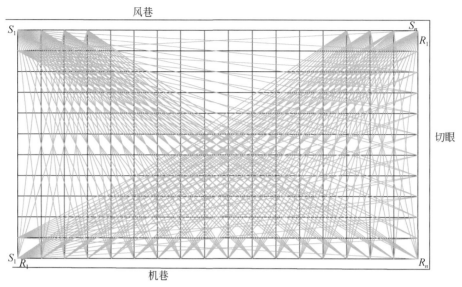

图 7-16 地震 CT 射线分布示意图

方程（7-17）可能为超定的、正定的或欠定方程，这取决于网格的个数即射线总数的多少。但在实际工程中，此方程一般为超定的（即射线条数一般大于网格总个数）。

### 7.3.1.2 反演算法

经分析研究表明，由于 $A$ 为一大型的稀疏矩阵，给方程的求解带来了很多不便，故方程（7-16）不能采用求解线性问题的算法，只能采用数值近似解法。目前，在地震层析处理中，较常用的有反投影 BPT（back projection technique）算法、代数重建 ART（algebraic reconstruction technique）、同时迭代重建（simultaneous iterative reconstruction technique，SIRT）和最小二乘（least square，LS）QR 分解（简称 LSQR）等，这些算法各有自身的优点。BPT 算法重建图像比较粗糙，分辨率比较低，但快速简单；SIRT 算法具有较高的成像精度，并能明显克服个别数据误差较大所造成的结果失真和由于射线分布不均所造成的误差集中等缺点。因此，在求解模型中，采用 BPT 算法重建结果作为 SIRT 方法的迭代初值，加快了收敛速度，并提高了分辨率。

1）BPT 算法

求解方程（7-17）最简单和粗糙的离散图像重构方法之一是反投影法。将射线走时分配给每一个像元，分配时以第 $i$ 条射线在像元内的长度与射线总长度 $\sum\limits_{j}^{m} a_{ij}$ 之比为权，然后把通过 $j$ 像元在加权后的走时对所有的射线相加，并除以单元内总射线长度求得该单元的介质慢度。

$$S_j^{(q+1)} = \sum_{i}^{m} a_{ij} \left( t_i \Big/ \sum_{j}^{m} a_{ij} \right) \Big/ \sum_{j}^{m} a_{ij} \qquad (7\text{-}18)$$

2）SIRT 算法

SIRT 算法的特点是在某一轮迭代中，所有像元的值 $S_j^{(q+1)}$ 都用前一轮的迭代结果 $S_j^q$ 来修正，其核心算法是

$$\Delta t_i = t'_i - t_i = t'_i - \sum_{j=1}^{m} a_{ij} S_j^q \tag{7-19}$$

$$S_j^{(q+1)} = S_j^q + \frac{1}{M_j} \sum_{i}^{M} \frac{a_{ij} \times \Delta t_i}{\sum_{j}^{m} a_{ij}^2} \tag{7-20}$$

式中，$M_j$ 为矩阵 $\boldsymbol{A}$ 的第 $j$ 列中的非零元素的个数，从物理上讲是穿过第 $j$ 个单元格的射线数。

用成像误差 $\delta$ 来评价成像的效果：

$$\delta = \sum_{i}^{m} (S_i - \hat{S}_i)^2 \Big/ \sum_{i}^{m} (S_i - \overline{S}_i)^2 \tag{7-21}$$

式中，$m$ 为总网格数；$S_i$ 为模型第 $i$ 号网格中真实慢度值；$\hat{S}_i$ 为反演成像后第 $i$ 号网格中的慢度值；$\overline{S}_i$ 为模型慢度的平均值。这个公式表明，$\delta$ 越小成像效果越好。

#### 7.3.1.3 程序编制

1）设计思路

以直射线传播理论为基础。如果为数值模拟，则需要求出模型的实际时间矩阵 $\boldsymbol{T}$，如果为实际资料处理，则需要从文件中读出时间矩阵 $\boldsymbol{T}$，然后在测区内建立网格化模型，计算每条射线穿过像元的距离，由此组成矩阵 $\boldsymbol{A}$。再计算每个像元中通过的射线数，输入迭代收敛精度值，输入模块中的条件数，以便迭代计算选择约束，用 BPT 算法的结果作为 SIRT 算法迭代初值反演速度。反演结果可以用图形及数字形式输出。CT 成像程序的 N-S 简图如图 7-17 所示，程序使用 VC6.0 语言编制。

2）网格划分

从理论上讲，测区网划分得越小，则反演精度越高，误差就越小，越接近真实模型，但相应地增加了计算成本。而实际工程中，网格划分没有必要太小，因为在反演过程中，至少有一条射线穿过网格，这个网格才是有效的。网格划分过小，会造成有些网格没有射线穿过。通常以发射点和接收点为节点，矩形单元划分网格，也可以在此基础上，将网格数增大 $n$ 倍或减小 $1/n$，依具体情况而定。

3）震波 CT 构造探测解释原则

地震波在介质中传播的过程中，携带大量的地质信息，通过波速、频率及振幅等特性表现出来，其中地震波速度与岩体的结构特征及应力状态之间有显著的相关性。通常不同岩性中地震波的传播速度是不同的，即使是同一岩层，由于其结构特征发生变化，其波场分布也会发生新的变化。具体来说，地震波在煤层中传播，煤层是地震波的低速介质，当煤层是均匀分布时，CT 反演出的波速分布结果应当是一个较均匀速度图。而当煤层中出现构造及其他异常时，特别是单个的中、小正断层的作用，或者煤层顶、底板突出，使得煤层变薄，而相对高波速的顶、底板岩石介质取代了煤层或部分煤层位置，根据波的传播

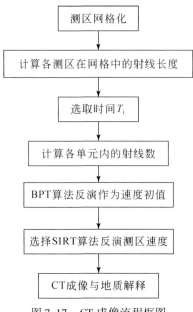

图 7-17　CT 成像流程框图

规律, 高波速介质具有"吸引"波的作用 (费马原理), 这为震波 CT 解释提供了依据。从而可以认为波速 CT 图中, 高速线性条带应代表正断层的一盘或煤层构造变薄区。而低速条带应代表断层构造另一盘、裂隙发育区或煤层增厚区等形迹, 具体低速带解释还应结合区域地质与条带产状进行。

## 7.3.2　探测模拟

为了验证程序设计的正确性, 现以工作面内高低速不同介质进行正演模拟。目标模型如图 7-18 所示, 面积为 14m×9m 的探测区域, 探测区域的背景速度为 4m/ms; 同时存在一个速度为 4.8m/ms 的红色高速异常区和一个速度为 3.2m/ms 的蓝色低速异常区。异常区相对背景速度的差异均为 20%, 每个异常区的大小为 2m×2m, 每个异常区面积占总面积的 3.17%。为了克服反演的边界效应, 反演区域扩充成 16m×11m 的探测区域, 选择全观测数据采集系统, 射线路径如图 7-19 所示。网格划分成 0.5m×0.5m 的网格单元。

基于直射线假设, 利用直射线追踪正演获取上述完全观测系统中各射线的理论到时, 然后用联合迭代重建技术重建图像。取迭代允许误差 $\varepsilon = 10^{-5}$, 迭代初值 $v^{(0)}$ 取 4m/ms, 分别重建其结果, 图 7-20 为 0.5m×0.5m 速度模拟反演重建图像。

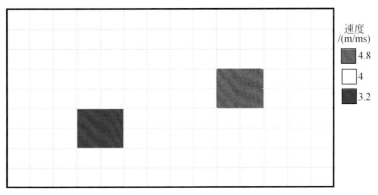

图 7-18 速度数值模型

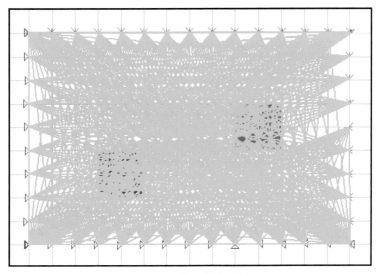

图 7-19 模型射线路径

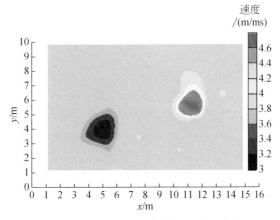

图 7-20 0.5m×0.5m 速度模拟反演重建图像

图 7-21 ~ 图 7-24 为两组不同夹角断层探测模型及其反演结果，其中图 7-21 与图 7-22 是夹角 45°时模拟结果，图 7-23 与图 7-24 是夹角 90°时模拟结果。对比分析认为，非完全观测系统可以解决与巷道夹角大于 30°的断层构造，提供相对精确的构造形迹，有效地指导工作面安全回采。

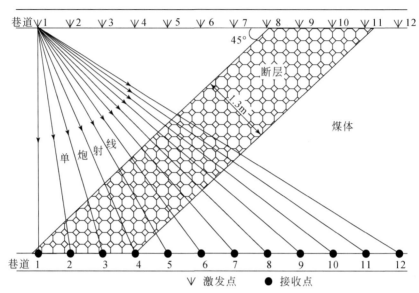

图 7-21　断层与巷道夹角 45°探测模型示意图

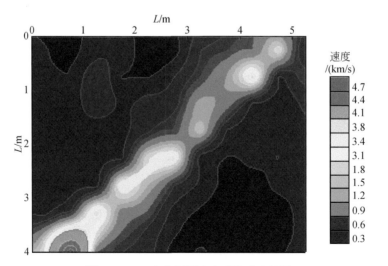

图 7-22　45°夹角探测速度反演重建结果

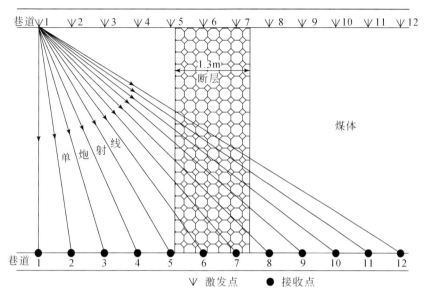

图 7-23 断层与巷道夹角 90°探测模型示意图

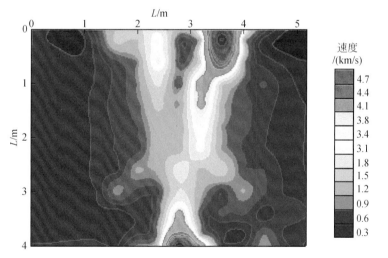

图 7-24 90°夹角探测速度反演重建结果

# 8 全空间弹性波叠前逆时偏移成像

进行矿井反射波超前探测时，由于矿井巷道空间的限制，观测系统相对简单，接收到的波场信息较少，同时会受到煤层内产生的槽波、巷道内产生的声波以及岩性突变点处产生的绕射波等干扰波的影响，矿井介质中的地震波场相当复杂，接收到的地震记录信噪比差，难以识别和提取有效波，从而不能对工作面前方的地质结构体进行比较准确的判断。另外，特别是当巷道前方存在倾角较小的异常体时，反射回到接收点的反射波的能量小，更加不利于巷道前方不良地质异常体的探测，而一般的偏移方法都会不可避免地受到倾角的制约，成像效果差，很难将地质异常体进行准确的归位，基于以上几点原因，本书开展基于双程波动方程的逆时偏移成像方法的研究，以提高矿井反射波超前探测的准确性，从而为实践生产提供一定的理论基础。

## 8.1 地震偏移的基本理论

### 8.1.1 地震偏移的作用

从理论上来讲，地震偏移能使绕射波收敛，反射波归位，各种复杂路径的地震波信号收敛于真实的反射界面，能够对地下介质的结构进行准确的成像，有效提升地震解释的准确性。一般来说，对于水平层状介质，通过地震记录就可以比较容易地得到真实的地层信息，可是当地质构造较为复杂、地层倾斜，以及存在各种地质异常体时，往往通过接收到的地震记录所得到的反射界面都会偏离真实的反射界面，而且界面的倾角越大，反射界面会偏离得越远，此时就需要我们通过地震偏移，使反射界面恢复到真实的空间位置。地震偏移主要有使绕射波收敛，反射波归位，消除地震记录所反映出来的和真实地质异常体的位置和形态上的偏差等作用，以获得接近地下介质的实际情况的剖面，有效地提高地震探测的准确性。

### 8.1.2 地震偏移的方法分类

地震偏移是地震资料处理的核心步骤之一，具体实现的过程中有多种多样的方法，可以根据不同的分类依据将地震偏移进行不同划分：①根据所用地震资料的特点进行划分，可以分为叠后偏移法以及叠前偏移法；②根据计算方法进行划分，可以分为有限差分法、相移法、Kirchhoff 积分法以及有限元法；③根据偏移算法所用的域进行划分，可以分为时间–空间（τ-p）域偏移和频率–波数（F-K）域偏移；④根据数据的维度进行划分，可以分为三维偏移和二维偏移；⑤根据输出剖面的类型进行划分，可以分为深度偏移法和时间偏移法。

## 8.1.3　常用的叠前深度偏移方法

20世纪90年代，在利用叠前深度偏移算法成功实现了墨西哥湾的偏移成像之后，地球物理学家开始重点关注叠前深度偏移成像法，并在全球范围内进行了广泛的推广。在过去的几十年，叠前深度偏移成像技术发展非常迅速，多种各具优势的成像算法相继被提出。常用的叠前深度偏移方法大致能够分为射线以及波动方程类两大类偏移方法。

虽然这两大类偏移方法同样以波动方程作为出发点，但射线偏移法主要是基于几何射线的基本理论来计算地震波场的振幅和相位等，并通过它们进行波场的延拓成像，计算效率比较高而且有较大的灵活性，而波动方程类偏移法则是基于对波动方程进行数值求解来进行波场的延拓成像，相比较射线偏移法，进行偏移成像的精度会更高。下面简要描述几种运用较为广泛的叠前深度偏移方法，以及它们的基本原理和优缺点等。

1）克希霍夫叠前偏移

克希霍夫叠前偏移是一种最为常用的射线类偏移方法，在20世纪60年代的绕射扫描叠加法的基础上发展而来，其原理是利用 Kirchhoff 积分法对波动方程实行数值求解，从而实现地震波场的偏移成像。从20世纪80年代开始，人们就对克希霍夫叠前偏移进行了非常广泛和深入的研究，提出了很多真振幅偏移方法以及与之相应的地震波初至旅行时的计算方法，因为该方法具有非常大的灵活性，且计算效率高，被广泛运用在西方工业界中。以共炮集作为例，Kirchhoff 叠前偏移的基本算法可以以下列方程进行表示：

$$I(x, x_s) = \int dx_r \int dt\, W \frac{\partial U(x_R, x_s, t)}{\partial t} \delta\big[t - (t_s + t_R)\big] \tag{8-1}$$

式中，$x$，$x_s$，$x_R$ 分别为成像点、震源激发点和接收点的空间位置；$t_s$，$t_R$ 分别为震源点和接收点到成像点的初至旅行时；$U(x_R, x_s, t)$ 为接收波场；$\delta\big[t-(t_s+t_R)\big]$ 为狄拉克函数；$W$ 为加权函数；$I(x, x_s)$ 为单炮的成像值，由全部道的成像贡献进行叠加得到。

由式（8-1）可以看出，Kirchhoff 叠前偏移的灵活性主要体现在：①能够任意对成像点的位置 $x$ 进行选择，因此能够非常轻易地对局部的地质体进行偏移成像；②能够任意选择进行成像的道数，也就意味着能够随意选择偏移孔径进行偏移成像；③如果是采用射线追踪的方法进行旅行时的求取，那么我们可以通过选定地下射线的角度信息来控制成像数据的采样；④通过地下射线的角度资料还能够进行偏移张角和地质结构倾角的求取。克希霍夫叠前偏移法除了有比较好地灵活性以外，计算的效率也比较高，能很好地适应不同的观测系统。

因为克希霍夫叠前偏移的关键在于使用地震射线的方法来计算地震波的旅行时，也因此而存在一些缺点，主要体现在：①因为常规的射线方法存在一定的射线的焦散区和阴影区，所以由射线的振幅参数来表示的真振幅的加权函数 $W$ 的准确性会受到很大的影响；②当地下介质结构比较复杂时，在震源、接收点以及地下成像点之间可能存在多次波至，然而当今一般的克希霍夫叠前偏移方法都只是利用单次波至进行偏移成像，但是利用单次波至一般很难实现比较复杂的地质结构的准确成像，而且因为这样而产生的截断会形成非常大的偏移噪声。尽管基于多值走时的克希霍夫叠前偏移能极大地提高成像质量，但与此同时会增加相应的计算，降低计算效率，而且编程实现算法的复杂性也增加了很多。

2）束偏移

束偏移也属于射线类偏移的一种，是通过对克希霍夫叠前偏移法进行改进而来，不仅能够实现多次波至的偏移，同时在效率方面相较 Kirchhoff 偏移有较强的优势。束偏移的理论最初由 Hill 和 Sun 提出，在这之后一系列衍生的束偏移方法不断涌现。束偏移算法的实现主要包含 3 个步骤：①将地震数据划分为一系列局部的区域；②采用倾斜叠加的方法将局部区域的地震数据划分为不同方向平面波，也就是所说的束；③通过射线计算初至旅行时以及射线振幅进行束（平面波）的偏移成像。

因为各个方向的束偏移成像过程是互不干扰的，所以束偏移能够实现多次波至的偏移成像，相比常规的基于单值旅行时的克希霍夫偏移，成像的质量要好很多，而且束偏移并没有丢掉克希霍夫叠前偏移算法所具有的效率高和灵活性等特点，相较而言，对于进行比较复杂的地质结构的偏移成像也更加适用。

高斯束偏移是在 Kirchhoff 积分偏移法的基础上发展而来，其所运用的 Green 函数是由一组高斯束进行组合而成，而且每一条高斯束都对应着地下的一个局部波场，所以高斯束偏移可以实现多次波至的偏移成像，而且不会形成奇异性区域，与一般的 Kirchhoff 叠前偏移方法进行比较，成像的精度更高，与基于波动方程的偏移算法更加接近。实现高斯束偏移的主要过程是先实行相邻输入道的倾斜叠加处理，接着将其进行分解，形成局部平面波，接着将局部的平面波以高斯束的方式逆向传播到地下各个成像区域完成偏移成像。由于每一条高斯束的成像过程都是互不干扰的，因此能够实现多次波至的偏移成像。如果将叠后高斯束偏移的基本方法不加更改地运用于叠前偏移，一般会造成计算效率低下，为了解决上述问题，Hill 研究出了对共炮检距和共方位角数据比较实用的叠前高斯束偏移法。Gray 对 Hill 的方法进行了相应的扩展，使其不但适用于不同道集的叠前地震数据和复杂的地质构造条件，而且可以运用在弹性波多分量叠前地震数据的偏移成像中，另外还能抽取不同类型的成像道集来进行偏移速度的分析。

3）SSR（单平方根）单程波偏移

SSR 单程波偏移主要是通过将波动方程进行因式分解得到上行以及下行波场，然后在深度方向分别进行不同频率分量的上行和下行波场的波场延拓，完成波场延拓后，应用一定的成像条件进行延拓波场中成像点的提取从而完成偏移成像。标量波动方程通过因式分解得到的上行以及下行波场的方程可以表示为

$$\left[\frac{\partial}{\partial z} + i\frac{w}{v}\sqrt{1 + \frac{v^2}{w^2}\left(\frac{\partial^2}{\partial x^2} + \frac{\partial^2}{\partial y^2}\right)}\right]U = 0 \qquad (8\text{-}2)$$

$$\left[\frac{\partial}{\partial z} - i\frac{w}{v}\sqrt{1 + \frac{v^2}{w^2}\left(\frac{\partial^2}{\partial x^2} + \frac{\partial^2}{\partial y^2}\right)}\right]D = 0 \qquad (8\text{-}3)$$

式（8-2）和式（8-3）中，$U$ 表示上行波场，代表的是地下向地表进行延拓的接收波场；$D$ 表示下行波场，代表的是由地表向地下传播的震源波场。

SSR 单程波偏移的算法有很多，大致可以分为：①有限差分法偏移，分为显式和隐式两种；②f-k（频率–波数域）偏移及相移偏移；③空间–波数双域偏移算法，分为裂步傅里叶（SSF）偏移、广义屏（GSP）偏移以及傅里叶有限差分法偏移等。

一般来讲，SSR 单程波偏移相较克希霍夫偏移，成像精度较高，但计算效率却比较低下，而且存在两个固有缺陷：①单程波偏移算法基本不能进行倾角为钝角的陡倾角地层的偏移成像；②单程波偏移算法基本不能用在真振幅的偏移成像中。为了解决单程波偏移的固有缺陷，国内外的专家和学者进行了很多相关的研究。对于陡倾角地层的偏移成像，有学者提出使用相移法在进行波场向下延拓的同时，保存每层近似平行传播的能量，然后再进行波场向上延拓，以此来实现陡倾角地层的成像。另外，采用倾斜坐标系的波场延拓方法也可以在某种程度上解决陡倾角地层的成像问题。

为了解决真振幅偏移成像的问题，Zhang 提出了真振幅单程波偏移算法，该算法以更为准确的上行波和下行波方程为基础，采用不同的成像条件能够获得不同的偏移剖面，如果采用的是反褶积成像条件，就能够获得真振幅的炮域共成像点道集，如果采用的是互相关成像条件，则可以获得真振幅的角度域共成像点道集。

4）DSR（双平方根）单程波偏移

运用 DSR 算子实现炮检距域的偏移成像的基本思想是"沉降观测"，即进行震源点波场与接收点波场的交替延拓，然后将零时刻以及零炮检距的波场值赋为成像值。所采用的 DSR 算子如下所示：

$$\frac{\partial P}{\partial z} = \left[ \sqrt{\frac{1}{v_s^2} - \left(\frac{\partial t}{\partial s}\right)^2} + \sqrt{\frac{1}{v_g^2} - \left(\frac{\partial t}{\partial g}\right)^2} \right] \frac{\partial P}{\partial t} \qquad (8-4)$$

式中，$s$ 为震源点的坐标矢量；$g$ 为接收点的坐标矢量；$v_s$ 为震源点的介质速度；$v_g$ 为接收点的介质速度。

最早，Ylimaz 等提出了关于 DSR 单程波偏移的基本理论，随后针对速度横向变化的问题，Popovici 研究出了中点–半炮检距坐标系下的 DSR 叠前单程波深度偏移法，该偏移法的核心是将裂步傅里叶算子引入 DSR 单程波偏移中。对于三维 DSR 单程波偏移法计算量比较大，需要的计算机内存比较大的问题，众学者开展了解决具有某种特征的三维"限定数据体"的 DSP 单程波偏移算法的研究。

5）逆时偏移

逆时偏移算法是一种以双程波动方程作为理论基础的偏移技术，利用接收点接收到的地震资料作为边值条件来进行逆时延拓，以此来重建介质中各个时刻的波场，接着通过一定的成像条件进行成像值的提取由此完成偏移成像。逆时偏移直接对波动方程实行数值求解，不像射线偏移需要对波动方程实行近似处理，也不像单程波偏移会受到传播角度的影响，偏移成像的准确度比较高，基本没有倾角的限制。

# 8.2　叠前逆时偏移成像

## 8.2.1　叠前逆时偏移成像的研究现状

逆时偏移的最初构想最开始是由 Whitmore 于 1983 年在美国达拉斯举办的第五十三届勘探地球物理学家协会年会上提出；不久之后，Mc Mechan 等（1983）在进行适用于零炮检距的逆时偏移算法的研究时，研究出了零时刻成像条件，后来在叠后逆时偏移成像中得到了很多的运用，Baysal（1983）、Loewenthal 和 Mufti（1983）、Levin（1984）采用零时刻成像条件对叠后地震资料实现了逆时偏移成像，效果比较理想；1986 年，Chang 和 Sun 第一次提出了激发时间成像条件的思想，并将其运用到了弹性波场的逆时偏移成像中，成功地进行了二维垂直地震剖面（VSP）共炮点道集地震数据的叠前逆时偏移成像。随后，Chang 在三维空间弹性波场的偏移中运用了叠前逆时深度偏移算法。1993 年，Dong 和 Mc Mechan 进行了各向异性介质逆时偏移成像的研究；1995 年，Raiaskaran 和 Mc Mechan 运用叠前逆时偏移成像法实现了山地地震勘探资料的偏移成像，取得了较好的成果。关于逆时偏移算法，国内的地球物理学者也实施了大量相关的研究，牟永光（1984）、邓玉琼（1990）深入研究了有限元逆时偏移算法；1988 年，Hu 和 Zhu 等研究出了适用于声波井间地震的逆时偏移算法，并使用该算法实现了井间地震资料的偏移成像；20 世纪 90 年代初，Balch 等对井间地震资料实行了波场分离的操作，并采用逆时偏移算法对分离之后的地震波场实现了偏移成像；1998 年，Zhu 和 Lines 对分别采用克希霍夫叠前深度偏移算法和逆时偏移算法实现了复杂地质结构介质的偏移成像，并对比分析了这两种偏移方法的计算速率以及成像的准确性；2000 年，针对各向异性介质的逆时偏移成像的问题，张秉铭等提出使用多分量联合逆时偏移算子进行解决；随后，张会星以各向同性介质中的波动方程为基础，推导出了高阶有限差分算法，对二维各向同性介质进行了逆时偏移成像。在此之后，熊煜等（2006）、何兵寿和张会星（2006）、薛东川和王尚旭（2008）等对适用于各向异性介质弹性波的逆时偏移算法进行了相关研究，包括伪谱法逆时偏移和有限元逆时偏移等。

成像条件的计算是实现逆时偏移算法其中的一个非常重要的步骤，1977 年，Cerveny 等人提出利用射线追踪法来求取震源点到各个节点的初至旅行时；但射线追踪法的适用条件较为苛刻，需速度和界面光滑，计算结果才比较准确，而且存在可能会出现射线不能到达的阴影区的缺点，为解决上述问题，Vidale 在 1988 年首先提出采用矩形网格进行速度场的划分，利用有限差分法进行程函方程的求解，沿着震源一圈一圈地进行介质中所有点初至旅行时的计算，但该方法对程函方程进行了高频近似，弹性波的能量在初至到达时刻比较小，不能进行准确清晰的偏移成像；20 世纪 90 年代初，Loewenthal 等人提议运用波动方程的数值模拟的方式来求取介质中各个点的初至旅行时；1991 年，Trier 和 Symes 提出利用迎风格式差分解法对程函方程进行求解，并实现了通过向后计算来处理回折波，但在计算速度差异较大的模型时存在不稳定的缺点；1992

年 Qin 针对 Vidale 提出的算法的不稳定的缺点进行了相关研究，并进行了改进；同年 Schneider 以 Vidale 提出的计算方法作为基础进行了深入研究，提出球面波近似解法，该算法的优势在于利用局部平均慢度计算当前节点的初至旅行时，计算结果精确，在复杂构造模型中初至旅行时的求取中同样适用。

## 8.2.2　叠前逆时偏移成像的基本原理

Whimore 在 20 世纪 80 年代初最早提出波的逆时传播理论，其基本思想是，如果函数 $f(x, y, z, t)$ 是方程的一个根，那么函数 $f(x, y, z, t-\Delta t)$ 也同样是该方程的一个根，也就是说我们能够顺着时间的正方向来进行波场传播的观测，同样也能够顺着时间的反方向来进行波场传播的观测。根据以上基本思想，弹性波场的逆时延拓是从接收点记录的最大时间 $T$ 时刻开始的，通过在时间倒退的方向上进行逆向传播重建波场来实现。

进行波场逆时延拓时需假定当时间大于检波器最大的记录时间 $T$ 时，所有的波场值都等于0，以此作为逆时延拓的初始条件，而对于每一个时刻的波场重建都要经过两个主要计算步骤：第一步，令该时刻的波场值等于该时刻接收点接收到的地震记录，以此作为逆时延拓的边值条件；第二步，联合上一个时刻的波场值以及本时刻所有接收点的边值，通过逆时延拓计算本时刻计算区域内所有节点的波场值，由此我们可以得到该时刻的重建波场。不断重复上述两个计算步骤直到 $t=0$，完成波场的逆时延拓，这时就可以得到所有时刻的重建波场，采用一定的成像条件提取每个不同时刻的成像点进行叠加，就可以得到最后的偏移成像剖面。

基于逆时偏移的基本原理和实现步骤，我们可以知道，进行波场的逆时偏移成像主要包括三个组成部分：成像条件的计算、逆时延拓以及成像条件的运用。

# 8.3　成　像　条　件

成像条件是进行弹性波逆时偏移成像的一个关键步骤，计算的准确与否会关系到偏移剖面是否精确的问题。现在运用比较多的成像条件大致包含：零时刻成像条件、互相关成像条件以及激发时间成像条件等。本书进行逆时偏移成像时选取的是激发时间成像条件。

激发时间成像条件的核心思想是：一个连续的界面可以看成是由非常多的离散点组合而成，而针对一个离散点来看，反射波和入射波是同时产生的。依据这个思想，逆时偏移中成像条件的应用过程是先计算出每个离散点的初至旅行时，即震源传播到周围离散点的时间，然后再进行逆时延拓时，对比各个时刻和初至旅行时，如果两者相同，则可以得到此时离散点的成像值，重复以上步骤直到 $t=0$，将全部的成像点通过叠加处理就能够获得最终的逆时偏移成像剖面。

激发时间成像条件的应用如下列表达式所示：

$$I(x, z) = \sum_0^T R(x, z, T-t)f(x, z, T-t) \tag{8-5}$$

$$f(x, z, t) = \begin{cases} 1(x = x', \ z = z', \ t = t_d(x', \ z')) \\ 0(\text{other}) \end{cases} \tag{8-6}$$

式中，$t_d(x', z')$ 为各个离散点的初至旅行时；$R(x, z, t)$ 为逆时延拓的波场；$I(x, z)$ 为逆时偏移剖面；$T$ 为检波器的最大记录时间。

## 8.3.1　计算初至波旅行时

计算初至波旅行时时，采用的是 Schneider 所提出的球面波近似计算方法，即非线性插值法，该方法的实现方法是以费马原理为基础，采用二分法进行每个离散点的最小初至旅行时的计算，而针对每一个离散点而言，将从八个不同的方向进行计算，每次的范围为 45°，以此来找到地震波正确的传播方向。该方法对于速度差异比较大的介质也有非常好的适用性。

Vidale（1988）提出球面波近似计算公式

$$t = t_a + S\sqrt{x^2 + Z^2} \tag{8-7}$$

运用上述计算公式进行计算速度变化较大的介质中的初至旅行时，误差较大，即该方法不适用于复杂的地质结构。为了解决上述问题，Schneider 经过研究之后，对 Vidale 的算法进行了相应改进，提出了一种新的球面波近似计算初至旅行时的方法（图 8-1）。

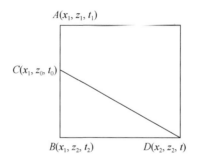

图 8-1　初至旅行时计算示意图

假设震源点 $(x_s, z_s)$ 传播到任意一个计算点的初至旅行时为 $t$，那么射线路径上的平均慢度 $s$ 可以表示为

$$s = \frac{t}{\sqrt{(x - x_s)^2 + (z - z_s)^2}} \tag{8-8}$$

$$s^2 = \frac{t^2}{(x - x_s)^2 + (z - z_s)^2} \tag{8-9}$$

对于点 $A$ 和点 $B$ 而言：

$$s_a^2 = \frac{t_1^2}{(x_1 - x_s)^2 + (z_1 - z_s)^2} \tag{8-10}$$

$$s_a^2 = \frac{t_2^2}{(x_2 - x_s)^2 + (z_2 - z_s)^2} \tag{8-11}$$

通过上两式进行运算，可以得到：

$$s_a^2 = \frac{t_2^2 - t_1^2}{(z_2 - z_s)^2 - (z_1 - z_s)^2} \tag{8-12}$$

由此可知 $s_a$ 是震源点及周围点坐标以及初至旅行时的函数。

对于点 $A$、点 $B$ 之间的点 $C$，由线性插值可以得到：

$$t_0^2 = s_a^2 * [(x_1 - x_s)^2 + (z_0 - z_s)^2] \tag{8-13}$$

将 $s_a^2$ 代入有

$$t_0^2 = t_1^2 + \frac{t_2^2 - t_1^2}{(z_2 - z_s)^2 - (z_1 - z_s)^2} [(z_0 - z_s)^2 - (z_1 - z_s)^2] \tag{8-14}$$

由此可以推出点 $(x_2, z_2)$ 的旅行时为

$$t = t_0 + s'_a \sqrt{(z_2 - z_0)^2 + (x_2 - x_1)^2} \tag{8-15}$$

式中，$s'_a$ 为该计算单元格的局部平均慢度。

根据费马原理可知，所计算出的初至旅行时的值应该是最小的，那么需让 $\dfrac{\mathrm{d}t}{\mathrm{d}z_0} = 0$，则可得

$$\frac{\mathrm{d}t}{\mathrm{d}z_0} = \frac{s_a^2(z_0 - z_s)}{t_0} - \frac{s'_a(z_2 - z_0)}{\sqrt{(z_2 - z_0)^2 + (x_2 - x_1)^2}} = 0 \tag{8-16}$$

记 $f(z_0) = \dfrac{s_a^2(z_0 - z_s)}{t_0} - \dfrac{s'_a(z_2 - z_0)}{\sqrt{(z_2 - z_0)^2 + (x_2 - x_1)^2}}$，利用二分法求解得出 $z_0$，代入式（8-15）即可以得到 $t$。

整个计算区域的初至旅行时的计算过程如图8-2所示：

（1）计算震源所在列初至旅行时。震源上方由下到上进行计算，震源下方由上到下进行计算，并将此列的初至旅行时作为计算整个区域初至旅行时的初始条件，可能会有一定的误差，在接下来的计算中会进行修正。

（2）计算震源左右侧初至旅行时。对于右侧，分别按照图8-2的模式4、5进行计算，逐列进行直至右边界；对于左侧分别按照图8-2的模式1、8进行计算，逐列进行直至右边界。分别比较不同模式所计算出的初至旅行时，取比较小的值作为这个离散点的初至旅行时。

（3）以震源所在行为初始值计算模拟区域初至旅行时。对于下侧，按照图8-2的模式6、7进行计算，逐行至下边界；对于上侧，按照图8-2的模式2、3进行计算，逐行至上边界。分别比较不同模式所计算出的初至旅行时，取比较小的值作为该离散点的初至旅行时。

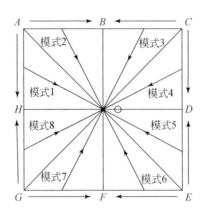

图 8-2 模拟区域初至旅行时计算模式图

## 8.3.2 成像条件试算

为了验证初至旅行时计算方法的正确性，建立了两个模型进行成像条件的试算（图 8-3 ~ 图 8-6）。模型的大小为 200×200，取空间步长 $\Delta x = \Delta z = 1$，震源点位于（100，100）处，其中模型一为单一均匀介质模型（图 8-3），$v_P = 2600 \text{m/s}$，$v_S = 1700 \text{m/s}$，$\rho = 2000 \text{kg/m}^3$；模型二为两层介质模型（图 8-5），分界面位于 $Z = 50$ 处，第一层介质中 $v_{P1} = 2000 \text{m/s}$，$v_{S1} = 1200 \text{m/s}$，$\rho_1 = 2000 \text{kg/m}^3$，第二次介质中 $v_{P2} = 3000 \text{m/s}$，$v_{S2} = 2000 \text{m/s}$，$\rho_2 = 2500 \text{kg/m}^3$。

图 8-4 和图 8-6 分别是单一均匀介质模型和两层介质模型的初至旅行时等值线图。由图可知，在没有地质异常体或岩性分界面时，初至旅行时等值线为同心圆，在遇到地质异常体或岩性分界面时，初至旅行时等值线开始发生变化，在速度较小的介质层中等值线比较密，而在速度较大的介质层中比较疏，与弹性波的传播规律一致。

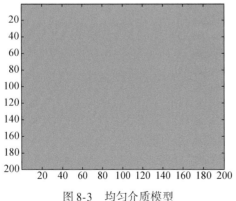

图 8-3 均匀介质模型

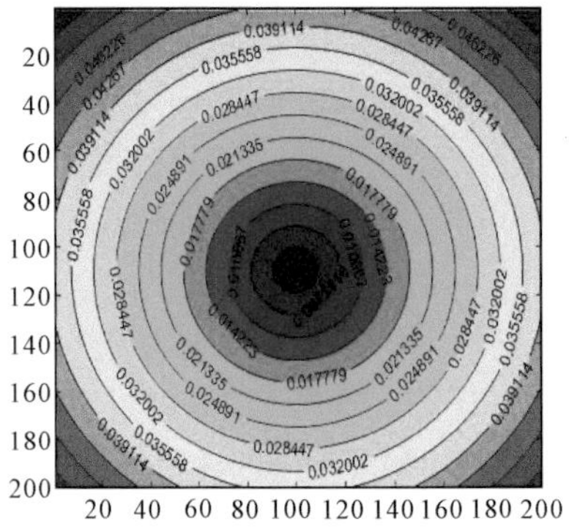

图 8-4 均匀介质模型初至旅行时等值线图

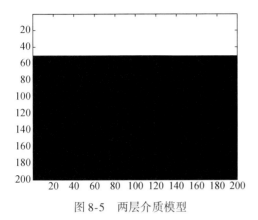

图 8-5　两层介质模型

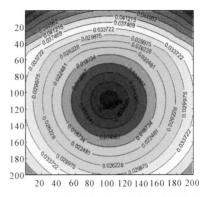

图 8-6　两层介质模型初至旅行时等值线图

## 8.4　波场逆时延拓

波场逆时延拓，能够简单地理解为一个地震波从接收点沿着时间倒退的方向传播到震源点的过程，而该过程的实质是一个波动方程的边值条件问题。

在进行波场逆时延拓时所用的一阶速度–应力波动方程可以表示为

$$\rho \frac{\partial v_x}{\partial t} = \frac{\partial \sigma_{xx}}{\partial x} + \frac{\partial \sigma_{xz}}{\partial z}$$

$$\rho \frac{\partial v_z}{\partial t} = \frac{\partial \sigma_{xz}}{\partial x} + \frac{\partial \sigma_{zz}}{\partial z}$$

$$\frac{\partial \sigma_{xx}}{\partial t} = (\lambda + 2\mu) \frac{\partial v_x}{\partial x} + \lambda \frac{\partial v_z}{\partial z}$$

$$\frac{\partial \sigma_{zz}}{\partial t} = \lambda \frac{\partial v_x}{\partial x} + (\lambda + 2\mu) \frac{\partial v_z}{\partial z} \tag{8-17}$$

$$\frac{\partial \sigma_{xz}}{\partial t} = \mu \left( \frac{\partial v_x}{\partial z} + \frac{\partial v_z}{\partial x} \right)$$

$$v_x(x, z, t) = 0 \quad v_z(x, z, t) = 0, \quad t > T$$

$$v_x(x, z, t)\big|_{x=x_R, z=z_R} = R_x(x, z, t), \quad v_z(x, z, t)\big|_{x=x_R, z=z_R} = R_z(x, z, t), \quad t \leqslant T$$

式中，$T$ 为检波器最大的记录时间；$R_x$ 和 $R_z$ 分别为检波器接收到的 $x$ 方向分量和 $z$ 方向分量的地震记录；$x_R$ 和 $z_R$ 为检波器的空间位置。

分别在时间域和空间域对一阶速度–应力波动方程进行 $2M$ 阶和 $2N$ 阶差分数值求解，通过对 $M$、$N$ 进行赋值，我们就可以得到时间域 2 阶、空间域 4 阶的逆时延拓的方程式：

$$U_{i, j}^k = U_{i, j}^{k+1} - \frac{\Delta t}{\rho_{i, j} \Delta x} \left[ \sum_{n=1}^{2} C_n \left( R_{i+(2n-1)/2, j}^{k+1/2} - R_{i-(2n-1)/2, j}^{k+1/2} \right) \right]$$

$$- \frac{\Delta t}{\rho_{i, j} \Delta z} \left[ \sum_{n=1}^{2} C_n \left( H_{i, j+(2n-1)/2}^{k+1/2} - H_{i, j-(2n-1)/2}^{k+1/2} \right) \right]$$

$$V_{i+1/2,\,j+1/2}^{k} = V_{i+1/2,\,j+1/2}^{k+1} - \frac{\Delta t}{\rho_{i+1/2,\,j+1/2}\Delta x}\left[\sum_{n=1}^{2}C_n\left(H_{i+n,\,j+1/2}^{k+1/2} - H_{i-n+1,\,j+1/2}^{k+1/2}\right)\right]$$

$$- \frac{\Delta t}{\rho_{i+1/2,\,j+1/2}\Delta z}\left[\sum_{n=1}^{2}C_n\left(T_{i+1/2,\,j+n}^{k+1/2} - T_{i+1/2,\,j-n+1}^{k+1/2}\right)\right]$$

$$R_{i+1/2,\,j}^{k-1/2} = R_{i+1/2,\,j}^{k+1/2} - \frac{(\lambda+2\mu)_{i+1/2,\,j}\Delta t}{\Delta x}\sum_{n=1}^{2}C_n\left(U_{i+n,\,j}^{k} - U_{i-n+1,\,j}^{k}\right)$$

$$- \frac{\lambda_{i+1/2,\,j}\Delta t}{\Delta x}\sum_{n=1}^{2}C_n\left(V_{i+1/2,\,j+(2n-1)/2}^{k} - V_{i+1/2,\,j-(2n-1)/2}^{k}\right)$$
$$\text{(8-18)}$$

$$T_{i+1/2,\,j}^{k-1/2} = T_{i+1/2,\,j}^{k+1/2} - \frac{(\lambda+2\mu)_{i+1/2,\,j}\Delta t}{\Delta x}\sum_{n=1}^{2}C_n\left(V_{i+1/2,\,j+(2n-1)/2}^{k} - V_{i+1/2,\,j-(2n-1)/2}^{k}\right)$$

$$- \frac{\lambda_{i+1/2,\,j}\Delta t}{\Delta x}\sum_{n=1}^{2}C_n\left(U_{i+n,\,j}^{k} - U_{i-n+1,\,j}^{k}\right)$$

$$H_{i,\,j+1/2}^{k-1/2} = H_{i,\,j+1/2}^{k+1/2} - \frac{\mu_{i,\,j+1/2}\Delta t}{\Delta x}\sum_{n=1}^{2}C_n\left(U_{i,\,j+n}^{k} - U_{i,\,j-n+1}^{k}\right)$$

$$- \frac{\mu_{i,\,j+1/2}\Delta t}{\Delta x}\sum_{n=1}^{2}C_n\left(V_{i+(2n-1)/2,\,j+1/2}^{k} - V_{i-(2n-1)/2,\,j+1/2}^{k}\right)$$

初始条件：在时间 $t>T$ 时，必须满足

$$v_x(x,\,z,\,t) = 0 \qquad t > T$$
$$v_z(x,\,z,\,t) = 0 \qquad t > T$$
$$\sigma_{xx}(x,\,z,\,t) = 0 \qquad t > T$$
$$\sigma_{zz}(x,\,z,\,t) = 0 \qquad t > T$$
$$\sigma_{xz}(x,\,z,\,t) = 0 \qquad t > T \tag{8-19}$$

式中，$T$ 为检波器最大的记录时间。

边值条件：波场逆时延拓是从检波器最大的记录时间开始进行的，在进行逆时延拓的每一个时刻，需将检波器所接收的波场记录当作逆时延拓的边值条件：

$$v_x(x_i,\,z_i,\,t) = R_x(x_i,\,z_i,\,t) \tag{8-20}$$
$$v_z(x_i,\,z_i,\,t) = R_z(x_i,\,z_i,\,t) \tag{8-21}$$

式中，$R_x(x_i,\,z_i,\,t)$、$R_z(x_i,\,z_i,\,t)$ 分别为检波器接收的 $x$ 方向分量和 $z$ 方向分量的波场值；$(x_i,\,z_j)$ 为检波器的空间位置。

# 8.5　逆时偏移算例

针对交错网格高阶有限差分数值模拟中所建立的水平层状介质模型、煤层错断模型和侵入体模型进行逆时偏移试算。

## 8.5.1　水平层状介质模型

首先建立水平层状介质模型（图 8-7），通过计算机程序进行高阶有限差分数值模拟，

对并对该模型条件形成的正演数据进行逆时偏移计算，得到不同方向上的逆时偏移剖面（图8-8）。

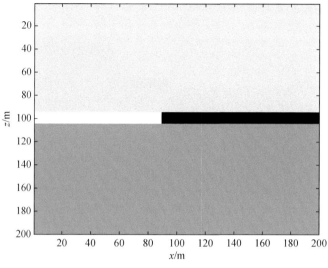

图8-7　水平层状介质模型

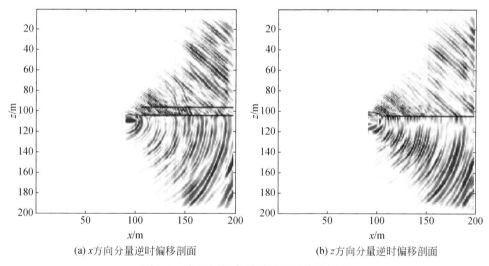

(a) x方向分量逆时偏移剖面　　　　　　　　　(b) z方向分量逆时偏移剖面

图8-8　水平层状介质模型逆时偏移剖面

## 8.5.2　煤层错断模型

1）正断层模型

首先建立如图8-9所示的正断层模型，通过计算机程序进行高阶有限差分数值模拟，对并对该模型条件形成的正演数据进行逆时偏移计算，得到不同方向上正断层模型逆时偏移剖面（图8-10）。

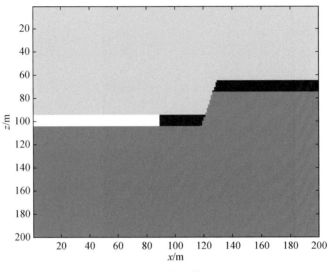

图 8-9　正断层模型

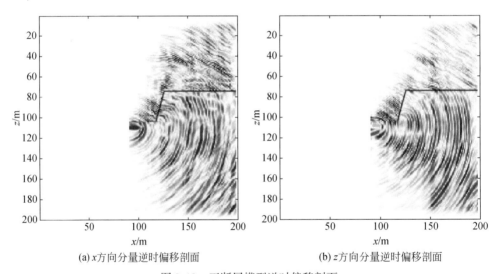

(a) $x$ 方向分量逆时偏移剖面　　　　　　　　　　　　(b) $z$ 方向分量逆时偏移剖面

图 8-10　正断层模型逆时偏移剖面

2）逆断层模型

首先建立如图 8-11 所示的逆断层模型，通过计算机程序进行高阶有限差分数值模拟，对并对该模型条件形成的正演数据进行逆时偏移计算，得到不同方向上逆断层模型逆时偏移剖面（图 8-12）。

3）侵入体模型

首先建立如图 8-13 所示的侵入体模型，通过计算机程序进行高阶有限差分数值模拟，对并对该模型条件形成的正演数据进行逆时偏移计算，得到不同方向上逆断层模型逆时偏移剖面（图 8-14）。

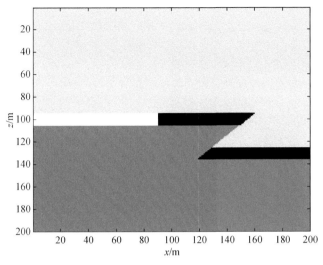

图 8-11　逆断层模型

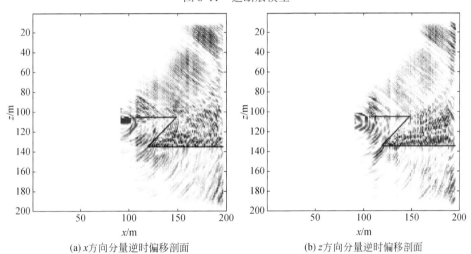

(a) x方向分量逆时偏移剖面　　　　　　　　　　(b) z方向分量逆时偏移剖面

图 8-12　逆断层模型逆时偏移剖面

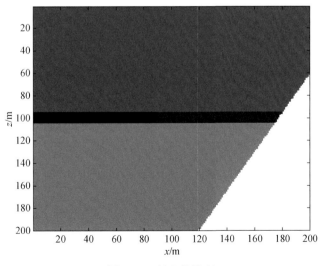

图 8-13　侵入体模型

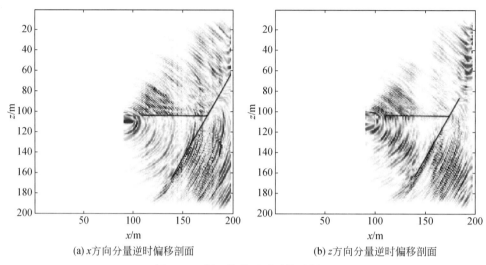

(a) $x$ 方向分量逆时偏移剖面　　　　　　　　　(b) $z$ 方向分量逆时偏移剖面

图 8-14　侵入体模型逆时偏移剖面

图 8-8、图 8-10、图 8-12、图 8-14 分别为水平层状介质模型、正断层模型、逆断层模型和侵入体模型的逆时偏移剖面。由图我们可以发现，在偏移剖面上，煤层、断层以及侵入体的空间位置和形态都能清晰识别，与所建模型基本一致。结果表明，在矿井反射波超前探测中，逆时偏移成像精确度高，有很好的应用效果。

# 8.6　逆时偏移成像效果影响因素

在地震偏移方法确定的基础上，高信噪比、高分辨率的叠前数据和准确的偏移速度模型是获得质量较高的偏移剖面的保证。针对叠前数据的质量而言，激发震源的频率，检波器排列的长度、最小偏移距，地质体的倾角、距离等都会影响地震记录的信噪比；针对偏移速度模型而言，对于矿井介质这种复杂地质条件，一般很难获得较为精确的速度信息，而当偏移速度模型存在偏差时，往往会造成地震偏移剖面出现偏差。基于这些问题，本章将针对主要的影响因素开展相关的研究和分析。

## 8.6.1　偏移速度模型

偏移速度模型的正确与否是获得高质量的偏移剖面的关键因素，在实际的地震资料采集中，尤其针对矿井介质这种比较复杂的地质结构，一般很难获得较为精确的速度信息，而当偏移速度模型存在偏差时，往往会造成地震偏移剖面上地质结构的位置和形态出现偏差，以至于不能了解真实的地质情况。为了深入研究偏移速度模型对逆时偏移成像的影响，利用不同的速度模型对前面内容中所建立的 75° 倾角的正断层模型进行了逆时偏移的对比试验。

图 8-15 和图 8-16 分别是偏移时所用速度模型是准确速度的 0.92 倍和 1.08 倍时的逆时偏移剖面图。图中，红色线条标注的是所建模型真实岩层分界面，黑色线条标注的是采用不同偏移速度得到的岩层分界面。由图可知，当偏移时所用速度模型小于准确速度时，岩层分界面会向远离掌子面方向弯曲；当偏移时所用速度模型大于准确速度时，岩层分界面会向靠近掌子面方向弯曲。结果说明，偏移速度对逆时偏移成像有较大影响，偏移速度模型的正确性对逆时偏移成像是否准确可靠具有关键性的作用。

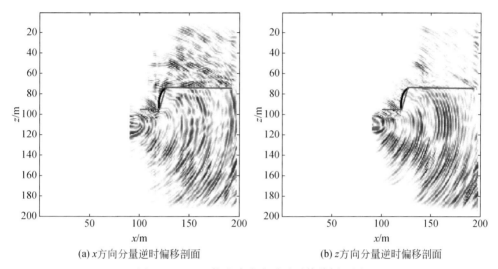

(a) $x$ 方向分量逆时偏移剖面　　　　　　(b) $z$ 方向分量逆时偏移剖面

图 8-15　0.92 倍准确速度时逆时偏移剖面图

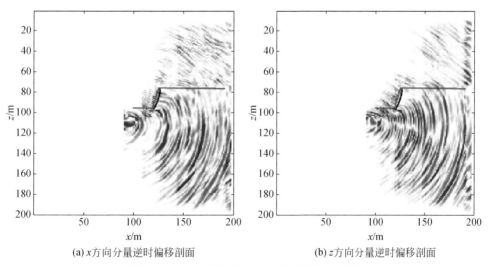

(a) $x$ 方向分量逆时偏移剖面　　　　　　(b) $z$ 方向分量逆时偏移剖面

图 8-16　1.08 倍准确速度时逆时偏移剖面图

## 8.6.2 震源子波频率

　　震源子波频率对成像效果的主要影响在于偏移成像的分辨率。本书分别选取主频为100Hz、150Hz、200Hz的雷克子波对前面内容所建立的75°倾角的正断层模型进行了逆时偏移对比试验。

　　图8-17~图8-19分别是震源主频为100Hz、150Hz、200Hz时，倾角为75°的正断层的逆时偏移剖面图。对比三幅图可知，当震源子波频率为100Hz时，从逆时偏移剖面上基本不能识别出断层的位置和形态，随着震源子波频率的增加，断层的位置逐渐变得更加明确，形态也变得更加清晰。这是由于随着震源子波频率的增大，波长会变小，从而分辨率会变高。总体来看，震源子波的频率越高，逆时偏移剖面的质量越好。

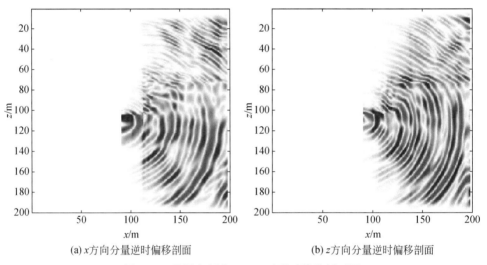

(a) x方向分量逆时偏移剖面　　　　　　　　　　(b) z方向分量逆时偏移剖面

图8-17　震源主频为100Hz时逆时偏移剖面图

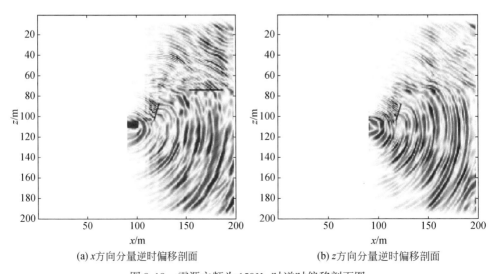

(a) x方向分量逆时偏移剖面　　　　　　　　　　(b) z方向分量逆时偏移剖面

图8-18　震源主频为150Hz时逆时偏移剖面图

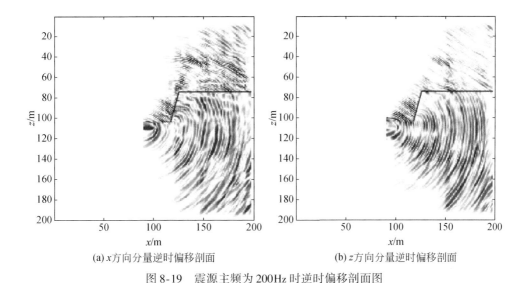

(a) x方向分量逆时偏移剖面　　　　　　　(b) z方向分量逆时偏移剖面

图 8-19　震源主频为 200Hz 时逆时偏移剖面图

## 8.6.3　检波器数量

一般而言, 检波器的数量越多, 对于干扰波进行压制的效果则会越好, 获得的地震记录信噪比则会越高, 而由于巷道空间的限制, 在进行矿井反射波超前探测时, 检波器的数量受到了一定的限制。分别采用 12 道、24 道和 36 道检波器对前面所建立的 75° 倾角的正断层模型进行了逆时偏移对比试验, 用以研究检波器数量对成像效果的影响。

图 8-20 ~ 图 8-22 分别是检波器数量为 12 道、24 道、36 道时, 倾角为 75° 正断层的逆时偏移剖面图。由图可知, 当检波器数量为 12 道时, 逆时偏移剖面上能大致识别出地质异常, 但形态和位置比较模糊, 当检波器数量为 24 道和 36 道时, 逆时偏移剖面差别较小, 从逆时偏移剖面上都能准确识别出断层的形态和位置, 断层面都比较清晰。通过对比, 我们可以知道, 检波器的数量对逆时偏移有一定的影响, 在一定的范围内, 随着检波器数量的增加, 逆时偏移剖面的质量会变好, 但达到一定数量后, 对偏移剖面质量的改善微乎其微, 同时我们可以发现, 在检波器数量较少时, 采用逆时偏移成像也可以形成比较清晰的偏移剖面, 这在矿井反射波超前探测中具有重要的意义。由于矿井巷道的空间比较有限, 在实际的超前探测中, 一般难以设置很多的检波器, 而在采用数量较少的检波器时利用逆时偏移成像就可以得到较好的偏移剖面, 这说明逆时偏移对于矿井超前探测有比较好的适用性。

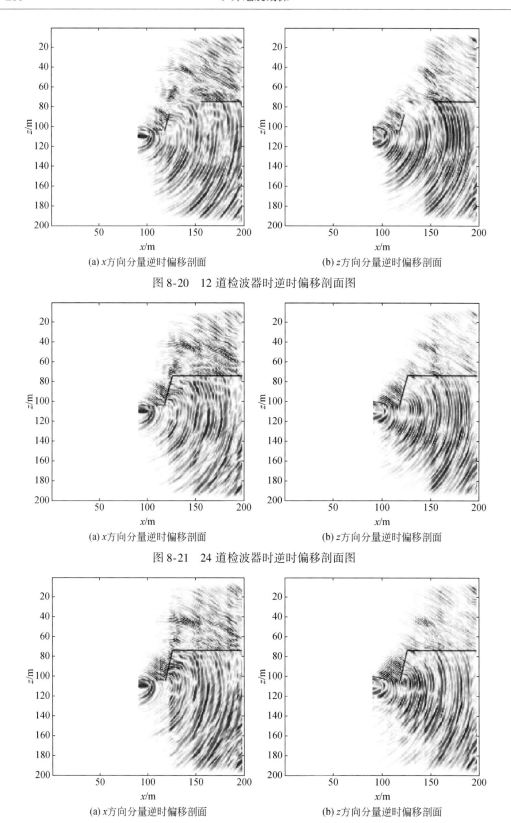

(a) x方向分量逆时偏移剖面

(b) z方向分量逆时偏移剖面

图 8-20　12 道检波器时逆时偏移剖面图

(a) x方向分量逆时偏移剖面

(b) z方向分量逆时偏移剖面

图 8-21　24 道检波器时逆时偏移剖面图

(a) x方向分量逆时偏移剖面

(b) z方向分量逆时偏移剖面

图 8-22　36 道检波器时逆时偏移剖面图

## 8.6.4　最小偏移距

在地面地震反射波勘探中，为了将目标层反射波和直达波、面波以及折射波等干扰波很好地分开，获得信噪比较高的地震数据，往往会选择较大的偏移距，但对于矿井反射波超前探测而言，由于巷道空间的限制，偏移距的选择比较有限，但如果偏移距太大的话，接收到的有效波的信号会很弱，对超前探测也会有一定的影响。为了获得较好的逆时偏移成像效果，选取不同的偏移距对前面所建立的75°倾角的正断层模型进行了逆时偏移的对比试验。

图8-23~图8-25分别是最小偏移距为10、15、20时，倾角为75°正断层的逆时偏移剖面图。由图可以看出，断层的位置和形态都比较清晰，基本没有明显的差异。由此可见，最小偏移距的大小对逆时偏移成像的质量基本没有影响。

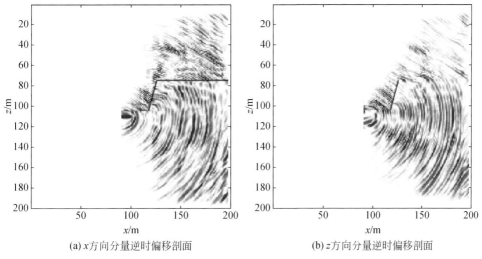

(a) x方向分量逆时偏移剖面　　　　　　　(b) z方向分量逆时偏移剖面

图8-23　最小偏移距为10时逆时偏移剖面图

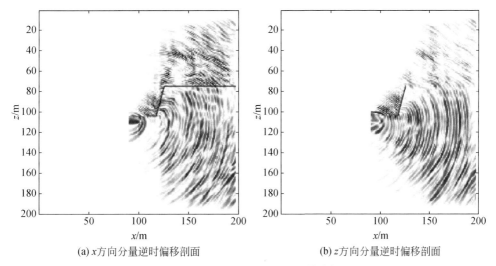

(a) x方向分量逆时偏移剖面　　　　　　　(b) z方向分量逆时偏移剖面

图8-24　最小偏移距为15时逆时偏移剖面图

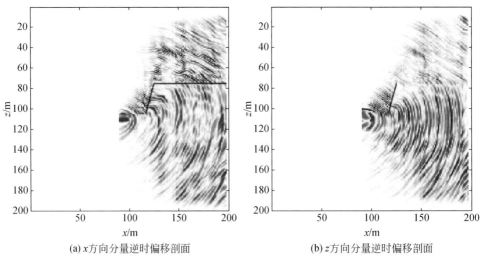

(a) x方向分量逆时偏移剖面　　　　　　　　(b) z方向分量逆时偏移剖面

图 8-25　最小偏移距为 20 时逆时偏移剖面图

## 8.6.5　地质体倾角

在矿井反射波超前探测中，获得反射波信号能量的强弱与前方地质异常体的倾角有很大的关系，如果倾角过小，接收点处接收到的有效波能量会比较小，信噪比较低，对偏移成像的效果有很大的影响。为了研究巷道前方不同倾角的地质异常体的逆时偏移成像效果，建立了倾角分别为 15°、45°、75°的三个正断层模型进行了逆时偏移成像。

图 8-26 ~ 图 8-28 分别是倾角为 15°、45°、75°正断层的逆时偏移剖面图。由图可知，不同倾角的断层的位置和形态在逆时偏移剖面上都能清晰识别，随着倾角的增大，偏移成像的质量没有明显的差别，说明地质体的倾角对逆时偏移成像的结果基本没有影响。

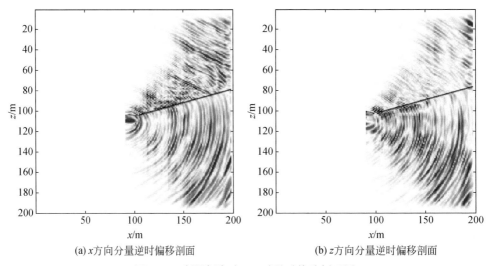

(a) x方向分量逆时偏移剖面　　　　　　　　(b) z方向分量逆时偏移剖面

图 8-26　断层倾角为 15°时逆时偏移剖面图

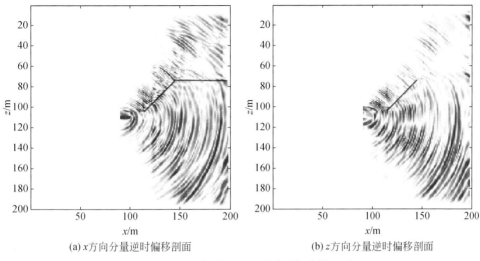

(a) $x$方向分量逆时偏移剖面　　　　　　　(b) $z$方向分量逆时偏移剖面

图 8-27　断层倾角为 45°时逆时偏移剖面图

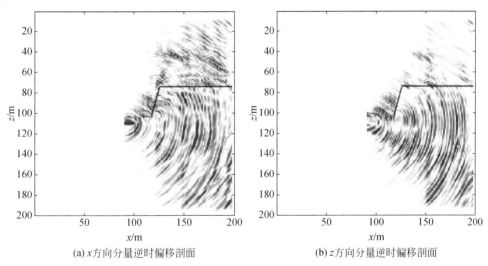

(a) $x$方向分量逆时偏移剖面　　　　　　　(b) $z$方向分量逆时偏移剖面

图 8-28　断层倾角为 75°时逆时偏移剖面图

## 8.6.6　地质体距离

矿井超前探测尤其关注于尺度小、倾角小的地质异常体的探测，在矿井反射波超前探测中，一般选取的震源频率比较高，而高频的地震波的衰减速度比较快，获得远距离地质异常体的反射波信息往往较少。为了深入研究地质异常体距离对逆时偏移成像的影响，分别建立距掌子面 50m、70m、90m 的 75°倾角的三个正断层模型进行了逆时偏移的对比试验。

图 8-29 ~ 图 8-31 分别是倾角为 75°正断层在掌子面前方 50m、70m 和 90m 时的逆时偏移剖面图。对比三幅图可知，随着断层距离掌子面的长度增大，断层面的分辨率会变差，当距离为 90m 时，从偏移剖面上基本不能识别出断层。结果表明，在进行矿井反射波超前探测逆时偏移成像时，在一定的范围内探测结果比较可信，而当距离较远时，获得的反射波信号较弱，信噪比较低，难以进行异常体的判断识别。

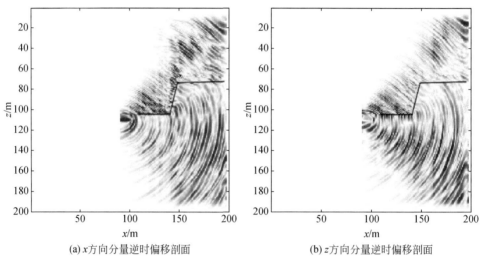

(a) x 方向分量逆时偏移剖面　　　　　　(b) z 方向分量逆时偏移剖面

图 8-29　地质体在掌子面前方 50m 时逆时偏移剖面图

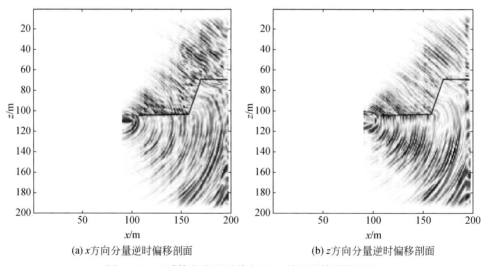

(a) x 方向分量逆时偏移剖面　　　　　　(b) z 方向分量逆时偏移剖面

图 8-30　地质体在掌子面前方 70m 时逆时偏移剖面图

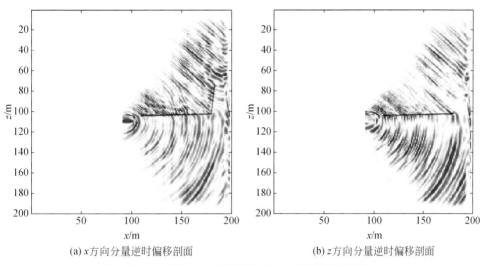

(a) x方向分量逆时偏移剖面    (b) z方向分量逆时偏移剖面

图 8-31　地质体在掌子面前方 90m 时逆时偏移剖面图

# 9 矿井物探数据三维重建与可视化

## 9.1 矿井物探数据三维重建

物探数据的三维重建过程主要基于如下的基本地质假设：地质体在空间位置上越靠近的空间点，具有相似的地质特性以及地球物理特征的可能性越大；而距离越远的点，其具有相似特征值的可能性越小，而其变化基本是连续的、渐变的，不会发生不符合统计曲线的跳跃性突变。比如对于某一地质断面类型的电性描述：如某一区域的电阻值较高，在它附近采集的电阻率值较高的可能性也较大，即具有一定的相关性；而在远离这一采样点的其他地方采集的电阻率值则可能高也可能低，即样本间是相互独立的。地质空间属性存在相关性，地质空间分布规律正好符合这一假设。

### 9.1.1 矿井物探数据结构特点

空间数据结构是实现三维显示和空间分析的前提和基础。过去十余年中，共发展了20多种空间建模理论。近年来，许多学者对三维空间数据模型和数据结构进行了研究，目前使用的各种三维数据结构应用于不同的空间情况，侧重点有所不同，在功能上也存在不小的差异。按 Li（1994）的研究，三维地质数据模型主要可分为基于面表示的数据结构，基于体表示的数据结构和混合数据结构。

（1）基于面表示的数据结构：基于面表示的数据结构是通过表面信息来描述对象的。它包括格网结构（grids）、形状结构（shape）、面片结构（facets）、边界表示（boundary representation）和样条函数模型。在这 5 种结构中，边界表示适于表示具有规则形状的对象，其他 4 种则适于表示具有不规则形状的对象。

（2）基于体表示的数据结构：基于体表示的数据结构是通过体信息来描述对象的。这类数据结构包括：3D 栅格结构（arrays）、针状结构（needle）、八叉树（octree）、结构实体几何法（CSG）和不规则四面体结构（TEN）。其中，CSG 适于表示规则形状的对象，3D 栅格结构、八叉树和针状结构适于表示不规则形状的对象，而 TEN 则既可以用来表示规则形状的对象，也可以表示不规则形状的对象。

（3）混合数据结构：混合数据结构之所以成为表达三维地质实体最有效的选择，主要是因为各种不同的数据结构既有其独特的优点，又有不可避免的缺陷，很难发展一种兼有各种数据结构的优点且适用于各种情况的数据结构，多种数据结构在表达不同对象、面向不同目标、实现多尺度多分辨率表示方面的互补性为其混合提供了基础。三维混合数据结构可分为：①互补式混合；②转换式混合；③链接式混合；④集成式混合。

地球物理勘探各阶段成果数据因其物理场特性以及采集方法的不同，其数据结构也呈现不同特征。高密度直流电法其数据采集是分层探测深度逐渐增加的过程，所以其数据水平向连贯性较好，而其垂向跳跃和波动较大，所以在考虑插值方法时应采用适宜其数据特点的方法来进行。通过电法探测数据采集、处理与反演，各阶段成果中包括电压、电流、视电阻率、电导率等各种数据，因最常用成果描述采用视电阻率，故在数据建模过程中也主要采用直接采集或者阶段性处理后的视电阻率数据。

电磁法数据是单点深度递增，由频率域或者时间域来控制其层位，所以其反演成果在垂向连贯性基本较好，而其剖面中水平向一致性较差，在数据处理反演过程中如果地形校正、反演模型规划等方面出现问题较容易出现串珠现象，故在选择插值方法、进行插值参数调整时应考虑适当加大水平向数据的搜索半径以及增加参与统计的数据个数。

地震数据属于波动描述过程，基本数据为振幅/时间值，数据采集量大而且详细，在进行重绘时应尽量保持其波动特征，应尽量采用小的搜索半径及尽量少的圆滑点个数（图9-1）。

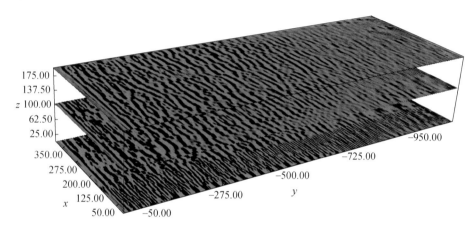

图 9-1　矿井地震数据结构示意图

总而言之，地球物理数据插值方法、插值参数选择时候不应盲目地由系统自己选择默认指标，应根据不同地球物理场数据特点，选择适宜的方法、参数，以期尽可能地真实还原实际地质体地球物理特征，尽量降低后期处理与解释过程中的人为数据误差。

## 9.1.2　矿井物探数据三维的重建过程

矿井物探数据三维重建过程就是通过已知点或分区数据，推求任意点或分区数据的过程。物探数据内插可以作如下简单的描述：设已知一组空间数据，它们可以是离散点的形式，也可以是分区数据的形式，现在要从这些数据中找到某种函数关系，使该关系式最好地描述这些已知的物探数据，而且能够根据这个函数关系式推出区域范围内其他任意点或任意分区的属性值。常用于将离散点的探测数据转换成连续的数据曲面，以便与其他空间现象的分布模式进行比较，它包括物探数据的内插和外推两种范畴。数据内插算法是一种通过已知点的数据推求同一区域其他未知点数据的计算方法；数据外推算法则是通过已知区域的数据，推求其他区域物探数据的方法。

### 9.1.2.1　矿井物探数据三维重建的总体流程

物探数据三维重建一般包括这样几个过程（图9-2）：物探数据采集、数据结构分析、选择插值方法、数据三维重建、建模成果验证分析（包括对数据的均值、方差、协方差、独立性和变异函数的估计等）；通过内插方法评价和循环比较，选择一个合用的、适合的数据插值方法和模型参数来完成物探数据三维重建。

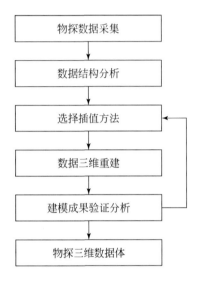

图9-2　物探数据三维建模流程

### 9.1.2.2　数据空间插值方法

空间插值方法可依据其基本假设和数学本质分为几何方法、统计方法、空间统计方法、函数方法、随机模拟方法和物理模拟方法等。距离反比加权法、克里金方法和四面体剖分插值法是常用的三种具体方法。国内外通用绘图软件在绘制地球物理探测成果图时不是特别理想，尤其是现有插值方法不是特别适用于栅格数据的处理。不同探测方法的不同成果阶段对于数据的插值方法都是不同的。空间插值即由已知的空间数据来估计或预测未知的空间数据值的过程。根据已知空间数据的特性探索未知空间的特性是许多地学研究的第一步，也是地学研究的基本问题。从广义上讲，空间插值包括点插值和面插值，人们更多熟悉和应用的是点插值，即已知研究区域中某些点的值来估计未知点的值，通常所说的空间插值即点插值。空间数据插值一般包括以下几个过程：插值方法（模型）的选择；空间数据的探索分析，包括对数据的均值、方差、协方差、独立性和变异函数的估计等，插值方法评价，重新选择插值方法，直到合理插值。

在地球物理场数据重绘过程中可以根据不同的需要选择不同方法来进行插值，常用插值方法的特性、相关设置参数与适用范围参见表9-1，地球物理数据插值方法、插值参数选择时候不应盲目地由系统自己选择默认指标，应对插值方法进行分析，熟悉各种插值方法的基本理论知识，根据不同地球物理场数据特点，科学地选择插值方法和灵活地进行参数设置，并根据地球物理场数据特点进行处理才可以达到最理想的效果。选择适宜的方法、参数，以期尽可能地真实还原实际地质体地球物理特征，尽量降低后期处理与解释过程中的人为数据误差。

表9-1 常用插值方法特点与适用性一览表

| 序号 | 插值方法 | 分类 | 相关参数 | 适用性 |
|---|---|---|---|---|
| 1 | 反距离加权法（inverse distance to a power） | 几何法 | 搜索范围；样本数量 | ○ |
| 2 | 克里金插值法（kriging） | 统计法 | 搜索范围；样本数量 | ○△☆ |
| 3 | 最小曲率法（minimum curvature） | 函数法 | 残差；各向异性 | ○△☆ |
| 4 | 改进谢别德法（modified Sheparfs method） | 统计法 | 平滑系数；搜索范围 | ○ |
| 5 | 自然邻点插值法（natural neighbor） | 几何法 | 各向异性 | ○△☆ |
| 6 | 最近邻点插值法（nearest neighbor） | 几何法 | 搜索范围 | ○ |
| 7 | 多项式回归法（polynomial regression） | 函数法 | 回归系数 | — |
| 8 | 径向基函数法（radial basis function） | 函数法 | 搜索范围；各向异性 | ○△☆ |
| 9 | 三角网/线形插值法（triangulation with linear interpolation） | 几何法 | 各向异性 | ○△ |
| 10 | 移动平均法（moving average） | 统计法 | 搜索范围 | — |
| 11 | 数据度量法（data metries） | 统计法 | 搜索范围；统计参数 | — |
| 12 | 局部多项式法（local polynomial） | 函数法 | 搜索范围；多项式参数 | ○ |

注：○代表电法；☆代表电磁法；△代表地震。

图9-3为某工程地震剖面数据采用不同插值方法成图效果。地震波是在岩层中传播的弹性波，波的性质取决于岩石的弹性性质，弹性介质因局部受力，引起弹性体的位移、形变和应力，以波动的形式用有限大的速度向远处传播，这种波动就是弹性波（应力波）。矿井地震勘探工作环境条件特殊，除地面常规意义下与波的运动和波动特性相关的影响地震分辨率因素外，则表现为与矿井地震勘探相关的特殊性。

进行插值方法选择时应注意的是数据网度足够密时，可以选用泰森多边形插值，即最近邻点插值法对其进行插值；对于物探数据点不是很密集，而且存在不均匀的现象时，则用反距离加权法有助于提高所预测数据的精度；而考虑到数据连续性变化的属性非常不规则时，克里金插值则较为适宜。

无论数据量大、小，克里金插值法、自然邻点插值法和三角网/线性插值法的总体效果比较好；建议对电法和电磁法数据网格化时，选用上面三种方法。对数据量大的数据如地震数据进行网格化时，距离加权平均法的速度比曲面样条插值法快。

对于电磁法数据来说，泛克里金算法插值形成的等值线图较克里金插值法得到的精度有所提高，显示的异常方向更为准确。克里金插值法、最小曲率法、自然邻点插值法和三角网/线性插值法效果比较好，区域与局部异常均有显示。反距离加权法次之，以区域异常为主。改进谢别德法、径向基函数法和局部多项式法效果最差，前2种异常数据太密集，局部多项式法异常数据太稀疏。

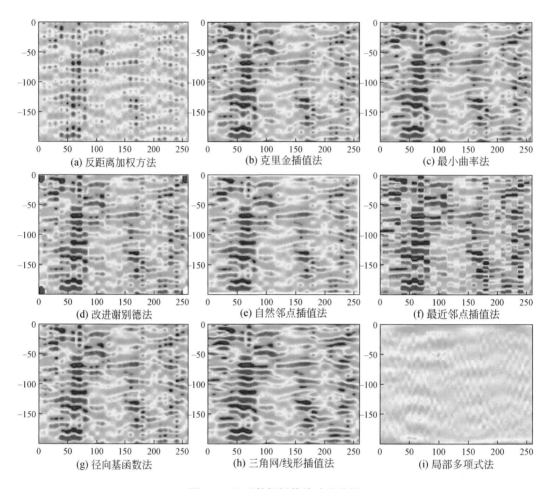

图 9-3　地震数据插值检验重绘图

### 9.1.2.3　全空间建模方法

实际工作中所采集的数据大多为二维地球物理场数据，在进行初步处理后可以采用三维建模的方法进行拟三维数据体的构建，三维建模有基于面的建模和基于点的建模两种方法。

1）基于面的建模

三线性插值是在三维离散采样数据的张量积网格上进行线性插值的方法。这个张量积网格可能在每一维度上都有任意不重叠的网格点，但并不是三角化的有限元分析网格。这种方法通过网格上数据点在局部的矩形棱柱上线性地近似计算点 $(x, y, z)$ 的值。

三线性插值经常用于数值分析、数据分析以及计算机图形学等领域。线性插值是最常用的插值算法，通常根据采样点所在体素的立方体网格单元的 8 个顶点上已知的数值进行三维的线性插值，也称为三线性插值。每次采样均要进行这种插值计算（图 9-4）。

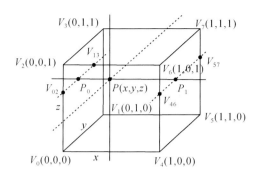

图9-4　线性插值方法示意图

立方体内采样点 $P(x，y，z)$ 的数值 $V_P$ 按下式计算:

$$V_P = V_0(1-x)(1-y)(1-z) + V_1(1-x)y(1-z) + V_2(1-x)(1-y)z +$$
$$V_3(1-x)yz + V_4x(1-y)(1-z) + V_5xy(1-z) + V_6x(1-y)z + V_7xyz$$

2)　基于点的建模

将测线剖面上每个点看作空间采样点进行三维空间点插值方法主要有反距离加权插值法和最近邻点插值法。反距离加权插值法的计算值易受物探属性点集群的影响，处理结果会出现一种孤立点属性明显高于周围属性点的分布模式，针对这种情况，可以在处理过程中采用动态搜索准则进行限制，从而得到一定程度的改进。幂越高，内插结果越具有平滑的效果。最近邻点插值法则最大限度地利用了原始探测过程所取得到的物探属性值，不仅考虑了原位采样的数据，还考虑了采样点附近的物探数据值，不仅考虑待插值数据点与邻近已知数据点的空间位置，并且还考虑到各邻近位置属性点彼此之间的位置关系，与此同时还顾及已有物探值空间分布结构的特征，使得这种数据插值方法比其他方法更精确，而且还能够给出估计误差。

3)　全空间建模

全空间建模可归结为基于体的插值法，通过插值过程可以从二维离散点物探数据得到三维体数据，该方法总体上是以体素为数据模型，其中以栅格为代表。这种方法数学概念清晰，核心在于插值法的选取上。直接插值法不适合结构复杂和物探数据属性点少的情形，也有文献认为该方法不适合层状（如地震数据）数据结构，因为层状数据结构性较强，而非量性和连续性。基于体的插值方法在矿产勘查探测领域研究较深入，除了传统的多项式、样条函数、有限元等插值方法外，还有基于现代神经网络技术建立的神经网络三维估值模型，该方法可以根据已知物探数据资料对未知位置的属性值进行预测。

全空间建模方法的思路是：不考虑单点数据原有空间归属，将体域内的点数据完全看作自由的个体，然后设定空间搜索半径与插值方法进行数据建模。由离散属性信息构建三维数据模型可以归结为一个多约束的空间插值数学问题。

### 9.1.2.4　二维约束全空间建模方法

全空间建模方法存在的问题是：不能很好地保持现有二维物理场的完整有效性，而在实际上，在地球物理数据处理与解释过程中，保证既有连续数据的一体性非常有必要，针对这种情况，MEGeO 矿井（工程）地球物理可视化系统设计了一种二维约束三维建模方法，该方法的思路是：首先进行完整物探数据二维剖面的重建，然后在空白区域采用适当的插值方法进行数据重建。这种建模方式属于混合数据结构建模。全空间建模数据优点是整体性较好，但是插值时间长，需要处理的数据量极大。二维约束方法有较好的继承性，速度快，但难以避免会出现临界面数据突变。

用剖面约束全空间建模方法建立三维地球物理模型要经过两个步骤：原始物探断面的构造和数据体内部实体填充，其重点与难点在于数据体边界断面的确定。剖面约束全空间建模方法就是构建原始数据断面以及模型的边界面包围三维数据体空间来进行三维数据体的表达。对于三维物探数据体，最主要的是每一数据层上下层边界的确定，上下边界面由二维插值的方法确定，数据整体边界或复杂形状界面往往由相关算法或人机交互方式完成。在三维物探数据体边界构造完成后，可采用栅格、三棱柱、四面体等体元构造地层体内部从而得到三维物探数据体模型。

近年来，曲面建模技术得到了广泛的应用，且应用效果很好。对于矿井地球物理数据建模而言，曲面建模法能很好地描述地层边界面，所以选用曲面构模法比较合适。这种方法先对数据边界面进行拟合插值，然后确定约束层面边界，建立约束面模型，通过对约束数据面层的缝合，构建出地层实体边界的三角网，然后进行内部填充，最后建立地球物理数据体模型。

### 9.1.2.5　边界限制与修正

在实际工作中，地形往往是起伏不平的，矿井物探所观测到的物理场数据常常因为地形影响而发生畸变，常规可视化软件一般仅支持规则三维数据体的可视化以及编辑过程，但是物探数据，尤其是矿井物探数据常常涉及地形修正，为此，本系统专门进行了数据体边界修正方法的研究，实现了地形修正、边界限制等功能，以及能够依据标准点进行有限范围内模型介质面修正的功能，为物探数据的处理与解释提供了更加贴近实际地质体真实情况的重现。

物探数据体边界包括地形边界以及下部数据采集边界（尤其对于电法的倒梯形数据特征），基于物探数据的特点，边界限制与修正模型采用不规则网格（三角网）方法。

地球物理数据模型的边界面主要是自然地表面或者井中的巷道起伏面，为自然形成的或人工形成的工程地表面。但无论是自然形成的还是人工形成的，工作面都存在一个共同特点，会形成物探数据探测点的起伏，其上的样本数据一般通过探测面高程测量获得，取样点密度与探测密度相等，可以充分反映地貌或者工作面起伏特征。

边界限制与修正既要保持点特征数据，又有线特征数据，不仅要反映地形特征信息，还要反映物探数据体特征信息。由于规则网格模型不能对地表面上的点和线特征给予显式的表达，而这对于工程地表面来讲是非常重要的。而不规则网格模型是沿着所提供的地学曲面上的特征点和特征线划分网格的，可以对表面上的点和线特征数据给予明确的表达。

地形三维模型是对地形表面在地形采样数据基础上的表面重构。经数据采集得到的地形数据可能是离散的点或是等高线图，地形建模就是要把这些数据生成数字地形，并在此基础上进行可视化分析。

边界建模方法可分为离散点建模、不规则三角网建模、规则格网建模以及混合表面建模等，在实际应用中基于规则格网（Grid）和不规则三角网（Tin）的建模方法使用较多。

不规则三角网建模法是基于离散点数据的建模方法，首先将根据有限个点将区域按一定规则划分成相连的三角形网格，然后用一系列互不交叉、互不重叠的连接在一起的三角形来表示构造面。区域中任意点的属性值可由顶点属性或通过线性插值的方法得到，如果该点落在三角形某条边上，则用该边的两个顶点属性值进行线性插值；如果该属性点落在三角形内，则用三个顶点的属性值进行线性插值，故不规则三角网是一个三维空间的分段线性模型。

在实际运用中，规则格网模型与不规则三角网模型之间可以是互相转换的。不规则三角网模型转成规则格网模型可以看作普通不规则点生成数字高程模型的过程，其过程是按设定的网格密度分成规则格网，对每个格网属性搜索最近的不规则三角网数据点，按线性或非线性插值方法计算格网点属性。规则格网模型转成不规则三角网模型则可以看作一种规则的采样点集生成不规则三角网的过程。

不规则三角网模型通常采用 Delaunay 三角剖分法建立，这种方法能够保证所建立的不规则三角网具有唯一性，而且能够最大限度地避免产生狭长三角形。这种方法通过在局部增加或减少控制点，可以方便地进行模型修改，还能够比较充分地表现控制点起伏变化的具体情况，最重要的一点，该方法模型数据和运算量都比较小。不规则三角网的数据存储方式的不足之处是这种方法比规则格网复杂，不仅要存储每个点的属性值，还要存储其平面坐标、节点连接的拓扑关系和三角形与邻接三角形的关系。

对于高密度电法数据处理与可视化过程来说，由于高密度电法的倒梯形数据结构，如果采用常规可视化软件往往对边界盲区进行插值显示，因此剖面与顺层切片中掺杂了部分的伪数据，必须在人工解释的过程中予以甄别。

## 9.1.3 不同类型物探数据建模注意要点

针对不同类型的矿井物探数据特点在三维重建过程中采用不同的数据结构、插值方法、建模参数是物探数据三维建模的关键过程。通过对电法、电磁法、地震等物探数据建立模型组织数据重建，在此基础上进行建模效果分析验证，重点是针对不同物探类型的数据结构采用相应的数据框架，针对物理场特性采用适宜的插值方法、插值参数，针对不同的数据采集模型进行边界限制与修正。

对于电法数据三维重建过程，其特殊性在于数据整体的二维一致性好，数据的变异参数较低，但是剖面呈现倒梯形，需要对这些空白去进行边界限制或者二次切割。电法数据由于数据结构的规则，在选择插值参数时限制较低，但是应该注意搜索半径不宜过大，否则对于边界区的数据会造成较大的失真。

而瞬变电磁由于其布置灵活，具有方向可控性，在矿井工作面超前探测中得到了大量的应用，瞬变电磁法因其测线布置灵活而且可以进行方向性探测，所以在数据插值过程需要进行角度分析、角度整合，算法较规则网度数据要烦琐。瞬变电磁数据由于反演过程中地层模型建立时较少考虑水平向相关性，所以其数据体的水平向变异较大，采用插值方法进行修正的满意度较低。

比较特殊的是地震数据，地震数据属于波动描述过程，基本数据为振幅/时间值，数据采集量大而且详细，在进行重绘时应尽量保持其波动特征，应尽量采用小的搜索半径及尽量少的圆滑点个数。否则，切面会出现急剧的突变。尤其是在两个剖面的正中间位置的数据，所以选择适宜的插值方法与参数对于地震数据重建来讲尤其重要。如图9-5（a）较好地保持了地震数据波动特征，而图9-5（b）由于插值方法不当造成数据突变、图像变形过于严重，无法根据其进行后期的解释。

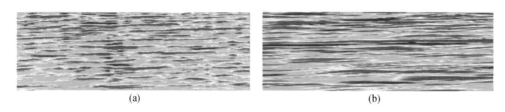

（a）　　　　　　　　　　　　　　　　　　　（b）

图9-5　插值方法选择不当引起的物探数据变形

# 9.2　矿井物探数据三维可视化

## 9.2.1　三维可视化技术基本原理

### 9.2.1.1　三维可视化原理

可视化（visualization）是将本来不可见的东西变成可见图像的过程。可视化在信息社会中得到广泛应用，据估计，在人类所获取的各种信息中通过视觉而得到的占60%以上。可视化技术结合了计算机技术、多媒体技术和工程学，将那些平常难以想象和描述的环境、事物或抽象数据，以计算机表达的二维图形图像的方式直观表现出来，从而加强信息的利用和理解。三维可视化技术自产生以来，便以惊人的速度在发展，为各类科学研究工程技术应用带来了根本性的变革。

随着三维可视化应用的不断拓展，三维可视化的应用范围逐渐扩展到工程计算数据（如应用地质力学模拟结果）、测量数据（如地形数据、医疗领域的CT数据和核磁共振数据等）。所有这些数据的一个共同特点就是空间性、多维性（一般为三维）、复杂性，可视化就是从这些复杂的空间数据中产生直观的图形，并在二维平面上显示的过程。尽管三维空间数据的类型各不相同，数据分布及连接关系的差别也很大，但是其可视化的基本流程却大体相同，都要经过数据生成、数据精炼与处理、可视化映像、绘制和显示五个步骤，如图9-6所示。整个流程的核心在于可视化映射过程，即将处理后的数据转化为绘制对象的几何要素和属性特征。可视化过程一般是将模型中的数据首先过滤为用户感兴趣的数据值，然后映射为绘制要素；用可视化图形变换方法绘制得到图像；最后将结果反馈给用户，然后重新回到循环的开始。整个流程重点表达了反馈和交互的特征。

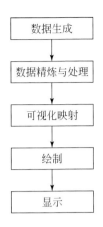

图 9-6  三维物探数据可视化基本流程

三维物探数据可视化的研究主要体现三维物探数据场的绘制和实时真实感绘制方面。三维数据场可视化不仅包括科学计算数据的可视化（如计算机模拟数据），还包括工程计算数据的可视化（如有限元分析结果等）、测量数据的可视化（如医学 CT 和核磁共振数据）。从被处理数据的特征来看，当前的研究主要侧重于大规模三维数据场、复杂三维数据场、时态三维数据场和张量数据场的可视化。

真实感图形绘制（realistic rendering）主要指生成图形的视觉效果尽可能地与现实世界的视觉效果相一致。从狭义上讲，指计算机能产生像照片那样的黑白图像和彩色图像，产生的是仿真效果。地学应用中常见的处理方法有纹理映射算法、阴影生成算法以及直接体绘制算法等。实时绘制（real-time rendering）一般要求帧更新速率达到每秒 15 帧以上，这样在人眼看来就是连贯、无中断的。

### 9.2.1.2  三维可视化技术

可视化技术的研究内容主要包括两方面，一是采用合适的数据结构合理表达三维对象；二是采用合适的技术将三维对象逼真地、快速地再现于计算机屏幕上，其本质是光照方程的模拟和计算。

在计算机图形学中，上述两方面内容分别对应三维空间对象表达和可视化方法。它们主要可分为两种：基于面片和基于体元。这两种不同的表达方法分别有不同的数据建模方法和可视化算法，在各自的基础上发展为传统的面图形学和新兴的体图形学。它们的差别和二维图形系统中的矢量图形学和栅格图形学类似。基于面图形学的方法和技术，将空间对象的表面表示为面、边和结点的组合，通过面绘制算法将对象绘制出来；基于体图形学的方法，将研究目标分解成数百万个简单的小单元块，称为体元；同时，将采集的科学和工程数据作为属性值赋给每个体元。然后，对所有体元上的属性值通过体绘制算法合成产生一个复杂的图像。为了达到实时绘制效果或其他目的，三维空间对象表达和可视化方法也有时采取混合方法或者其他方法。如 Wimmer 对远距离对象的表达和可视化进行了研究，采用了光线投射、基于图像和基于点的方法以达到实时绘制的目的。

面绘制方法中最常见的技术是消隐和模型简化技术。消隐是一个最基本、最常见的问题。常用的消隐类型包括：视景体剔除、背面剔除和遮挡剔除，其中应用最多的方法是遮挡剔除。消隐又称为可见性计算，消隐计算可以在处理器（CPU）上计算得到，也可以在图形显卡（GPU）上计算得到。与消隐技术相关的研究很多，在一般的图形显卡上也有一定支持。例如，一般的图形显卡都支持 OpenGL 标准，而 OpenGL 则默认提供了视景体剔除和背面剔除功能。由于显卡的处理能力是有限的，因此，一般的软件系统都考虑在处理器中辅助实现视景体剔除和遮挡剔除，这样可以减缓显卡的负荷。可见性计算分为实时计算和预先计算。许多实时遮挡裁减算法在物体空间或图像空间建立一个遮挡数据结构，用它来检测场景层次。另一个方法是将物体空间或图像空间离散化，比如将图像空间像素化和将场景空间离散成八叉树。对于海量数据要做到实时消隐，必须有一定的预处理。处理遮挡剔除时，在充分利用硬件条件的基础上，寻求软硬件结合的快速消隐方法是目前的一个研究趋势。Timo 总结了前人对可见性问题的研究，提出了一个名为 Umbra 跨平台的体系结构，其中包含和实现了 13 种可见性判别算法。

模型简化算法指在处理器（CPU）上利用各种技术对模型进行预处理。许多算法可以用来简化表面格网表达的对象，如渐进网格、顶点聚类、简化包层以将三角形聚类成组等。基于几何结构的模型简化比较典型的算法是 Hopper 的算法，其中包括基于顶点、基于边和基于三角形的简化。顶点聚类算法忽略输入数据的拓扑，它具有很高的压缩比，但不能很好地保持局部形状。

可视化技术是对三维空间离散化和采样后数据集的可视化，目的是将体数据的内部信息表示出来。可视化方法可分为两类：一种是在对体数据进行体建模后，采用直接体绘制技术进行显示；另一种是从体数据中构造出面数据，然后用面绘制技术进行显示。但是后一种方法在提取中间曲面的过程中常常丢失三维数据场中的细节信息，需要采用前一种方法。该方法是一种不构造中间几何模型而直接成像的技术，也就是体绘制技术，又称为直接体绘制技术。

直接体绘制算法最早于 1987 年，由美国国家科学基金会（NSF）McCormick 等提出。近年来相继涌现出了多种相关算法。根据算法实现的空间差异可以分为两大类：空间域方法和频率域方法。空间域方法直接对原始的空间数据进行三维显示。在空间域中，根据对空间数据的绘制次序不同，主要分为三类：Westover 提出的以物体空间为序的体绘制方法（object-space methods），Levoy 提出的以图像空间为序的体绘制方法（image-space methods），以及 Lacroute 提出的以错切变形（shear-warp）算法为代表的混合空间序体绘制方法。根据实现手段的不同，体绘制算法还包括基于图形硬件实现或硬件加速的方法。三维可视化的两种绘制算法的对比如表 9-2。

表 9-2　三维可视化的绘制算法的对比

| 绘制算法 | 算法原理 | 源数据要求 | 绘制效率、效果 | 适用范围 |
|---|---|---|---|---|
| 面绘制 | 构造曲面，面充填 | 面数据或体数据 | 边界清晰，速度快，易于交互式操作和查询，便于硬件加速 | 面状信息、边界明显的体信息 |
| 体绘制 | 不构造面对象，直接由三维空间数据产生屏幕上的二维图像 | 体数据 | 效果逼真，但速度慢，交互操作困难，适用于并行计算 | 真三维体、体内部的不均质性 |

### 9.2.1.3 三维可视化流程

从三维物探数据体到二维计算机图像，就如同用相机拍照一样，通常经历以下步骤：

（1）将三维物探数据体放在场景中的适当位置，它相当于计算机图形处理过程中的模型变换，对模型进行旋转、平移和缩放。

（2）将相机对准三维数据重绘体，调整视点的位置，即视点变换。

（3）选择相机镜头并调焦，使三维数据实体投影在二维面上，它相当于图形处理中把三维模型投影到二维屏幕上的过程，即投影变换。

（4）冲洗底片，决定二维相片的大小，在屏幕窗口内可以定义一个矩形（称为视口，视景体投影后的图形就在视口内显示）规定屏幕上显示场景的范围和尺寸。

通过上面的几个步骤，三维数据体就可以用相应地用二维平面物体表示了，也就能在二维的电脑屏幕上正确显示了。总体来说，三维物体的显示过程如图9-7所示。

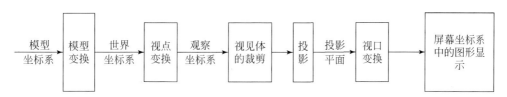

图 9-7 三维物体的显示流程

三维图形的几何坐标变换，可以通过基本的平移、缩放和旋转变换组合而成，每一个变换都可以表示为矩阵变换的形式，通过矩阵的相乘或连接可以构造更复杂的变换。假设三维物体的世界坐标为 $P(x, y, z)$，视点变换矩阵为 $\boldsymbol{M}_v$，投影变换矩阵为 $\boldsymbol{M}_p$，视口变换矩阵为 $\boldsymbol{M}_d$，则物体在观察坐标系（视点坐标系或者 camera 坐标系）、投影面坐标系以及屏幕坐标系下的坐标分别为

观察坐标系下坐标：$P_v = \boldsymbol{M}_v \cdot P_w(x, y, z)$

投影面坐标系坐标：$P_p = \boldsymbol{M}_p \cdot P_v = \boldsymbol{M}_p \cdot (\boldsymbol{M}_v \cdot P_w(x, y, z))$

屏幕坐标系下坐标：$P_d = \boldsymbol{M}_d \cdot P_p = \boldsymbol{M}_d \cdot (\boldsymbol{M}_p \cdot (\boldsymbol{M}_v \cdot P_w(x, y, z)))$

从上面公式可看出，不同坐标系下的坐标可以经过相应的矩阵运算进行相互转化；屏幕上的坐标经过上述一系列矩阵运算的逆运算可以求出其对应的视点坐标。

此外，为了使屏幕中显示的立体图像能逼真地反映实际中的物体，还必须消除由于视线的遮挡而隐藏的点、线、面和体，即深度测试。消除隐藏点的算法很多，如 z 缓冲器算法、画家算法、跨距扫描线算法、区域子分算法等，常用的图形包里采取的深度缓存（depth buffer）就是 z 缓冲器算法。它在缓存中保留屏幕上每个像素的深度值（视点到物体的距离），有较大深度值的像素会被带有较小深度值的像素替代，即远处的物体被近处的物体遮挡住了。当物体之间的遮挡现象严重时，深度测试可以大大降低实际绘制的图形数量。

目前通用的图形可视化开发包，如 OpenGL、DirectX、VTK 等，都封装了上述图形可视化的流水线（pipe line），并提供了一系列的图形显示和交互接口。利用它们提供的

API，可以实现常规数据量地形数据在屏幕上的三维显示和交互控制。

## 9.2.2 矿井物探数据三维可视化

### 9.2.2.1 物探数据可视化框架

矿井地球物理可视化系统目标是设计针对物探数据处理解释一体化的基础平台，远期功能要求实现综合物探、地质资料的一体化管理；满足三维物探数据处理和地质资料交互建模过程；对三维地球物理场模型提供强大的可视化分析功能；提供对各类三维地球物理数据体的三维显示及输出等功能。

矿井地球物理可视化系统中每个物探数据的绘制过程可看作一个流水线作业过程（图9-8）。为完成可视化的任务一般将该过程划分为一些相对独立的组成单元，并定义各自的功能；然后通过单元间的不同组合和调整，达到系统目标的最优化实现。

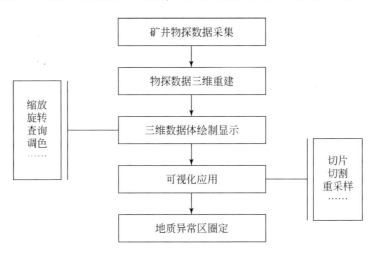

图9-8 物探数据三维可视化技术路线

### 9.2.2.2 物探数据交互建模过程

地球物理场模型是一个特殊的描述体，它的建模和显示具有它的特殊性，为此系统提供物探数据交互建模功能，以实现多种物探数据的拼接入库管理功能与多种物探数据的集成管理。三维建模过程功能流程框架如图9-9所示。

实际工作中所采集的数据大多为二维地球物理场数据，在进行初步处理后可以采用三维建模的方法进行拟三维数据体的构建。主要步骤如下。

（1）三维数据体框架建立，主要为数据体三维尺寸和边界修正、限制数据，数据密度等。

（2）数据导入：系统需要的数据主要有物理场属性数据、点数据坐标（$X$，$Z$）、二维数据的相对位置（$Y$）、边界（地形）数据。三维建模交互操作开始前，应对地球物理场

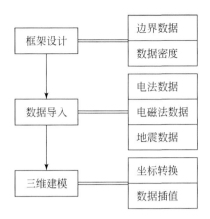

图9-9 三维建模过程功能流程图

数据进行预处理、反演、手工拼接等一系列数据准备过程，然后将成果数据存为系统可识别的数据文件，文件内的基本数据结构为"$X$，$Y$，$Z$，属性值"。如果探测过程在非水平面上进行，则需要对文件中包含的坐标数据进行提前地形校正。最简单的地形校正方法为一致网格法，但其效果最差，建议采用阻尼变形网格法或Schwartz-Christoffel带地形反演法（图9-10）。

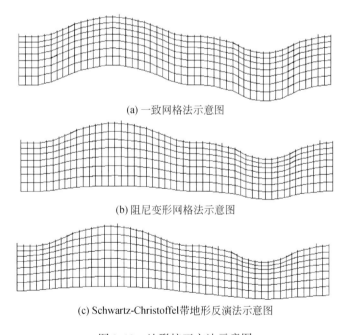

(a) 一致网格法示意图

(b) 阻尼变形网格法示意图

(c) Schwartz-Christoffel带地形反演法示意图

图9-10 地形校正方法示意图

（3）三维数据建模：首先将以上坐标数据转换为三维数据体的坐标，然后按照约定的数据密度进行插值处理。平面数据二维坐标转化为三维坐标后，边界上的点是一系列离散空间的点，这些点可以进行缩放、旋转等操作，但仍无法输出立体形状。还需要把这些点建模，组成为立体图形，通常采用体绘制技术绘出数据体达到立体显示的目的。数据信息和附加的参数信息按规则存储在数据文件中，所以数据文件的结构是固定的，不是所有的数据文件都能打开，也不支持文本数据，数据文件的后缀一般是 KGO。

### 9.2.2.3　可视化基本应用

三维可视化技术能够应用交互技术对地质模型进行多种变换，帮助地质工作者全面深入地研究地质的各类变化特征与规律。为满足三维地球物理场数据可视化操作需要系统提供以下基本操作功能。

1）三维数据模型的显示、输出及可视化

提供各类三维模型及分析结果的显示及输出，包括：

（1）放大（开窗放大）、缩小、旋转、实时平移等三维图形操作；

（2）通过键盘或鼠标操作实现三维场景的实时漫游；

（3）通过设定自由色标进行不同风格的三维体数据展示；

（4）对数据整体以及处理成果进行管理；

（5）视频录制。

2）三维数据模型的分析及应用

①三维查询

提供利用鼠标拾取地质单元实体方式查询地质单元属性的操作及由地质单元属性查询地质单元实体的功能。

②三维剖切

提供对三维物探数据模型沿任意方向的剖切，可选择垂直剖面、水平剖面、折线剖面等作为剖切路径，沿剖切路径生成剖切面，并可生成分层切面图、立体剖面图等各种剖面图。切片是将地质模型以指定平面的方式来表达，展示了数据体属性和结构在二维平面内的分布，是地质剖面图的一种变形。针对手工切片深度与角度均不易控制的情况，系统提供了可控切片方法，操作者可以在交互界面上输入深度、角度、步长等控制要素，软件即可进行精确的切片操作。

③三维交互定位及属性查询

利用鼠标操作仿真定位点在三维空间中的实时移动，可实时获取定位点处的三维空间坐标值及地球物理定量属性值。

### 9.2.2.4　数据重采样

数据重采样可以对操作成果（如切片）进行属性提取，常规可视化软件所提供的顺层切片通常只能保存为图片格式，为了可以更好地在资料处理与解释过程中利用切片数据，开发的系统提供切片导出为 *.dat 格式数据文件功能，且可以在软件中实现等值线绘制，并且可以对等值线的密度进行量化控制。导出的数据文件可以在 surfer 软件中进行二次编辑、重绘，以便更好地辅助处理解释工作。

数据重采样还可以用来提取等值体，实现对单个或多个指定地质单元的体积或面积计算功能。任意等值体的重绘以及属性提取可以用来进行地球物理数据异常区圈定，从而指导矿井生产（如估算矿井涌水量等）。

## 9.2.3 物探数据可视化操作

### 9.2.3.1 系统操作简介

系统工作台面主要是用来显示三维数据体图形和处理方法的交互界面。主界面及主要操作区如图9-11所示。

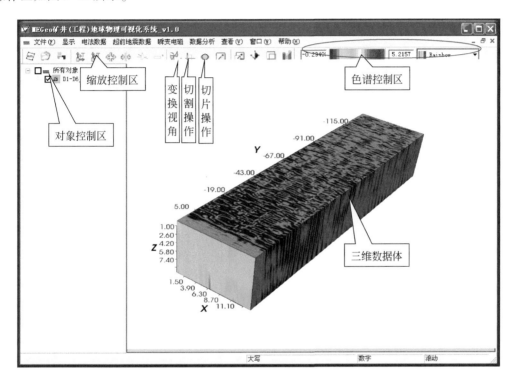

图 9-11 系统主界面及主要操作区

三维可视化技术能够应用交互技术对地质模型进行多种变换，帮助地质工作者全面深入地研究地质的各类变化特征与规律。为满足三维地球物理场数据可视化操作需要，系统提供以下基本操作功能：

（1）放大（开窗放大）、缩小、旋转、实时平移等三维图形操作；

（2）通过键盘或鼠标操作实现三维场景的实时漫游；

（3）通过设定自由色标进行不同风格的三维体数据展示；

（4）对数据整体以及处理成果进行对象管理；

（5）视频录制。

### 9.2.3.2 可视化扩展应用

系统提供对三维地质结构模型沿任意方向的剖切，可选择垂直剖面、水平剖面、折线剖面等作为剖切路径，沿剖切路径生成剖切面，并可生成分层切面图、立体剖面图等各种剖面图。切片是将地质模型以指定平面的方式来表达，展示了地质体属性和结构在二维平面内的分布，是地质剖面图的一种变形。针对手工切片深度与角度均不易控制的情况，系统提供了可控切片方法，操作者可以在交互界面上输入深度、角度、步长等控制要素，软件即可进行精确的切片操作。以得到数据体中不同层位上的物理属性情况。

（1）手工切片：进行切片操作时，可在图 9-12 所示对象控制区中选择所要进行操作的对象，然后点击工具栏中的切割操作按钮即可进行切片操作，点击变换视角可以使法向轴在 X-Y-Z 方向上进行切换，点击切割操作后出现图中所示手工切片控制标，用鼠标按住进行角度/位置调整，然后点击切片操作按键即可完成一次切片过程。

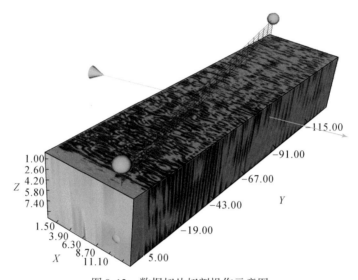

图 9-12　数据切片切割操作示意图

（2）可控顺层切片功能：点击切片按键后出现交互界面（图 9-13）。

图 9-13　切片控制交互界面

此时用户可以通过精确输入 X、Y、Z 各方向的坐标和角度，从而精确控制切片的位置，形成切片成果（图 9-14）。在步长一组的文本框内输入拟连续切片的间距即可进行连续切片操作。

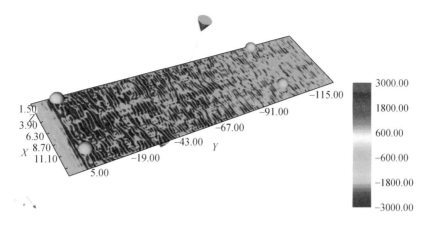

图 9-14　数据切片成果

（3）组合切片：一次切片操作完成后可以变化位置或者坐标轴进行重复切片操作，用户可以根据自己的理解进行各个坐标轴方向上的切片组合，以达到最佳的展示效果（图 9-15）。

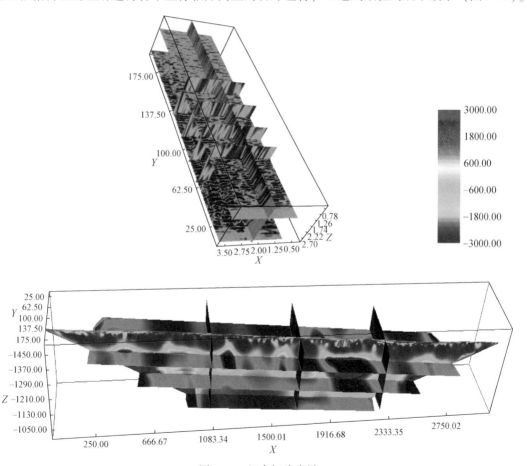

图 9-15　组合切片成果

# 10 其他矿井地震探测方法

## 10.1 声 波 探 测

### 10.1.1 概述

声波探测技术主要利用频率（$f$）很高的声波或超声波（1000Hz～10MHz），作为信息的载体，对岩体进行探测的方法，当频率大、波长小，分辨率就高，对若干岩石的微观结构也能反映。由于岩石对高频吸收和衰减都比较快及散射严重，因此，声波探测距离小。由于岩土工程一般不需要探测很深，如桩基，也只有十几米长，所以用途很大。

声波探测在工程勘测中应用普遍，如石油、地质、水电、矿山等。我国声波探测技术主要应用于以下领域：

（1）围岩工程地质分类，提出应采取的工程措施；

（2）围岩应力松弛范围的确定（松动圈），为设计支护（锚杆等）提供依据；

（3）测定岩石或岩体的物理力学参数，如动弹性模量单轴抗压强度等；

（4）测定地层的地质资料，如风化程度、裂隙系数、完整系数等；

（5）测定小构造情况，如位置、宽度、小溶洞等；

（6）岩体稳定性评价，声波在岩体内变化规律，对稳定性评价；

（7）声波测井，研究钻孔的地质柱状及确定结构位置等；

（8）砼构件的探伤及水泥灌浆检验。

### 10.1.2 声波仪的基本原理

1）工作原理

声波探测设备主要由发射和接收两部分组成，发射机、发射换能器，以及接收机、接收换能器。（发射机）由声源信号发生器通过压电材料制成的发射换能器发射电脉冲，激励晶片振动产生声波向岩石发射，在岩石中传播，经接收机接收，电换能器放大，在屏幕上显示图形。也可直接读数，测出初至时间 $t$，再经已知探测距离 $L$ 计算，可得出声波速度。

2）纵波速度（$v_P$）和横波速度（$v_S$）识别及波速测定

要想求得岩石中 $v_P$、$v_S$，首先要正确区分它。

$v_P$ 的确定一般是读取到达时间 $t_P$，再用有关方法求得。如遇到初至不清楚时，若波形接近正弦波，而峰值点较明显，则可读初至后数个峰值的时间，然后用外推法求 $t_P$

（图 10-1），或由初至后第一个峰值减 1/4 周期而得。

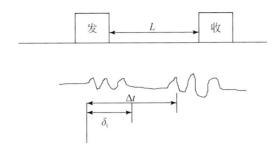

图 10-1　初至时间确定

$v_S$ 是根据它与 $v_P$ 的关系求得。由于 $v_S$ 比 $v_P$ 后到达（差 1.73 倍），它往往叠加在 $v_P$ 背景上，不易识别，很难确定，可用如下方法确定：

首先，当岩体较完整，声波反射、散射不严重时，如图 10-2 所示，直达波因距离近而先到达，但波形简单易识别，P 波次到达，且延续时间为 $0.73t_P$（$t_P$ 是纵波初至时间），后面是 S 波。其次，S 波的能量较 P 波强，这时很容易根据振幅大小来识别。

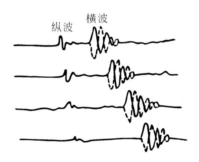

图 10-2　$v_S$ 与 $v_P$ 关系图

自然界介质千变万化，有时难以区分，为获得图 10-2 的情况，可适当增大发射与接收换能器之间的距离 $L$（图 10-1），但也不能太大，否则波及不到信号。为了清晰区分 P 波和 S 波的初至时间，一般采用减少发射脉冲宽度的办法，因此 $L$ 多大为好？

设：$t_P$ 为 P 波初至时间，$t_S$ 为 S 波初至时间，$\delta_t$ 为纵波宽度，$\Delta t$ 为 P 波与 S 波初至时间之差，只有 $\Delta t > \delta_t$ 时，P 波与 S 波才能分开。

因为
$$v_S = \frac{L}{t_S}$$

$$v_P = \frac{L}{t_P}$$

所以
$$\Delta t = t_S - t_P = \frac{L}{v_S} - \frac{L}{v_P} = \frac{L\left(\dfrac{v_P}{v_S} - 1\right)}{v_P} \qquad (10\text{-}1)$$

令

$$\eta = \frac{v_P}{v_S} = \sqrt{\frac{2(1-\nu)}{1-2\nu}}$$

式中，$\nu$ 为泊松比。

代入上试得
$$\Delta t = \frac{L(\eta-1)}{v_P}$$

即
$$L = \frac{\Delta t v_P}{\eta-1} \qquad\qquad (10\text{-}2)$$

而理想岩石中波松比等于 0.25 时，则到达时间 $t_S = 1.73t_P$，而在碎裂岩石中 $t_S > 1.73t_P$。设 $v_P = 5000\text{m/s}$，$\Delta t = 5T = 5/f$，则区分 P 波与 S 波的最小距离 $L$ 值见表 10-1。

**表 10-1　收发间距一览表**

| 频率/kHz | 5 | 10 | 20 | 30 | 50 |
|---|---|---|---|---|---|
| P 延续时间 $\Delta t$/ms | 1000 | 500 | 250 | 167 | 100 |
| P 波、S 波区分的最小距离 $L$/m | 7.16 | 3.58 | 1.8 | 1.2 | 0.72 |

横波在高频下才有意义，有很多条件限制，其参数的准确性是围绕其发展的关键因素，也是期待解决的问题，因此，在所有物探中，S 波用得很少。

## 10.1.3　声波探测在矿井工程地质中应用

声波探测与地震勘探方法都是以研究弹性波在岩体内的传播特征作为理论基础的，但是二者之间在具体使用时又有不同的分工，合理使用会起到互相补充的作用。

一般说来，对于大面积大、中深度的岩体，使用地震法进行探测为宜；而对于小尺度的岩体则使用声波进行探测为宜。目前，声波探测技术则主要应用于工程地质（矿井巷道中原位测试）或测井。

1）岩体的工程地质分类

在工程地质工作中，为了合理地选择地下洞室及巷道等的衬砌类别，确定工程结果的主要尺寸，必须对围岩的工程性质进行正确的分类。

对于围岩的分类工作，除了按传统地质方法分类外，还可以利用岩体的声学性质来定量地验证和校核地质分类的结果。用综合的方法来进行岩体分类工作，既考虑声学特征，又考虑岩石的成因、类型、结构特征、风化程度等。这样，就可以正确评价围岩的工程地质性质，作为设计和施工的重要依据。

岩石的完整系数（$k$）表达式如下：
$$k = \left(\frac{v_{P体}}{v_{P石}}\right)^2 \qquad\qquad (10\text{-}3)$$

式中，$v_{P体}$ 为野外岩体测定波速；$v_{P石}$ 为标本上测定波速。

按照 $k$ 值或其他工程地质指标分类见表 10-2。

表 10-2 岩石完整系数工程地质分类

| 围岩类别 | Ⅵ | Ⅴ | Ⅳ | Ⅲ | Ⅱ | Ⅰ |
|---|---|---|---|---|---|---|
| P 波速度/(km/s) | >4.0 | 3.5 | 3.0 | 2.0 | 1.5 | <1.5 |
| 完整系数 $k$ | >0.8 | 0.8~0.5 | 0.5~0.4 | <0.4 | | |
| 岩性 | 节理不发育<br>无夹层<br>厚层 | 节理较发育<br>少量夹层<br>中层 | 节理很发育<br>多量夹层<br>薄层 | 断层影响黄土<br>卵砾石<br>弱风化 | 强烈断层带<br>黏土<br>新黄土 | 断层泥<br>轻黏土<br>细砂 |
| 岩体结构 | 块状 | 层状 | 碎裂状 | 松散状 | 松散状 | 松散状 |

2）岩体弹性参数的测定

常用的物理力学参数有弹性模量 $E$、波松比 $\nu$、剪切模量 $\mu$、体变模量 $K$ 等，其中 $E$ 最重要。$E$ 又分为动弹性模量 $E_d$ 和静弹性模量 $E_s$，$E_d$ 是在瞬时加载情况下测得的，而 $E_s$ 是在短期内缓慢情况下测得的，$E_d$ 易测，而 $E_s$ 不易测，在设计时还要用到 $E_s$，为此通过试验解决。

$$E = \frac{\rho v_S^2 (3v_P^2 - 4v_S^2)}{v_P^2 - v_S^2}$$

$$\sigma = \frac{v_P^2 - 2v_S^2}{2(v_P^2 - v_S^2)}$$

$$\mu = \rho v_S^2 \tag{10-4}$$

$$K = \rho \left( v_P^2 - \frac{4}{3} v_S^2 \right)$$

$$E_s = 0.1 E_d^{1.43} \tag{10-5}$$

式中，$\rho$ 为岩石的密度，其他符号意义与前面叙述一致。

某矿 1301 工作面，煤厚大于 9m，预实行综采放顶煤的开采方式，为了了解顶煤层的可放性，同时由于所采煤层属推覆体下的赋存煤层，煤层往往会受构造应力的作用而造成局部松散破碎，综采面地质预报要求了解工作面内煤层强度的分布状况，为综采设计与施工组织提供依据，为此我们利用 MMS-1 矿井多波地震仪对该面煤层稳定状况进行了原位测试。测试工作在工作面风巷与机巷的煤帮上进行，采用两点时差法（图 10-3），震源到检波器 1 的距离与两台检波器的间距均为 1m，测试时，利用特制机械式纵横波震源分别激发产生纵波与横波，其中横波激发两次，即正反向敲击，

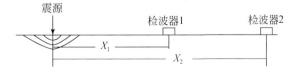

图 10-3 两点时差法测试煤体强度

室内利用每一测点所测的一道纵波信号和两道横波信号进行数据处理与分析，为更好地分辨横波，先将两道横波信号反相叠加，这样，可以使横波初至相位得到突出，图10-4为某测点处最大灵敏度方向的各分量测试波形及正反敲击叠加的横波记录，图中第一道为垂向激发时 $Z$ 分量所接收的波形，第二、第三道为正向敲击和反向敲击时 $Y$ 分量所接收的波形，第四道则为第二、第三道的反相叠加波形图。同时，可进行多道波形叠置并综合判读与解释（图10-5）。

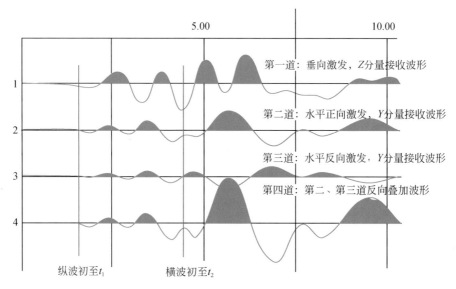

图 10-4　某测点实测波形及正反敲叠加道

| $t_1$=1.54ms | $t_2$=4.54ms |
| --- | --- |
| $v_P$=649.35m/s | $v_S$=220.26m/s |
| $v_d$=0.43 | $G_d$=92.18MPa |
| $E_d$=264.55MPa | $K_d$=708.97MPa |

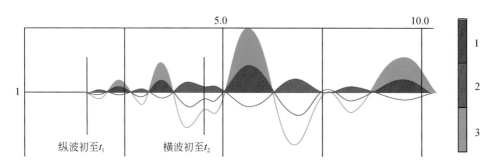

图 10-5　多道波形叠置并综合判读与解释

3）硐室围岩松动圈范围的测定

在煤矿山，或其他矿山，隧道开挖时都会遇到内御荷作用而产生应力集中，当应力超过岩体的抗剪强度时，岩体产生破裂、位移，引起应力下降，在硐壁一定范围内形成应力松弛带（或硐室松动圈）。

测试方法：用风钻垂直于硐壁打孔（图10-6）采用高压换能器或测井换能器，安装好孔口止水设备，孔中注满水，将换能器置于孔中，用双孔法或单孔法进行 $v_P$，$v_S$ 测定。

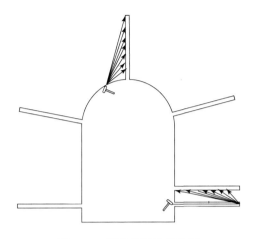

图10-6 测围岩松动布孔图

对于完整岩体，测声波速度高，反之下降明显，一般应力增高处波速也增加，应力下降处波速降低，可用速度变化来测定松动厚度。

将测试结果沿孔深画 $v_P$、$v_S$ 曲线，得出松弛带、应力集中带、正常带（图10-7）。

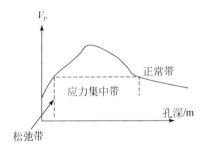

图10-7 港道围岩应力分布

4）残余煤层厚度探测

综采放顶煤技术是提高煤炭工业生产效率的一项切实可行的手段，但当下部煤回采后，顶部残余煤层的厚度探测一直比较困难，造成放顶煤开采工作面的储量管理依据不足。利用 MMS-1 矿井多波地震仪及其辅助装置即能进行顶煤厚度探测，测试采用自激自收的方法，选择一块较为平整的煤层面，用专用导杆固定智能三分量检波器并使其底座紧贴于顶煤底面上，在仪器附近（一般约20cm）使用机械式震源枪激发产生震波，地震波遇到煤层与顶板交界面时发生反射，反射波被智能三分量检波器接收并记录，利用处理软件解析处理即可解释顶煤厚度与结构。

图10-8 为在某矿1303工作面，某探点实测的反射纵波波形记录及解析结果，解析判定顶煤总厚为8.66m，现场钻探验证与探测结果一致。

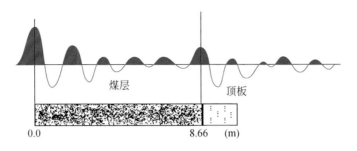

图 10-8 顶煤厚探测解析示意图

声波还可用于工程检测中的混凝土强度测定（检测）、桩基质量检测等。

## 10.2 瑞利波勘探

### 10.2.1 概述

在地球介质中，震源处的振动（扰动）以地震波的形式传播并引起介质质点在其平衡位置附近运动。按照介质质点运动的特点和波的传播规律，地震波常可分为两类，即体波和面波。纵波（P波，压缩波）和横波（S波，剪切波）统称为体波，它们在地球介质内独立传播，遇到界面时会发生反射和透射。当介质中存在分界面时，在一定的条件下体波（P波或S波，或二者兼有）会形成相互干涉并叠加产生出一类频率较低、能量较强的次生波。这类地震波与界面有关，且主要沿着介质的分界面传播，其能量随着与界面距离的增加迅速衰减，因而被称为面波。在岩土工程中，分界面常指岩土介质各层之间的界面，地表面是一较特殊的分界面，其上的介质为空气（密度很小的流体），有时又把它称为自由表面，把自由表面上形成的面波称作表面波（图10-9）。

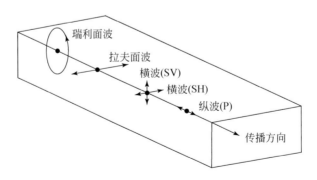

图 10-9 面波传播示意图

面波主要有两种类型：瑞利面波和拉夫面波。瑞利面波沿界面传播时，在垂直于界面的入射面内各介质质点在其平衡位置附近的运动，既有平行于波传播方向的分量，也有垂直于界面的分量，因而质点合成运动的轨迹呈逆进椭圆。拉夫面波传播时，介质质点的运动方向垂直于波的传播方向且平行于界面。目前在岩土工程测试中以应用瑞利面波为主。

从上述各类波在介质中传播的速度来看，在离震源较远的观测点处应该接收到一地震波列，其到达的先后次序是 P 波、S 波、拉夫面波和瑞利面波。各种波的应用条件和方法见表 10-3。

表 10-3 各种波方法比较

| 条件 | 瑞利波法 | 折射 | 反射 | 跨孔 P，S |
|---|---|---|---|---|
| 勘探方式 | 接收瑞利波，确定各层深度及速度 | 接收折射波，确定深度及折射波速 | 接收反射波，求深度及波速 | 孔冲，分层和测各层速度 |
| 震源形式 | 锤击 | 锤击或爆炸 | 锤击或爆炸 | 孔中剪力锤 |
| 勘探深度 | $0 \sim 50m$ | 0 至数百米 | 0 至数百米 | 由孔深确定 |
| 资料处理 | 现场给出结果 | 室内处理 | 室内处理 | 现场结果 |
| 场地要求 | 5m×5m，大于测试范围 $1 \sim 2m$ | 与深度有关，大于测深 $3 \sim 5$ 倍 | 大于测深 2 倍 | 电孔位而定 |
| 工作效率（一个接一个排列计算） | 与深度无关，约 30min | 与深度无关，约 60min | 与深度无关，约 60min | 与深度间隔有关 |
| 人数 | 4 人 | $6 \sim 8$ 人 | $6 \sim 8$ 人 | 4 人 |

瑞利波振动轨迹为逆进椭圆图（图 10-10），振幅随深度呈指数函数急剧衰减，传播的速度略小于横波，最初由英国学者瑞利提出，通过定量解释实测的频散曲线解决工程地质问题。

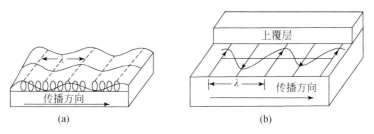

图 10-10 瑞利波传播示意图

## 10.2.2 瑞利波法的基本原理

1）基本理论

根据面波传播理论，在自由界面以下均匀各向同性的弹性介质中，瑞利面波振动的水平分量 $D_x$ 和垂直位移分量 $D_z$ 的实部可分别由下列表达式表示：

$$
\left.
\begin{aligned}
D_x &= B\left( b \cdot \mathrm{e}^{-bx} - \frac{2K_R^2 \cdot b}{2K_R^2 - K_S^2} \cdot \mathrm{e}^{-az} \right) \cdot \cos(\omega t - K_R \cdot x) \\
D_z &= B\left( \frac{2K_R \cdot a \cdot b}{2K_R^2 - K_S^2} \cdot \mathrm{e}^{-az} - K_R \cdot \mathrm{e}^{-bz} \right) \cdot \sin(\omega t - K_R \cdot x)
\end{aligned}
\right\}
\tag{10-6}
$$

式中，$K_R$、$K_P$ 和 $K_S$ 分别为瑞利波、纵波和横波的圆波数；$x$ 和 $z$ 分别为传播距离和深度；衰减系数 $a$ 和 $b$ 则分别和波数有关，$a^2 = K_R^2 - K_P^2$，$a^2 = K_R^2 - K_S^2$；$B$ 为和能量有关的常数。

2）瑞利面波的质点位移特征

从式（10-6）可以看出，瑞利面波的质点位移不仅与其频率、传播距离、深度有关，而且与介质的性质密切相关。在理想情况，即当介质为理想的泊松固体时（$\nu = 0.25$），且在 $z = 0$ 的情况下，则式（10-6）可写成

$$D_x \approx 0.42C \cdot \cos\left(\omega t - \frac{\omega}{v_R} \cdot x\right)$$
$$D_z \approx 0.62C \cdot \sin\left(\omega t - \frac{\omega}{v_R} \cdot x\right)$$

（10-7）

式中，$C$ 为和能量及波数有关的常数。

若将式（10-7）中的两式平方后相加，可得

$$\left(\frac{D_x}{0.42}\right)^2 + \left(\frac{D_z}{0.62}\right)^2 = 1$$

（10-8）

该方程为一椭圆方程，说明在自由表面附近，瑞利波质点的位移轨迹是 $x \sim z$ 平面内的逆时针椭圆，其水平轴和垂直轴之比约为 2：3。

3）瑞利面波的传播速度和穿透深度

根据其质点位移的规律，对几种不同泊松比 $\nu$ 的介质，计算其水平位移 $D_x$ 和垂直位移 $D_z$ 随深度 $z$ 的变化，结果如图 10-11 所示。图中纵坐标为深度和波长的比值 $\left(\dfrac{z}{\lambda_R}\right)$，横坐标为相对振幅值 $\left(\dfrac{A}{A_0}\right)$。

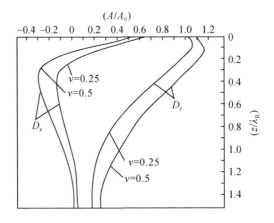

图 10-11　瑞利波 $D_x$ 和 $D_z$ 随深度变化关系（陈仲候等，1993）

从图 10-11 中可以看出，其能量主要集中在 $\dfrac{z}{\lambda_R} < 0.5$ 的区域，而当 $\dfrac{z}{\lambda_R} > 1$ 之后，水平分量 $D_x$ 和垂直分量 $D_z$ 都迅速衰减，因此可认为瑞利波的穿透深度约为一个波长，而能量主要集中在约 $\dfrac{1}{2}$ 波长的范围内，这一特征为利用瑞利波进行表层分层勘探提供了依据。

4）瑞利面波的衰减和频散

已知随着深度 $z$ 的增加，瑞利波的水平位移 $D_x$ 和垂直位移 $D_z$ 呈指数规律迅速衰减。由于在水平方向，波前呈圆筒状向四周扩散，其能量密度随传播距离按 $r^{-1}$ 的规律衰减，因此它比体波按 $r^{-2}$ 规律的球面扩散衰减要慢得多，可以传播得较远。

理论可证明，在均匀各向同性介质的自由表面，瑞利波是没有频散的，但对于非均匀介质，如当表面有疏松的覆盖层时，由于松散物质的非弹性作用而产生明显的"频散效应"。

## 10.2.3　工作方法

### 10.2.3.1　稳态瑞利波法

稳态面波法是使用一套具有稳定振动频率的震源，通过改变频率而获得 $v_R\text{-}f$ 或 $v_R\text{-}\lambda_R$ 曲线的方法，当震源在地面上以固定频率 $f$ 作垂向简谐振动时，瑞利波将以单频（稳态）谐波的形式传播。日本最早研制 GR-810 面波测量系统（图 10-12），并用于地质构造勘探，此方法目前应用较少，具体工作方法从略。

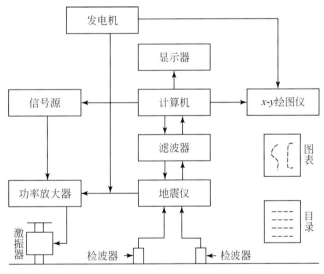

图 10-12　GR-810 面波测量系统框图

### 10.2.3.2　瞬态瑞利波法

用瞬态冲击力作震源，也可以激发面波，这种方法称瞬态瑞利波法。可以看作许多单频谐振的叠加，因此记录的波形也是谐波叠加的结果。

1）工作布置

多道瞬态瑞利波探测布置与工作原理如图 10-13 所示。用锤击或落球（小药量爆炸）使地面产生一个包含所需频率范围的瞬态激励，距离震源一定距离布置一个检波器排列，检波器数量视探测需求而定，一般有 12 道、24 道等。

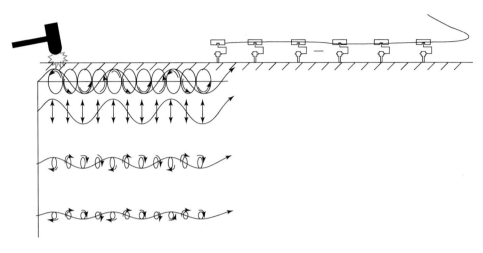

图 10-13　多道瞬态瑞利波探测工作示意图

2）瞬态瑞利波勘探原理

离震源一定距离的 $A$ 点处，记录到的瑞利波 $f_1(t)$，其频谱为

$$F_1(\omega) = \int_{-\infty}^{\infty} f_1(t) e^{-i\omega t} dt \tag{10-9}$$

与 $A$ 点相距 $\Delta x$ 的 $B$ 点处，记录到时间信号 $f_2(t)$，其频谱是

$$F_2(\omega) = \int_{-\infty}^{\infty} f_2(t) e^{-i\omega t} dt \tag{10-10}$$

若波从 $A$ 点传播到 $B$ 点，其变化完全是频散引起的，则

$$F_2(\omega) = F_1(\omega) e^{-i\omega \frac{\Delta x}{v_R(\omega)}} \tag{10-11}$$

$$F_2(\omega) = F_1(\omega) e^{-i\varphi} \tag{10-12}$$

或角频率为 $\omega$ 的瑞利波的相速度，$\varphi$ 为 $F_1(\omega)$ 和 $F_2(\omega)$ 之间的相位差

$$\varphi = \omega \cdot \Delta x / v_R(\omega)$$
$$\text{即}\quad v_R(\omega) = 2\pi f \cdot \Delta x / \varphi \tag{10-13}$$

已知频率为 $f$ 的瑞利波速度 $v_R$，其相应的波长 $\lambda_R$ 为

$$\lambda_R = v_R / f \tag{10-14}$$

可以认为 $v_R$ 代表着半波长深度处介质的平均弹性性质

$$H = \frac{\lambda_R}{2} = \frac{v_R}{2f} \tag{10-15}$$

根据实际经验，$\Delta x$ 取 $1/3\lambda_R \sim 2\lambda_R$ 才能观测到较正确的相位。为提高效率，在地面上

沿波的传播方向，可以一定的道间距设置 $N+1$ 个检波器，从而检测到 $N\Delta x$ 长度范围内瑞利波的传播特征：

$$\bar{v}_{Ri} = 2\pi f_i \cdot N \cdot \Delta x / \sum_{j=1}^{N} \varphi_{ij} \qquad (10\text{-}16)$$

在同一测点对一系列 $f_i$ 求取相应的 $v_{Ri}$ 值，就可以得到一条 $v_R\text{-}f$ 曲线，将其转换为 $v_R\text{-}\lambda_R$ 曲线，即频散曲线。

瑞利波速度求取分三步进行：

（1）在时间域中提取瑞利波；

（2）对时间域拾取的面波做 FFT 变换，提取频散点；

（3）频散曲线分析，求层速度，进而做地质解译。

图 10-14（a）为地震仪采集的 24 道瑞利面波记录。瑞利波频率低，能量大，在记录中显示为"胖"的扫帚状。图中蓝色框中所圈定的波形即为瑞利波。图 10-14（b、c）为 $F\text{-}K$ 域频率基阶图与频散曲线分析图。

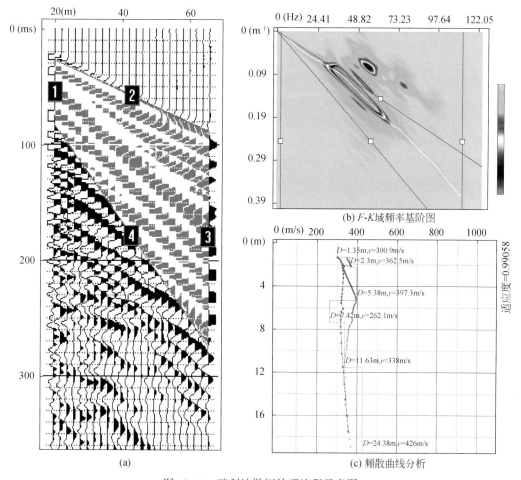

(a)

(b) $F\text{-}K$ 域频率基阶图

(c) 频散曲线分析

图 10-14　瑞利波勘探处理流程示意图

把测线上各测点频散曲线的瑞利波探测深度–速度值读出，利用成图软件即能绘制出深度–速度等值线图或云图，如图 10-15 所示。

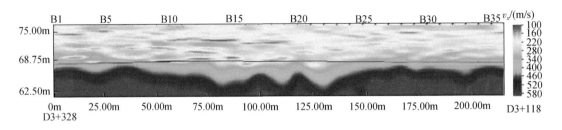

图 10-15 某工程地基瑞利波探测速度分布云图剖面

# 10.3 槽波地震探测

## 10.3.1 概述

当煤层中激发了体波，包括纵波与横波，其部分能量由于顶底界面的多次全反射被禁锢在煤层及其邻近的岩石（简称煤槽）中，不向围岩辐射，在煤槽中相互叠加、相长干涉，形成一个强的干涉扰动，即槽波（in-seam seismics，ISS）。它以煤层为波导沿着煤槽向外传播，因此槽波又称煤层波或导波。

槽波的最大特点是具有频散特性，即槽波的传播速度是频率的函数。激发的短促脉冲，由于频散随着传播距离的增大而"散开"，逐渐形成变频的长波列，频散使槽波在传播过程中相位与能量包络极大值的传播速度不同，即相速度与群速度不同。

槽波地震勘探是利用在煤层中激发和传播的导波，以探查煤层不连续性的一种地球物理方法。它是地震勘探的一个分支。槽波地震勘探具有探测距离大、精度高、抗干扰能力强、波形特征较容易识别以及最终成果直观的优点。

1955 年，Evison 在一篇论文中首先报道了他在新西兰一个煤矿里激发与接收到了煤层波，认为它是由煤层制导的洛夫波，并预言了该导波可能在采矿业中得到应用，1963 年，Kery 教授发表了有关地震波在煤层中传播的理论和数学推导。

20 世纪 70 年代后期，随着数字地震技术、计算机、仪器发展及煤炭生产需要，ISS 在英国、澳大利亚、匈牙利、美国等国家迅速发展起来，并逐渐用于生产，成为一种可供选择的、成功的矿井地球物理方法之一。

## 10.3.2 槽波的形成

1）煤岩波速分布

煤层总是以泥岩、粉砂岩、砂岩（偶尔还有灰岩）作为顶底板或为围岩，而赋存于它们中间。与围岩相比，煤层具有速度低、密度小的特点。由表 3-10 可知，在岩石–煤–岩石剖面中，以煤层为中心形成了一个低速"槽"。煤与围岩密度、速度的比值在 1∶1.5 ~ 1∶3 之间。煤层上、下界面都是一个极强的波阻抗界面。

2）槽波的形成

当煤层中激发的体波以入射角小于临界角入射到煤–岩分界面时，尽管这些界面都是反射系数大的强反射面，在其界面上产生强的反射返回煤层，但同时仍有相当多的能量，由于透射作用，以体波的形式向围岩辐射，因而，使这些地震体波来回反射的过程中，迅速衰减而消失，形成了所谓的"泄露"振型［图 10-16（a）~（f）］。

当体波以入射角大于临界角入射到煤–岩分界面，即 CR≤$v_{S1}$，则由于全反射，地震体波的能量被限制在煤层及邻近岩石的一个薄层中，不向围岩辐射而损耗，形成了所谓的简振型［图 10-16（d）、（g）、（h）］。

对 SH 波只有 $v_{S1}>v_{S2}$ 一种情况，如图 10-17 所示。

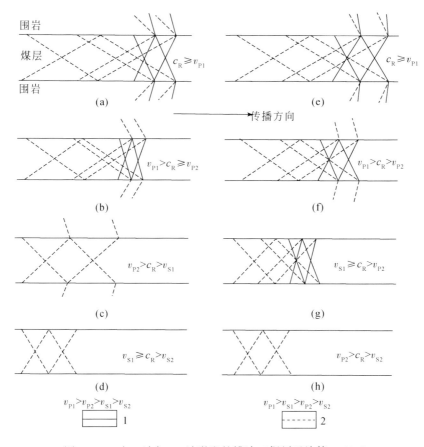

图 10-16 由 P 波与 SV 波激发的槽波（据刘天放等，1994）

1. P 波波前；2. SV 波波前

煤层中的 SH 波由于质点振动垂直于 P 波、SV 波质点振动平面，在煤–岩分界面上没有波型转换，在煤层内只存在 SH 波与 SH 波的干涉模式，如图 10-17 所示。

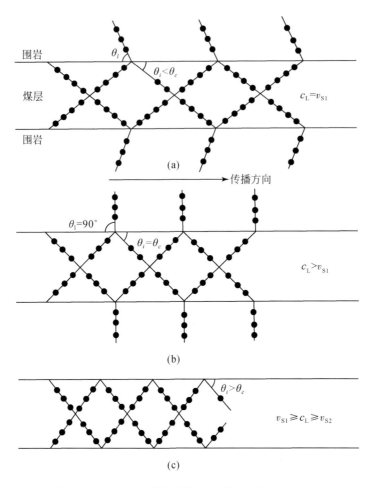

图 10-17　由 SH 波激发的槽波（据刘天放等，1994）

对于 P 波与 SV 波，则由于质点振动在同一平面，且在煤–岩分界面上可以相互转换，干涉模式要复杂得多，如图 10-18 所示，从点①、②发出的上行 P 波，经上界面全反射，与点②、③发出的上行 S 波，经上界面全反射的转换 P 波在同一方向传播；同理，点③、④发出的 P 波，经上界面全反射的转换 S 波与④、⑤点上行 S 波经上界面全反射的 S 波在同一方向传播，此后经下界面全反射，在点⑥的 P 波与 S 波只要考虑到上下界面全反射相移，波长与煤厚关系适当，在煤层内将形成 P-SV 波的相长干涉。

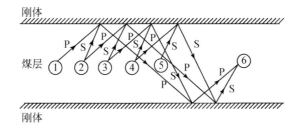

图 10-18　在煤层中可能同时存在 P 波、SV 波和 SH 波（据刘天放等，1994）

　　所以说，槽波（煤层波）是在煤层中传播的全反射相长干涉的弹性波。按物理构成及极化特征，槽波分为瑞利型槽波和洛夫型槽波，如图 10-19 所示，简记为 R 波与 L 波。R 波是由 P 波与 SV 波干涉形成的，质点在与煤层面互相垂直、与传播方向平行的平面内振动。由于既有水平分量又有垂直分量，所以质点振动的轨迹一般呈逆行椭圆状。L 波只由单一的 SH 波在煤层中干涉形成，质点在平行煤层面的平面内垂直于波传播方向振动。

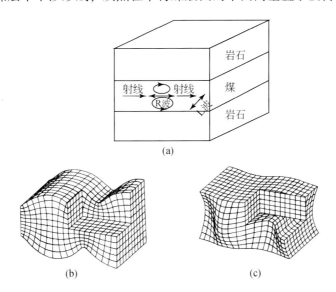

图 10-19　槽波的基本类型及质点的振动（据刘天放等，1994）
(a) 槽波类型及质点振动；(b) R 波；(c) L 波

　　槽波实际上就是由体波在煤层中形成的干扰波，即层间面波。
　　值得指出，在煤层中激发，似乎只形成 P 波，在界面上可转换为 SV 波，对于 R 波及 Cd 波的形成最为有利。实际上由于震源的非对称性，附近介质的非均匀各向异性，结果 P 波、SV 波与 SH 波几乎同时激发，因此既可能形成 R 波、Cd 波，同时也形成 L 波。
　　从形成简正振型的条件看，L 波仅为 SH 波形成的干涉波，它仅要求煤层的 S 波速度小于上下围岩的 S 波速度；但 R 波是由 P 波、SV 波形成的干涉波，它不仅要求煤层的 S 波速度小于上下围岩的 S 波速度，而且要求煤层的 P 波速度也小于上下围岩的 S 波速度，条件更为严格。
　　从以上所述可知，槽波是体波在低速煤层内形成的干涉波，类似于地表传播的瑞利面波与洛夫面波的层间面波。但槽波与体波又有所不同，即传播速度低；仅在低速层及相邻岩石的二维板状空间中传播；振幅随深度非均匀分布；具有明显的频散特征。

## 10.3.3　洛夫型槽波的基本方程

　　在岩石–煤–岩石剖面中，煤层是一个低速夹层。在煤层中激发的槽波，相当于低速夹层中的导波。关于煤层中心面对称的地质模型，L 波应满足如下的周期方程：

$$\frac{\omega d}{C_{\mathrm{L}}}\sqrt{C_{\mathrm{L}}^2/v_{\mathrm{S2}}^2-1}=\arctan\left[\frac{\mu_1}{\mu_2}\times\frac{\sqrt{1-C_{\mathrm{L}}^2/v_{\mathrm{S2}}^2}}{\sqrt{C_{\mathrm{L}}^2/v_{\mathrm{S2}}^2-1}}\right]+n\pi \quad n=0,1,2 \tag{10-17}$$

式中，$C_L$ 为 L 波的相速度，且 $v_{S2} \leqslant C_L \leqslant v_{S1}$。

从周期方程可见，随着 $n$ 的不同，L 波、R 波都在理论上对应着一族振型，$n=0$ 的频率最低，叫基阶振型；$n>0$ 的叫高阶振型。

只有当波长小于煤厚的条件下，谐波全反射相长干涉才出现高阶振型。尽管高阶振型比基阶振型对煤层的形态与不均匀性更为敏感，但由于激发的振动中低频分量占优势，在传播过程中低频分量衰减较慢，因此实际观测的槽波资料中，以基阶振型为主。理论计算也证明了基阶振型比高阶振型发育。

## 10.3.4 槽波的频散特性

槽波最大的特点就是频散，即槽波的传播速度是频率的函数。从周期方程可知，在波导层内，干涉振动波前的传播速度取决于层厚及震源激发的频率。较长波长的振动要在波导层内产生相长干涉，必须以较陡的射线来回反射，所以它沿波导传播的速度比较短波长振动的速度高。于是，震源信号不同频率的分量有不同的速度传播，从而产生频散。激发的短脉冲，由于频散随着传播距离的增大而"散开"，逐渐形成变频的长波列。

频散使槽波在传播中相位与能量包络极大值的传播速度不同，或者说相速度与群速度出现明显的差异。

频散给 ISS 带来三个问题：①不能精确估计波至时间；②不同类型、不同振型的槽波波列互相重叠、难以分开；③波列散开，使振幅减弱，降低了信噪比。

1）相速度与群速度

相速度是指相长干涉相位波前沿波导传播的速度；群速度也就是波的能量传播的速度，如图 10-20 所示。

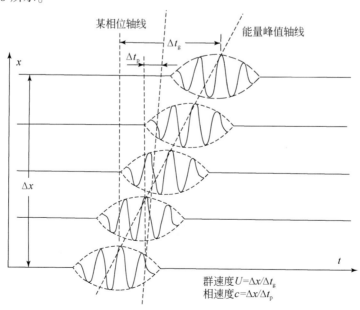

图 10-20　相速度与群速度

2）频散曲线

在低速层中干涉形成的槽波频率变化大，形成图 10-21 的频散曲线，表现如下。

（1）相速度总是介于围岩与煤层的横波速度之间，随 $f$ 的升高而逐渐降低。在 $f \to 0$ 时，各阶振型槽波的相速度 $C \to v_{S1}$ 达最大，这与煤层的厚度及其他物性参数有关。

（2）群速度总是小于相速度，即 $U<C$。

（3）群速度曲线存在 1 个以上的极值点，它们分别对应着槽波波列上的一个特殊震相，即埃里震相。埃里震相以其频率高、振幅大的特点出现在 L 波波列的尾部。R 波埃里震相一般有 2 个以上，即可对应极小值，也可对应极大值，情况比较复杂，但仍以强振幅为特征。

（4）不同 $n$（即不同阶振型）对应着不同的频散曲线对，以及不同的截止频率和频率范围。随着 $n$ 增大，截止频率和频率范围升高，埃里震相频率也升高，但它的群速度降低，频散程度加大。

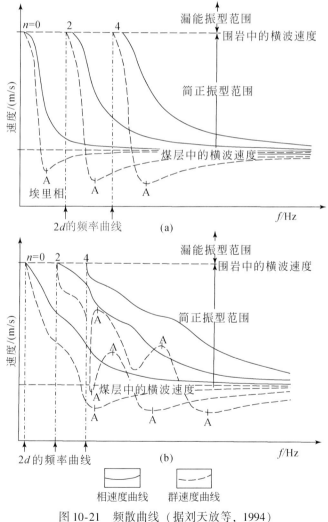

图 10-21　频散曲线（据刘天放等，1994）

（a）L 波频散曲线；（b）R 波频散曲线

## 10.3.5  槽波的激发与接收

1) 槽波的激发与接收

在井下煤层中激发槽波的震源一般有两类：一类是机械震源，如锤击、可控机电一体化的机械震源；另一类则是爆炸震源。

接收：两分量检波器接收。

为了避免巷道煤壁表面的低速带的影响，每个检波器都要安置在钻孔中接收，钻孔深度要求一致，一般深 2m 左右。如图 10-22 所示，激发与接收孔对称布置于煤层中央，且平行于煤层顶底板层面。

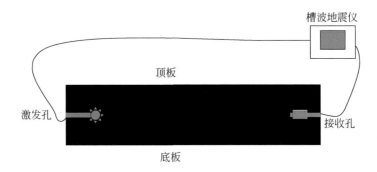

图 10-22  槽波槽波的激发与接收

目前透射法是槽波地震勘探中基本的探测方法。透射法探测时，震源与检波器（排列）布置在不同的巷道内，在一条巷道内激发，在另一条巷道中接收，根据透射槽波的有无或强弱，来判断震源与接收排列间射线覆盖的扇形区内煤层的连续性，图 10-23 为透射

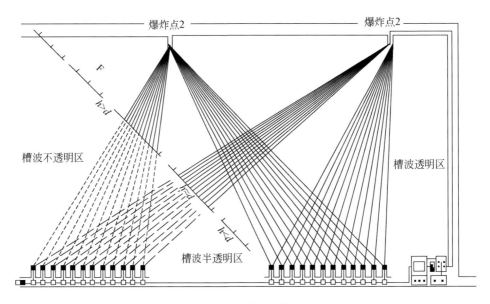

图 10-23  透射观测方法

槽波探测布置图，图 10-24 为透射探测获得的 $X$、$Y$ 分量记录。当断层落差大于煤厚时，煤层波导完全阻断，一般接收不到透射槽波；在落差相当于煤厚30% ~70%时，煤层波导部分阻断，接收到的透射槽波能量较正常情况下有不同程度的减弱，有时速度也发生变化。槽波透射能量较强，实践表明在厚 1 ~3.5m 的中厚煤层中，最大透射距离可达 1000m 以上。

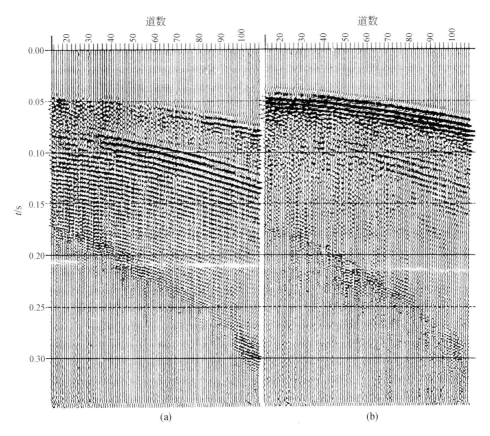

图 10-24　透射获取的记录（据刘天放等，1994）

(a) $X$ 分量；(b) $Y$ 分量

透射法测量可以判断地质异常的有无，但尚不能识别异常的性质或类型，也不能确定异常准确的几何尺寸。如果透射测量的观测系统布置合适，覆盖面积大，重复次数多，透射法可大致圈定出异常的范围，还可以用 CT 层析成像技术，更精确地圈定出异常（如冲刷带，陷落柱等）的位置。

透射法以方法简单灵活，槽波检测处理和解释容易，探测范围大，准确率高而得到广泛应用；它同时还为反射法数据处理与资料解释提供速度等参数。因此，即使在以反射法为主的测量中，也要挑选合适地段进行一定数量的透射法测量。经验表明，在不能取得良好透射记录的区段，一般也得不到良好的反射记录。图 10-25（a）为反射槽波观测布置原理，图 10-25（b）与图 10-26 为槽波探测典型记录。

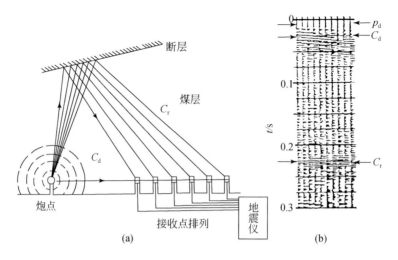

图 10-25　反射槽波观测（据刘天放等，1994）

（a）探测原理图；（b）典型记录。$C_d$. 直达槽波；$C_r$. 反射槽波

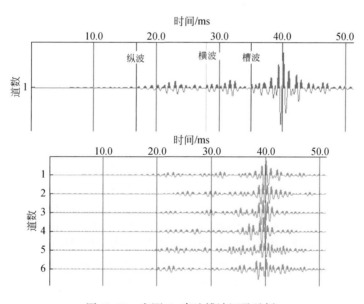

图 10-26　实测 $C_d$ 直达槽波记录示例

2）槽波探测数据处理与成像

目前，槽波勘探有采用纵波、横波与槽波传播速度作为成像参数的，也有利用槽波能量作为参数的。由槽波的基础理论可知，槽波能量主要集中在煤层中并沿着煤层以柱面波的形式传播，频率越高，在煤层中的能量越集中。地质条件发生改变时，槽波的能量、频率、速度等参数将随之发生变化，当煤层受到断层的阻断或遇到煤层破碎时，槽波的能量将发生显著的变化。因此，矿井物探工作者提出针对槽波能量处理的一系列措施，从而反演出煤层中的断层或破碎带等构造异常体。

槽波是沿煤层传播的导波，传播通道中有障碍物或传播通道遭到破坏时，就会导致经过这一区域的槽波在能量上发生一定程度的差异。基于槽波能量的 CT 成像技术利用这一原理，利用每条槽波射线的能量差异，反演出工作面内煤层的物性参数。借鉴在医学中得到成功应用的联合代数重建技术（SART）对工作面中的煤层进行成像，槽波能量成像处理主要经过以下几步：

（1）对数据进行能量均衡和补偿，消除能量扩散和各炮能量不均以及检波器安置的影响；

（2）计算槽波能量；

（3）对槽波数据进行能量矫正；

（4）CT 成像处理。

图 10-27 是对某矿 62103 工作面采用透射槽波探测成果，利用探测数据处理获得槽波能量进行 CT 成像的成果图，图像显示，在探测工作面的中部发育构造异常破碎带。

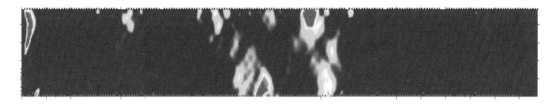

图 10-27　某矿 62103 工作面槽波能量 CT 成像结果图

图 10-28 是对某矿 608 工作面采用透射槽波探测，利用探测处理数据处理获得的槽波速度进行 CT 成像的成果图，图像显示，在探测工作面的左侧边界发育一断层破碎带。

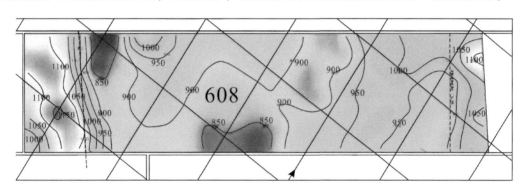

图 10-28　某矿 608 工作面槽波速度 CT 成像图

矿井工作面地质构造探测将向多波联合处理与解释方向发展，可以利用槽波进行工作面成像，利用纵横波了解顶底板岩层性态，还可能利用面波干涉频散效应向顶底板纵深方向进行地质条件解释。如何提高工作面联合探测与解释效果，有待进一步开拓发展此种工作条件的震波探测装备技术。

# 11   矿井隐蔽地质因素地震勘探技术应用研究

矿井工作面开采地质条件的预测预报是现代化矿井安全高效生产的必要地质工作，由于我国东部地区煤田地质构造均较复杂，煤矿开采中受地质构造、矿井水与瓦斯等影响突出，所以，利用最新发展的地震勘探技术装备为矿井地质工作服务是当前的趋势。作者在开展矿井地震勘探技术研究过程中，坚持理论研究与实践应用紧密结合，利用前述矿井地震勘探技术初步成果和由中国矿业大学（北京）研制的分布式三分量矿井多波地震仪，进行了大量的矿井地震探测试验，并取得了很好的应用效果。本章选择典型应用作为示例进行介绍。

## 11.1   薄煤层地震属性响应特征模拟分析及应用

我国东部煤田地质构造复杂，沉积或构造作用往往使得煤层发生厚度变薄、煤层分叉与合并以及局部缺失等地质现象，同时，一些瓦斯突出矿井为了安全开采高突煤层，采用顶底板薄煤层作为解放层开采释放突出煤层瓦斯的开采工艺技术，这就需要查明煤层变薄和薄煤层开采区域的煤层厚度变化情况，以满足矿井设计与生产需求。煤田地质勘探中预测煤厚是利用钻孔数据进行内插对比得到的，这样得到的煤层厚度的准确度很低，特别是地质构造复杂区域，仅由相邻钻孔推断孔间煤层厚度变化，难以与实际相符。地震勘探具有物理点密集（地面三维地震一般是 20m×20m 网格、矿井地震点距 2～5m）、煤层反射波横向基本呈连续分布的特点，而常规地震勘探仅根据几何地震学原理，利用煤层顶底板反射波双程旅行时差来判别计算煤层厚度，这种方法显然只适于厚度较大的煤层，对于煤层厚度小于地震记录纵向分辨尺度的薄煤层却难以进行，如果能够利用地震属性分析判定煤层厚度，这将很好地为煤矿工作面的设计施工、安全生产和提高经济效益提供服务。因此，基于上述目的，利用地震物理模拟技术对复杂地质条件下的淮南煤系地层煤层厚度进行地震勘探模拟研究，并利用模拟获得的煤层厚度属性响应数据，进行敏感性地震属性与薄煤层厚度相关性分析，借以实现薄煤层厚度的有效解析。

## 11.1.1   淮南煤田地质概况

淮南煤田位于华北地台东南部，区内石炭-二叠系主要含煤地层厚约 1200m，总体上由上石炭统太原组，二叠系山西组和上、下石盒子组组成。地层层序完整，主要有砂岩、粉砂岩、泥岩和砂质泥岩及煤层组成，该煤系含煤 38 层，主要可采煤层 9～18 层，分布较稳定，但是由于受后期构造的影响，本区断层发育，偶有陷落柱及冲刷带，主采煤层中构造煤发育，煤与瓦斯突出严重。

## 11.1.2　煤层变薄楔形模型波场特征

地震模拟模型要素包括：岩层结构、厚度、岩石的密度及地震波在岩石中的传播速度。

依据淮南矿区主要煤岩层结构及其研究区目的煤层煤岩样品波速测试结果，建立地震属性与煤层厚度之间的量化关系，设计煤层变薄楔形模型如图11-1所示。模型中煤岩层参数见表11-1，楔形煤层最大厚度为10m，最小厚度为0m。震源分别取主频50Hz、100Hz、150Hz与200Hz，对应的自激自收记录分别对应于模型1（图11-2）、模型2（图11-3）、模型3（图11-4）、模型4（图11-5）。

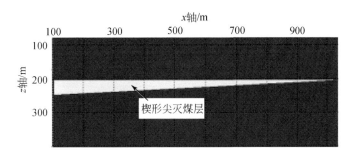

图11-1　楔形地质模型示意图

**表11-1　模型物理参数**

| 模型结构 | 岩性 | 纵波速度/(m/s) | 密度/(g/cm) |
|---|---|---|---|
| 顶板 | 砂质泥岩 | 4000 | 2.6 |
| 煤层 | 煤 | 1750 | 1.1 |
| 底板 | 泥岩 | 360 | 2.51 |

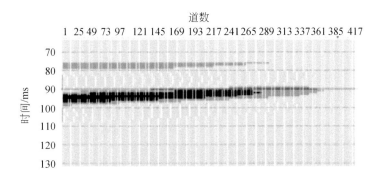

图11-2　震源主频为50Hz的自激自收记录（模型1）

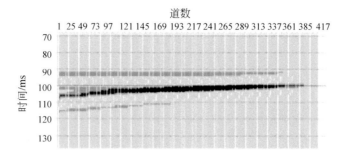

图 11-3　震源主频为 100Hz 的自激自收记录（模型 2）

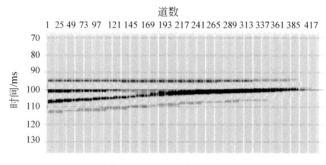

图 11-4　震源主频为 150Hz 的自激自收记录（模型 3）

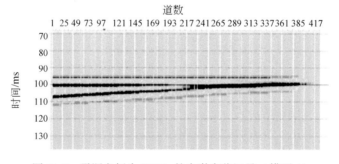

图 11-5　震源主频为 200Hz 的自激自收记录（模型 4）

从模型自激自收记录可看出，楔形模型表征的物理意义有以下两点：

（1）地质上厚度是一个绝对概念，地球物理上的可分辨厚度是一个相对概念。从图 11-2 ~ 图 11-5 可以看出，当地震震源的主频增大时，其分辨能力增大。矿井地震的主频一般要比地面地震的主频要高，从这一点来看，矿井地震具有较高的分辨率，对分辨薄煤层效果更好。

（2）模拟获得的地震波记录显示，地震波主频为 50Hz 时，模型煤层均表现为一个反射波组，当主频升高至 100Hz 时，模型左侧 8 ~ 10m 段开始出现顶底板反射波，主频进一步升高，顶底板反射波分离范围向厚度减小区域逐步扩大，其对应的地质-地球物理意义可以划分为三段：一段为煤层厚度在二分之一波长以上，此时煤层的顶底板反射波没有发生干涉作用，是可以在波形图上分辨煤层顶底板的；一段为煤层厚度在二分之一波长至四分之一波长之间，此时煤层的顶底板反射波发生干涉，并产生相消或相长的作用，形成一个复合波；在厚度小于四分之一波长时，地震波只是一个反射波组，在地震记录上类似于单界面反射。

## 11.1.3　楔形模型的地震属性分析

为了研究判定煤层厚度，首先对四种模型数据进行属性反演，获得多种地震属性数据，然后，在模型属性数据上，提取不同厚度位置的地震属性，利用统计学的方法，建立厚度与地震属性之间的相关关系。

1）楔形模型的地震属性

地震属性的分类方法有很多，主要有以下 3 种：一是在我国学术界较为流行的分类方法，即从运动学与动力学的角度，将地震属性分为振幅、频率、相位、能量、波形和比率等几大类；二是按属性拾取的方法将地震属性分为层位属性和时窗属性两类；三是由 Alistair R. Brown 1996 年提出的将地震属性分为时间、振幅、频率和衰减 4 类的分类方法。

利用 Hampson-Russell 公司的 Strata 软件进行地震属性提取与分析研究。沿模型楔形目的层 10ms 时窗进行属性提取与分析，在这个时窗范围内一共提取了 16 种地震属性，包括振幅包络、振幅加权余弦相位、振幅加权频率、振幅加权相位、平均频率、表面极性、余弦瞬时相位、导数、瞬时振幅的导数、振幅类属性、瞬时频率、瞬时相位、综合绝对振幅、正交轨迹、二阶导数、瞬时振幅的二阶导数。

上述四个模型较为典型的地震属性剖面如图 11-6 ~ 图 11-9 所示。

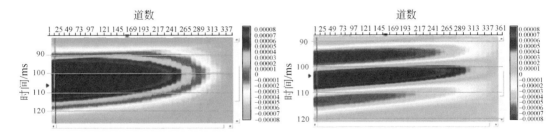

图 11-6　模型 1 的振幅包络（左）和振幅加权余弦相位（右）

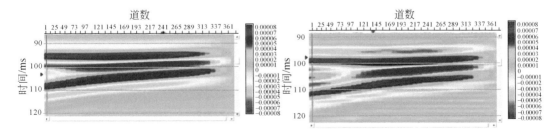

图 11-7　模型 2 的二阶导数（左）和正交轨迹（右）

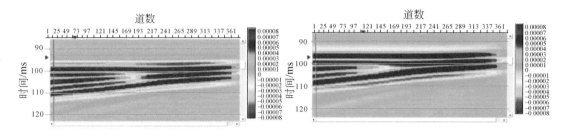

图 11-8　模型 3 的正交轨迹（左）和二阶导数（右）

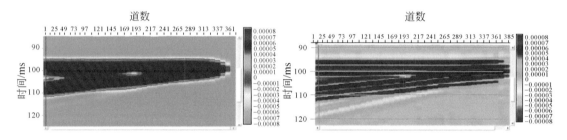

图 11-9　模型 4 的振幅包络（左）和振幅加权余弦相位（右）

在不同的地震属性图上，通过属性反演，使得原本在波形记录上顶底板干涉复合波及单一反射波段均具有较好的属性响应，从而为利用地震属性分辨薄煤层提供了可能。

2）楔形煤层地震属性响应特征

利用模型数据提取地震属性，通过分析楔形厚度与地震属性的关系，获取了与煤层厚度具有较好响应关系的地震属性，其中，与四种模型都具有较好线性相关性的属性为：振幅包络、综合绝对振幅、振幅加权余弦相位、振幅加权频率属性。因此，以这四种属性作为煤层厚度敏感性属性，分析薄煤厚度与它们之间的关系。

矿井地震震源在煤岩层中激发，主频一般分布于 $50 \sim 200 \mathrm{Hz}$，为了更好地研究薄煤层地震属性分辨能力，以低频的模型 1 为例，提取模型 1 的敏感性地震属性，绘制其与楔形厚度的关系曲线，如图 11-10 所示。

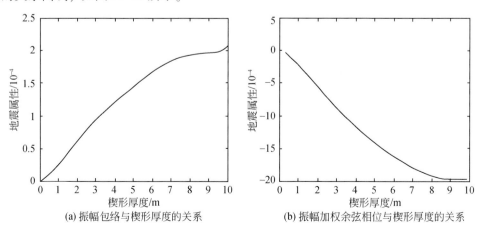

　　(a) 振幅包络与楔形厚度的关系　　　　　(b) 振幅加权余弦相位与楔形厚度的关系

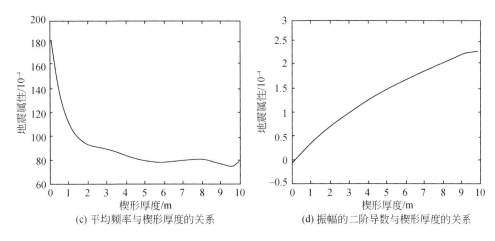

(c) 平均频率与楔形厚度的关系          (d) 振幅的二阶导数与楔形厚度的关系

图 11-10   模型 1 的四种地震属性与楔形厚度的关系

从图 11-10 可以看出：图 11-10（a）中，振幅包络与楔形煤层厚度的存在很好的单调正比响应关系。在煤层厚度 1~8m 段，基本呈线性关系。在 8m 以上为一个近乎水平的线段，并在 9~10m 呈现波动，表明此时振幅属性与楔形厚度的响应特征不明显。

图 11-10（b）中，振幅加权平均余弦相位与楔形煤层厚度呈单调反比关系。在楔形厚度为 0~8m 段，其线性关系较好。在 8m 以上时，具有微弱双曲线的特征，表明此时一个振幅属性可能对应两个楔形厚度值，具双解性，不能准确判定楔形厚度变化。

图 11-10（c）中，平均频率与楔形厚度的关系比较复杂，在 2m 以下的楔形厚度中，该属性与楔形的厚度为基本上呈线性响应，在 2~10m 段其响应曲线具有波动性，属性与煤层厚度之间响应关系不具单调性，故该属性对 2m 以上的厚度存在多解性。

图 11-10（d）中，楔形厚度为 0~9.5m 时，振幅的二阶导数与楔形厚度存在一个较好的单调线性关系。

当煤层厚度小于四分之一波长时，特别是煤层厚度<2m 的薄煤层，煤层厚度不仅与传统上的振幅属性存在单调响应关系，还与频率、相位等地震属性存在较好的响应，这也为利用地震属性分析薄煤层的厚度提供了条件。

## 11.1.4   薄煤层厚度与敏感性属性的关系

通常把厚度<1.3m 的煤层称为薄煤层，这里结合楔形模型属性数据，利用提取的包括薄煤层在内的 0~2m 范围的敏感性属性值，用 Excel 软件对模型 1 每个敏感性属性与厚度之间的关系进行相关分析，并采用一元线性和一元四次多项式拟合，建立煤厚与属性的统计预测模型。

图 11-11 为煤层厚度与四种敏感性属性间的响应关系，其中，振幅包络、振幅加权频率与综合绝对振幅均与薄煤厚度呈较好的线性响应，在煤层厚度 1m 以下阶段，其响应关系基本呈单调、正比、线性。振幅加权余弦相位与楔形煤层厚度之间总体上呈反比下降趋势，在煤层厚度为 1m 以下的阶段，其线性响应关系较好，在厚度 1~2m 段，也为一个近

似的线性关系。

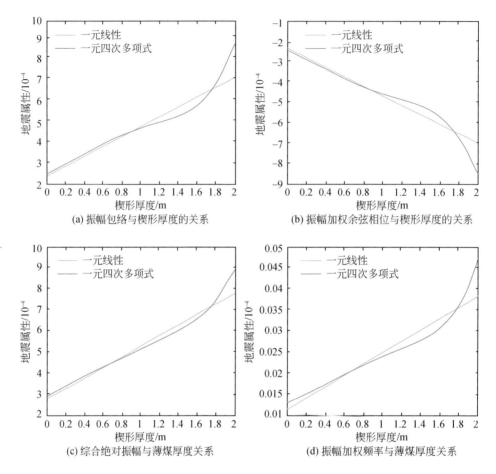

(a) 振幅包络与楔形厚度的关系　　　　　　　　(b) 振幅加权余弦相位与楔形厚度的关系

(c) 综合绝对振幅与薄煤厚度关系　　　　　　　(d) 振幅加权频率与薄煤厚度关系

图 11-11　模型 1 四种敏感性属性与薄煤（0~2m）厚度的统计回归关系

四种敏感性属性的一元线性与一元四次多项式拟合结果表明，一元四次多项式拟合的决定系数 $R$ 较大，具有更高的相关性，表 11-2 列出敏感性属性薄煤层厚度预测决定系数。

表 11-2　煤层厚度预测模型决定系数

| 预测模型 | 振幅包络 | 振幅加权余弦 | 综合绝对振幅 | 振幅加权频率 | |
|---|---|---|---|---|---|
| 一元线性 | 0.714 | 0.596 | 0.670 | 0.617 | 回归误差大 |
| 一元四次多项式 | 0.977 | 0.967 | 0.979 | 0.980 | 回归误差小 |

总之，分析表明：在一定厚度范围内，煤层厚度与这些敏感性地震属性的相关关系显著。煤层厚度小于 2m，特别是煤厚小于 1m 的薄煤层，属性与厚度之间存在良好的线性响应关系，表明利用地震属性可以较好地预测薄煤厚度。

## 11.1.5　矿井薄煤层地震探测试验

### 1）巷道底板下伏薄煤层地震探测

淮南某矿 51 采区 B10 煤层厚度薄且不稳定，其将作为防突的解放层进行开采，为更好地查明–780mC13 底板巷下伏 B11、B10 煤层的赋存状态，探测分辨 B10 煤层厚度变化情况，在–780mC13 底板巷测线范围内布设测线，采用六次覆盖观测系统采集地震数据。

利用实测剖面线附近两个已有钻孔资料，对–780mC13 底板巷地震剖面数据进行约束反演，获取了较为可靠的矿井地震数据反演结果，如图 11-12 所示。

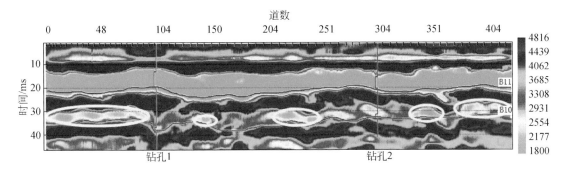

图 11-12　波阻抗反演剖面图

根据以往地震勘探经验，在煤层厚度小于四分之一波长的情况下，煤层厚度与波阻抗成反比的关系，也就是波阻抗值越小，说明煤层厚度越厚，波阻抗值越大，说明煤层厚度越小。图 11-12 中，对应 B10 煤层层位波阻抗总体呈稍高值，且局部波动，图中黄色标识的区域，波阻抗值相对较小，表明在该条勘探线上煤层厚度分布不均匀，存在几个煤层相对稍厚区域（>0.5m），而在其他的区域，则为煤层厚度相对薄或者无煤的区域，根据波阻抗与煤厚统计相关关系，图中黄色圈定以外的 B10 煤层厚度应<0.5m。

### 2）薄煤层厚度的属性预测

为尝试应用煤层厚度敏感性属性参数的属性值来预测判定测试区域煤层厚度，定量判读了实测剖面的振幅包络、综合绝对振幅、振幅加权余弦相位与振幅加权频率等属性参数值，借以评价测区内 B10 煤层厚度变化状况。

图 11-13 为对测试段的振幅包络属性判读后，绘制的振幅包络属性沿剖面分布曲线，根据该属性钻孔约束及归一化相关分析，确定厚度 0.5m 基线（图中绿色线），属性值位于基线以上的煤层厚度大于 0.5m，位于基线以下的部位煤层厚度则小于 0.5m，可以看出振幅包络曲线指示的煤层厚度变化状态与图 11-12 的反演结果基本吻合，其他敏感性属性参数也表现出基本相同的变化展布趋势。

进一步利用地震属性值与煤层厚度值的回归模型，利用探测剖面上已知煤厚点（地面钻孔 2 个，井下验证点 5 个）资料，通过确定每个点在实测地震剖面的位置，进行煤厚预测与实际厚度的误差分析，其中振幅包络属性的一次线性与四次多项式拟合的薄煤厚预测结果及其误差经计算如表 11-3 所示。

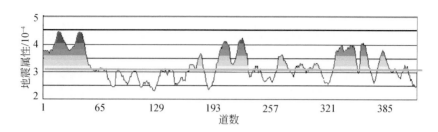

图 11-13 −780mC13 底板巷探测段振幅包络曲线图

**表 11-3 淮南矿区一元多项式煤厚度预测误差统计表**

| 点号 | 实际厚度/m | 一次多项式回归 | | | 四次多项式回归 | | |
|---|---|---|---|---|---|---|---|
| | | 预测值/m | 绝对误差 | 相对误差/% | 预测值/m | 绝对误差 | 相对误差/% |
| 49# | 0.65 | 0.43 | 0.22 | 34 | 0.53 | 0.12 | 18 |
| 138# | 0.44 | 0.56 | −0.12 | −27 | 0.49 | −0.05 | −11 |
| 251# | 0.48 | 0.38 | 0.1 | 21 | 0.41 | 0.07 | 15 |
| 277# | 0.6 | 0.39 | 0.21 | 35 | 0.47 | 0.13 | 22 |
| 309# | 0.58 | 0.32 | 0.26 | 45 | 0.52 | 0.06 | 10 |
| 330# | 0.8 | 0.53 | 0.27 | 34 | 0.62 | 0.18 | 23 |
| 390# | 0.68 | 0.5 | 0.18 | 26 | 0.51 | 0.17 | 25 |
| 平均值 | 0.6 | 0.44 | 0.16 | 24 | 0.51 | 0.1 | 14 |

可以看出地震属性煤厚预测的四次多项式拟合较一次多项式拟合具有更好的相关性，并且误差更小，这与模型模拟所得到的结论一致。煤厚预测误差为 10% ~ 20% ，没有发生严重离散现象，说明采用四次多项式的拟合能取得较好的效果，其预测结果可以满足矿井设计与生产需要。

综合分析表明：①利用地震属性反演方法，可提高薄煤层厚度的分辨率。②当煤层厚度小于二分之一波长，煤层顶底板反射波即发生干涉，形成叠加复合波，在时间域地震记录上只能出现单一反射波组。利用属性分析技术，使得原本在波形记录上顶底板干涉复合波及单一反射波段具有了明显的属性响应。③通过地震属性与煤层厚度响应特征的分析，优选振幅包络、综合绝对振幅、振幅加权余弦相位、振幅加权频率 4 种地震属性作为煤层厚度预测的敏感性属性，进一步分析厚度 0 ~ 2m 的薄煤层的敏感性属性，建立薄煤层厚度与敏感性属性的相关关系，统计误差分析表明煤层厚度预测采用一元四次多项式拟合比一元一次多项式拟合能取得较好的结果。④由于煤层厚度的属性预测具有间接性，不同矿区使用不同装备技术采集的地震数据，其敏感性属性及属性值分布可能不同，实际工作时，应根据工作区地质−地球物理条件，具体问题具体分析。

# 11.2 库尔勒金川矿业 E8104 工作面地质探查

## 11.2.1 概况

库尔勒金川矿业公司 E8104 工作面由于前期地质勘探工作控制程度差，所提交的地质报告位于 E8104 工作面的断层构造与实际采掘揭露情况验证率较低，因而难以直接应用，在下顺槽掘进至里程 800m 左右，煤层出现变薄且至里程 920m 处煤层几近尖灭，为弄清 E8104 下顺槽里程 920m 工作面附近 8 煤层分布情况，委托中国矿业大学（北京）在掘进工作面附近利用多分量地震勘探技术对 8 煤层开展地质条件探查工作。

井田出露和钻探控制的地层有：古元古界、侏罗系、古近系–新近系和第四系，井田内含煤地层主要为中、下侏罗统赋存煤层，具有可采范围的煤层共五层，分布于中侏罗统下部，按可采范围的大小依次为 8–2+3+4、7–4、9–2、9–4、9–5 煤层。煤层总厚度 38.12m，平均总静厚度 34.62m，平均总可采厚度 14.46m。

井田位于塔什店北向斜北翼，中侏罗统，隐伏于 $F_2$ 逆掩断层上盘–下盘兴地塔格群推覆体之下。本井田直接充水含水层以孔隙裂隙含水层为主，出露条件极差。无常年地表水体，以降水沟谷地表洪流和第四系潜流为主要充水水源，全年降水次数较少。主采煤层直接充水含水层单位涌水量皆小于 0.1L/（m·s），水文地质条件为简单类型。

## 11.2.2 工作参数试验

为查明目标地层的地球物理属性，在 E8104 工作面+920 巷道进行了小排列探测试验，经小排列试验以及数据整理、分析，得图 11-14 所示的波形记录。

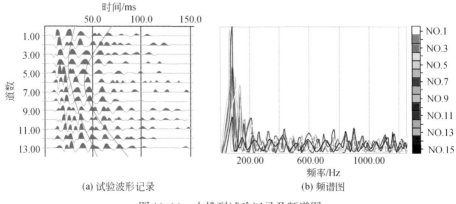

(a) 试验波形记录    (b) 频谱图

图 11-14  小排列试验记录及频谱图

试验确定了不同地质任务的观测系统布置，并确定仪器探测工作参数为：采样间隔，0.2ms；采样点数，1024 点；放大倍数，100~800；接收分量，3。探测工作分别在 E8104 工作面下顺槽里程 920m 工作面及工作面向后 110m 段，下顺槽 D8 测点附近 20m 段分别进行了探查。

## 11.2.3 下顺槽里程 920m 工作面超前探测

1）测线布置

E8104 工作面下顺槽掘进工作面位于里程 920m 处，在掘进头采用全空间多测线联合 RST 观测的方法。

2）数据处理与解析

在 E8104 工作面下顺槽里程 920m 掘进头按照探测设计进行地震数据采集，采集的数据回放到计算机工作站利用专用软件进行处理分析。

对各测线测试数据进行抽道、预处理和数字信号处理，按照设计的观测系统进行叠加、反褶积与偏移等数据处理，得 E8104 工作面掘进头各测线的地震探测剖面。为了充分利用测线组的数据信息，并对探测区震波异常情况进行更好更直观的解析，我们采用自主开发的地震数据三维可视化软件，对各测线最终成果进行了三维可视化处理，其三维立体全视图以及部分切片、组合切片的成果如图 11-15 ~ 图 11-17 所示。

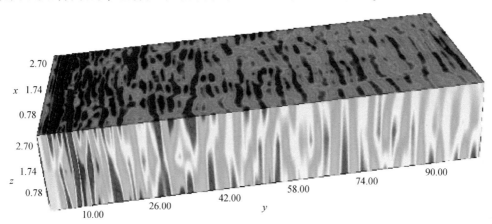

图 11-15 E8104 工作面掘进头地震探测三维数据体全视图

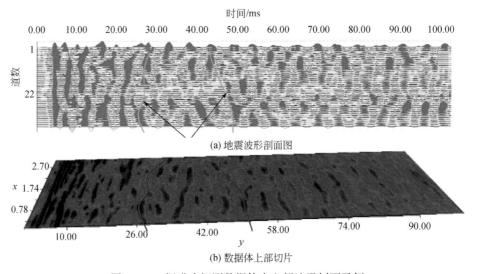

(a) 地震波形剖面图

(b) 数据体上部切片

图 11-16 掘进头探测数据体中上部地震剖面示例

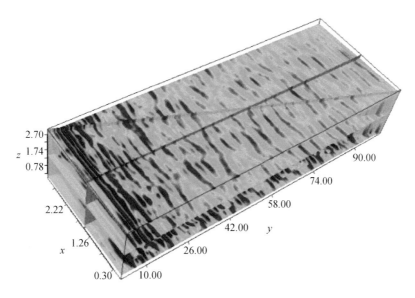

图 11-17　掘进头探测地震数据体综合切片剖面显示

E8104 工作面下顺槽里程 920m 掘进头探测时，掘进掌子面上位于 8 煤层位只发育有厚度 0.2~0.5m 的煤泥（碳质泥岩），其余部位均为顶底板岩石，从探测数据体多层多方位切割，可以看出探测前方 30~45ms 段有一组岩性界面分布，且呈上下薄、中间厚的现象，依据探测部位地质条件，分析认为可能为煤泥层局部变厚而引起的。

## 11.2.4　下顺槽里程 920m 工作面附近上侧帮探测

1）测线布置

为对 E8104 工作面下顺槽里程 920m 附近煤层变薄地段进行探查，在 920m 掘进头向后里程 810~920m 段进行了多分量反射波地震探测，现场工作采用三测线立体观测的方法，其测线布置如图 11-18 所示。

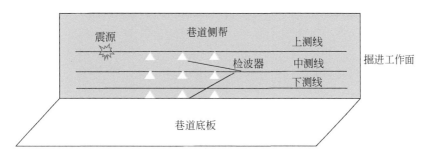

图 11-18　下顺槽里程 810~920m 段测线布置图

2）数据处理与解析

在 E8104 工作面下顺槽里程 810~920m 段上侧帮按照探测设计进行地震数据采集，采集的数据室内回放到计算机工作站利用专用软件进行数据处理与分析。

　　对各测线测试数据进行抽道、预处理和数字信号处理，按设计的观测系统进行叠加、反褶积与偏移等数据处理，得 E8104 工作面下顺槽里程 810 ~ 920m 段上侧帮各测线的地震探测剖面。为充分利用测线组的数据信息，对探测区震波异常情况进行更好更直观的解析，采用地震数据三维可视化软件，对各测线最终成果进行了三维可视化处理，其三维立体全视图以及部分切片、组合切片的成果如图 11-19 ~ 图 11-20 所示。

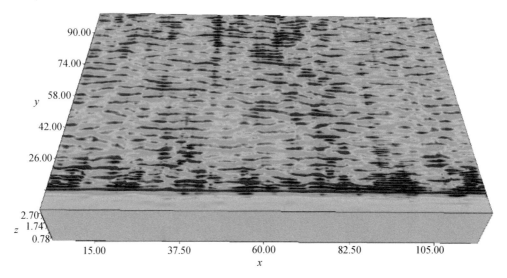

图 11-19　里程 810 ~ 920m 段上侧帮地震探测数据体全视图

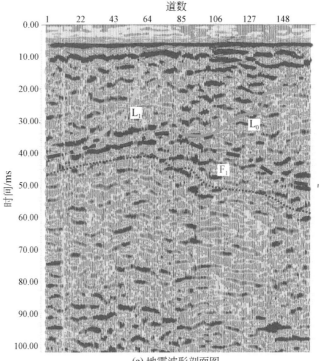

(a) 地震波形剖面图

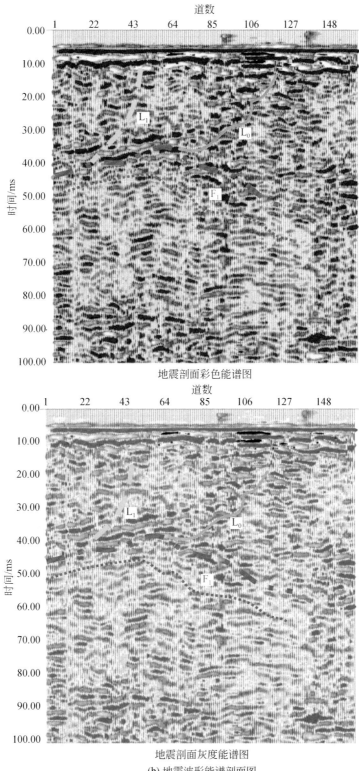

地震剖面彩色能谱图

地震剖面灰度能谱图

(b) 地震波形能谱剖面图

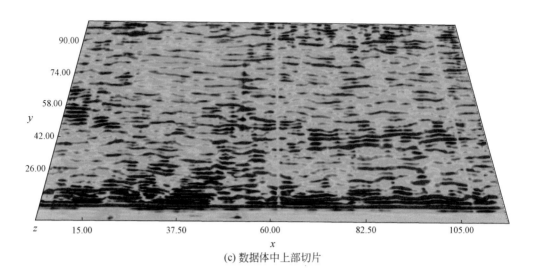

(c) 数据体中上部切片

图 11-20　里程 810～920m 段上侧帮地震探测数据体中上部地震剖面切片

利用 E8104 工作面下顺槽上侧帮各测线测试数据形成拟三维数据体,对数据体进行多层多方位切割,综合分析判别构造与地质异常。从三维可视化的数据体各切片中〔图 11-20(a、b、c)〕可以看出,E8104 工作面下顺槽上侧帮探测段的探测上前方(平行于 8 煤层层位)煤层分布极其不稳定,在地震剖面上,普遍存在断续、短轴状反射波组,波组连续性多较难追踪,局部呈杂散反射,说明探测前方煤层及其顶底板多起伏不平,煤层厚度变化大,并且从探测测线由里程 810～920m 方向煤层变薄,向东逐渐尖灭。

在 E8104 工作面下顺槽上侧帮地震探测数据体中,总体上可圈定三个主要区域,分别以 $L_0$、$L_1$ 和 $F_1$ 作为边界线(图 11-20),其中 $L_0$ 线位于测线东部,$L_0$ 线向西与 $L_1$ 线构成的区域内,偏东部短轴状、杂散反射发育,可能为煤层产状与厚度急剧变化区,$L_1$ 线向西杂散反射有所降低,但仍然不同程度地发育,说明该区域内煤层产状与厚度也不稳定,但较 $L_1$ 线东部为好。$F_1$ 线在测线 30～50ms 范围,走向近东西向,可能是煤岩交界异常区(构造裂隙带形成的低速带)边界。

## 11.2.5　下顺槽里程 920m 工作面附近下侧帮探测

1)测线布置

在 E8104 工作面下顺槽下侧帮进行的多分量反射波地震探测,其现场工作测线布置和上侧帮相同,只是由于下侧帮的 8 煤层位偏于巷道底板,故测线根据现场工作条件尽量向侧帮的下部布置。

2)数据处理与解析

在 E8104 工作面下顺槽里程 810～920m 段按照探测设计进行地震数据采集,采集的数据室内回放到计算机工作站利用专用软件进行处理分析。

对各测线测试数据进行抽道、预处理和数字信号处理,按照设计的观测系统进行叠加、反褶积与偏移等数据处理，得 E8104 工作面下顺槽里程810～920m 段各测线的地震探测剖面。为充分利用测线组的数据信息，对探测区震波异常情况进行更好更直观的解析，采用地震数据三维可视化软件，对各测线最终成果进行了三维可视化处理，其三维立体全视图以及部分切片、组合切片的成果如图11-21～图11-22 所示。

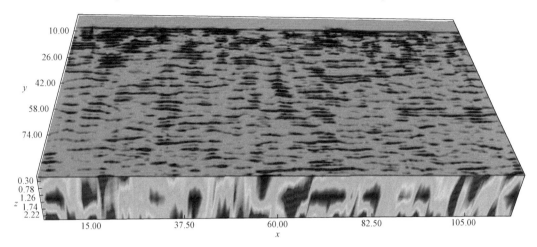

图 11-21　里程 810～920m 段下侧帮地震探测数据体全视图

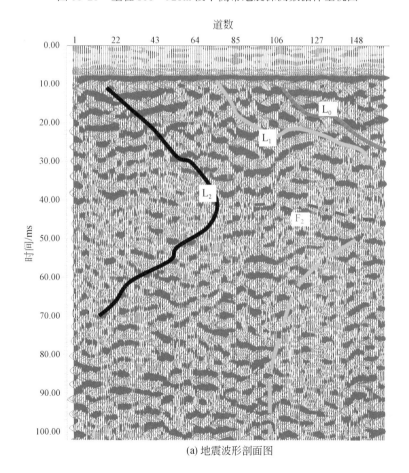

(a) 地震波形剖面图

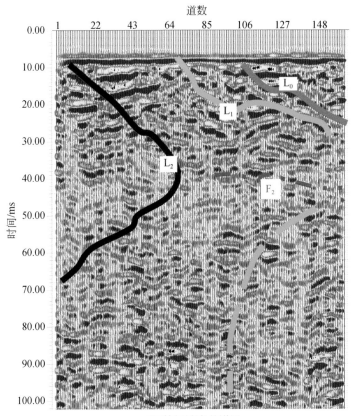

地震剖面彩色能谱图

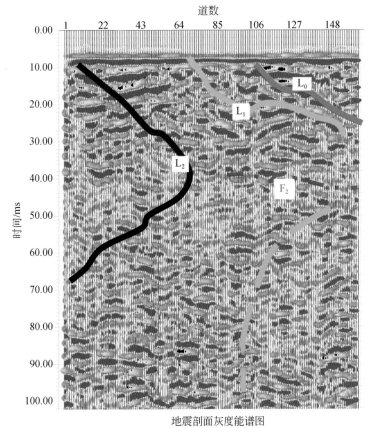

地震剖面灰度能谱图

(b) 地震波形能谱剖面图

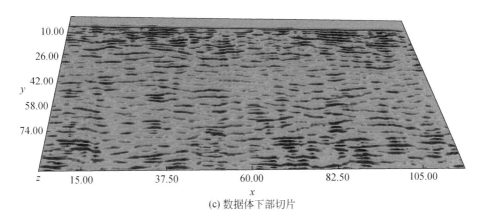

(c) 数据体下部切片

图 11-22　里程 810~920m 段下侧帮地震探测数据体中下部地震剖面切片

利用 E8104 工作面下顺槽下侧帮各测线测试数据形成三维数据体，对数据体进行多层多方位切割，综合分析判别测区内构造与地质异常。从三维可视化的数据体各切片中可以看出，E8104 工作面下顺槽下侧帮探测段的探测下前方（平行于 8 煤层层位）煤层分布状况和上侧帮相近，总体上也表现为短轴状、杂散反射发育，且分布不均匀，煤层变化趋势和上侧帮具有关联性，可以按照上侧帮分析判别的标准和解释原则来进行下侧帮联合解释。

在 E8104 工作面下顺槽下侧帮地震探测数据体切片中，以 $L_0$、$L_1$ 和 $L_2$ 作为边界线总体上可圈定三个主要区域，如图 11-22 所示，其中 $L_0$ 线位于掘进头附近，$L_0$ 线向西与 $L_1$ 线构成的区域为煤层产状与厚度急剧变化区，$L_1$ 线与 $L_2$ 线之间为煤层产状与厚度变化区，$L_2$ 线向西为煤层产状与厚度较为稳定区。在 $L_1$ 线与 $L_2$ 线之间区域存在一构造线 $F_2$，走向近东西向，可能是煤岩交界异常区边界。

## 11.2.6　下顺槽 D8 测点上侧帮探测

1）测线布置

在 E8104 工作面下顺槽 D8 测点处进行了多分量反射波地震探测，现场工作采用三测线立体观测的方法，同图 11-18 所示，测线长度 20m。

2）数据处理与解析

在 E8104 工作面下顺槽 D8 测点上侧帮按照探测设计进行地震数据采集，采集的数据室内回放到计算机工作站利用专用软件进行处理分析。

对各测线测试数据进行抽道、预处理和数字信号处理，按照设计的观测系统进行叠加、反褶积与偏移等数据处理，得 E8104 工作面下顺槽 D8 测点上侧帮各测线的地震探测剖面。为了充分利用测线组的数据信息，并对探测区震波异常情况进行更好更直观的解析，采用地震数据三维可视化软件，对各测线最终成果进行了三维可视化处理，其三维立体全视图以及部分切片、组合切片的成果如图 11-23~图 11-25 所示。

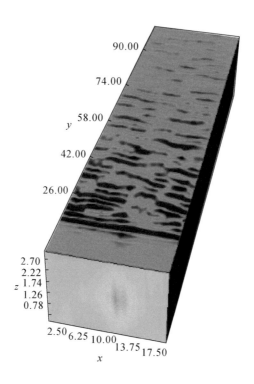

图 11-23　D8 测点处上侧帮地震探测三维数据体全视图

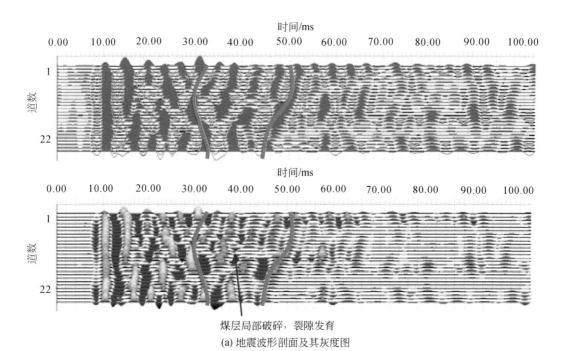

煤层局部破碎，裂隙发育

(a) 地震波形剖面及其灰度图

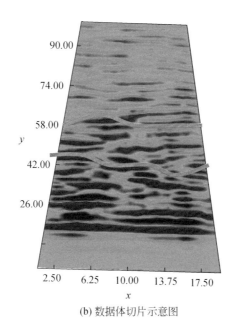

(b) 数据体切片示意图

图 11-24　D8 测点处上侧帮地震探测地震剖面

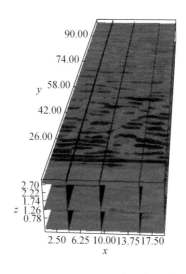

图 11-25　D8 测点处探测地震数据体综合切片剖面

　　E8104 工作面下顺槽 D8 测点处上侧帮探测显示，探测前方震波波组分布基本连续，没有较大落差断层迹象，只是在探测前方 30～50ms 段内不同程度地发育一些短轴状、杂散反射，反射能量不强，叠加在正常煤层波组之上，这些杂散反射波应为煤层中破碎夹矸或煤层裂隙、节理面的反射。

## 11.2.7　下顺槽 D8 测点下侧帮探测

1）测线布置

在 E8104 工作面下顺槽 D8 测点下侧帮进行的多分量反射波地震探测，其现场工作测线布置和上侧帮（图 11-18）相同。

2）数据处理与解析

在 E8104 工作面下顺槽 D8 测点附近按照探测设计进行地震数据采集，采集的数据室内回放到计算机工作站利用专用软件进行处理分析。

对各测线测试数据进行抽道、预处理和数字信号处理，按照设计的观测系统进行叠加、反褶积与偏移等数据处理，得 E8104 工作面下顺槽 D8 测点处各测线的地震探测剖面。为了充分利用测线组的数据信息，并对探测区震波异常情况进行更好更直观的解析，采用地震数据三维可视化软件，对各测线最终成果进行了三维可视化处理，其三维立体全视图以及部分切片的成果如图 11-26、图 11-27 所示。

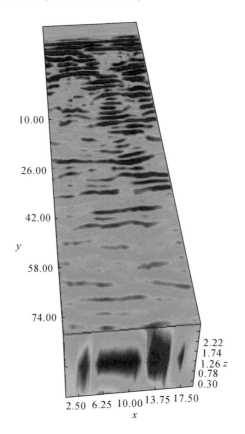

图 11-26　D8 测点处下侧帮地震探测三维数据体全视图

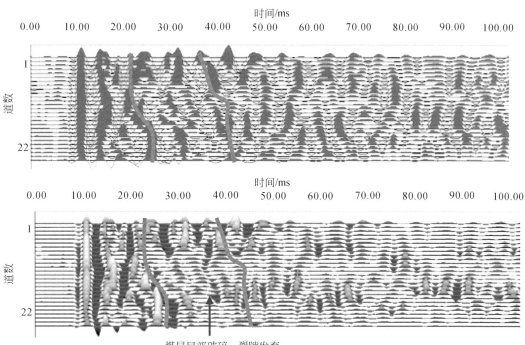

(a) 地震波形剖面及其灰度图

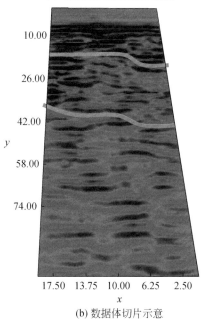

(b) 数据体切片示意

图 11-27　D8 测点处下侧帮地震探测地震剖面

　　E8104 工作面下顺槽 D8 测点处下侧帮探测地震剖面显示，探测前方震波波组分布基本连续，无明显强煤岩断面反射波，说明前方煤层分布基本均匀，没有较大落差断层迹象，只是在探测前方 20～35ms 段不同程度地发育一些杂散反射，应是煤层中破裂夹矸或煤层裂隙、节理面发育引起的。

## 11.2.8　综合地质解释

利用 E8104 工作面各探测段地震三维数据体，通过对数据体进行多层多方位切割，来综合分析判别构造与地质异常。

探测数据的采集、处理与解释主要具有以下特点：

（1）本次工作区属于煤矿井下地质条件极其复杂区域，煤层及其顶底板分布不稳定，煤层厚度变化大，且产状起伏不定。

（2）为克服此种复杂地质条件影响，井巷地震数据采集采用有限空间内平行测线立体组合测试的方法，三分量接收，尽可能增大采集的地震数据量。

（3）探测数据处理中除采用常规的地震数据处理方法外，还应用了部分反演技术，使用地震波运动学与动力学属性参数相结合，以实现煤矿井下极复杂区域地质条件的精细探查。

（4）为了充分利用测线组的数据信息，并对探测区震波异常情况进行更好更直观的解析，采用三维可视化技术对各测段的勘测成果进行了三维可视化处理。通过对所形成的三维数据体进行多层多方位切割，综合分析判别勘测区煤层分布、厚度变化及地质构造异常。

（5）各测试段现场探测与数据处理解释，均只针对 E8104 工作面下顺槽沿 8 煤层产状趋势，解析探测区域巷道揭露 8 煤层的空间延展及受地质构造影响状况。

解释原则：在 E8104 工作面下顺槽地震探测数据体中，总体上划分出以下几个边界与构造线：①$L_0$ 线，为煤层与顶底板岩层的交界线，该线以小区域煤层基本尖灭或零星存在局部煤体。②$L_1$ 线，为煤层厚度较小且产状不稳定、煤层厚度主要分布在 1m 以下的边界线。③$L_2$ 线，为煤层产状与厚度相对较稳定，煤层厚度分布在 2m 及以上的边界线。④$F_1$ 与 $F_2$ 线，表示地质构造异常。

# 11.3　某矿 81006 工作面底板综合探测分析

## 11.3.1　地质概况

探测矿区地层区划属于华北地层区鲁西地层分区，地层沉积稳定，岩层厚度、岩性变化、地层接触关系等均与鲁西地层分区基本一致。地层自上而下分别为新生界的第四系、古近系–新近系；古生界的二叠系、石炭系、奥陶系、寒武系；太古宇泰山群。肥城矿区的煤系地层为华北型石炭–二叠系含煤地层，包括二叠系山西组、石炭系太原群组，含煤地层总厚度为 250～275m，含煤 18 层，其中可采煤层 10 层（12 个分层）。煤系地层上部被第四系覆盖，煤系基底为奥陶纪、寒武纪石灰岩，为全隐蔽式有限煤层。

## 11.3.2    探测方案及过程

根据项目的目的任务以及项目区地形和地质特征，并参照以往在本地区底板富水异常区探测和其他地区底板富水异常区探测的工作经验，本次工作选择地震勘探配合瞬变电磁法进行了底板富水异常区探测技术方法研究。

在 81006 工作面上顺槽（81006 轨中巷）、下顺槽（81006 运中巷）及切眼布设测线，地震勘探以及瞬变电磁法都以 5m 间距布设测点，采集时工作面内无生产装备运行，环境噪声较小，共采集有效三分量地震数据 202 个地震记录，瞬变电磁物理点 552 个。电磁法勘探受环境条件影响，井下影响最大的是供电系统。本次数据采集过程中，工作面内无施工，无电器设备运行，因此受供电系统影响不大。为保证数据采集质量，数据采集时每次都进行了 2 次以上的重复采集。

## 11.3.3    资料处理与可视化

1）地震数据处理及可视化

对矿井地震数据进行抽道、预处理和数字信号处理，按照设计的观测系统进行叠加、反褶积与偏移等数据处理，得地震探测波形与相干振幅剖面，如图 11-28 所示。

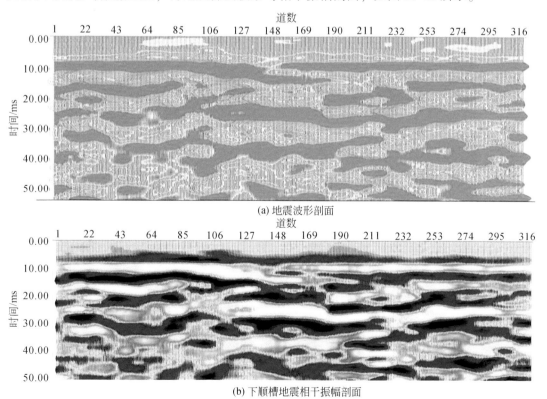

(a) 地震波形剖面

(b) 下顺槽地震相干振幅剖面

图 11-28    81006 工作面地震成果剖面

为了充分利用 81006 工作面上下顺槽探测数据信息，并对探测区震波异常情况进行更好更直观的解析，采用矿井地球物理可视化软件，对 81006 工作面探测最终成果进行了三维可视化处理，其三维立体全视图以及部分切片、组合切片的成果如图 11-29 所示。

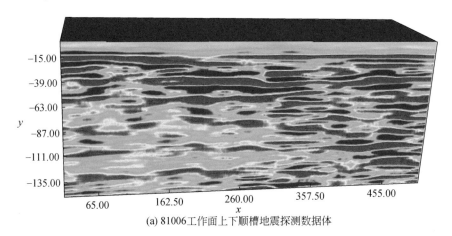

(a) 81006工作面上下顺槽地震探测数据体

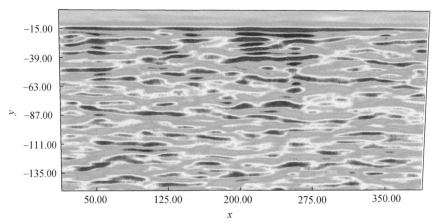

(b) 81006工作面上下顺槽地震探测数据体中上部切片示例

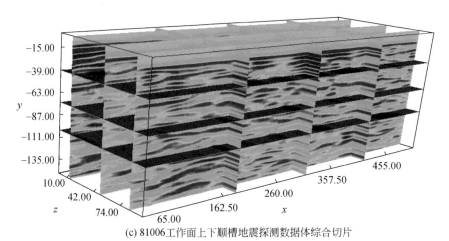

(c) 81006工作面上下顺槽地震探测数据体综合切片

图 11-29　81006 工作面地震探测数据体切片

从探测成果图和三维可视化的数据体各切片（图11-29）中可以看出，81006工作面底板下伏徐家庄石灰岩（简称徐灰）与奥灰层面反射波组清晰，徐灰与奥灰岩层分布基本稳定，在走向与倾向上层位基本连续，但部分区域有裂隙或岩溶发育，局部也有层内小构造，8煤底板（巷道底板）至徐灰、奥灰之间存在一些薄层反射，可能是9煤和底板砂泥岩层、薄层灰岩造成的。

2）瞬变电磁数据处理及可视化

在81006工作面布置多角度瞬变电磁测线，测点间距5m，按照探测设计进行瞬变电磁数据采集，采集的数据室内回放到计算机工作站利用专用软件进行处理分析。瞬变电磁法探测数据处理成果为视电阻率断面图（图11-30），资料解释是建立在资料处理后的视电阻率断面图的基础上。

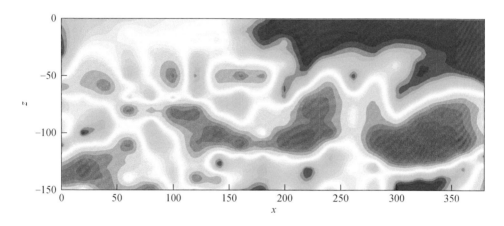

图11-30  单测线瞬变电磁垂向探测视电阻率断面图

为综合利用81006工作面上下顺槽探测数据，将上下顺槽不同方向探测数据进行可视化处理，形成空间数据体并且进行了对应煤层深度的组合切片。因为81006工作面徐灰赋存深度为−38～−48m，奥灰深度约为−76m，所以在数据体的−40m、−47m和−76m左右进行了切片，以便对徐灰和奥灰的富水程度进行评价。可视化成果如图11-31所示。

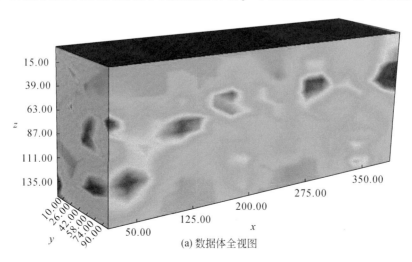

(a) 数据体全视图

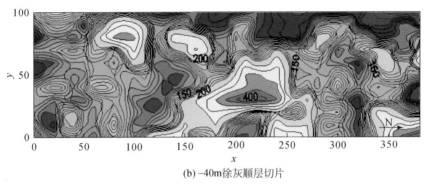

(b) −40m 徐灰顺层切片

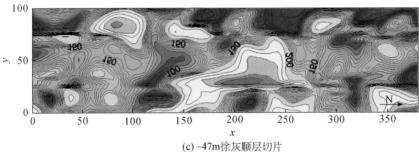

(c) −47m 徐灰顺层切片

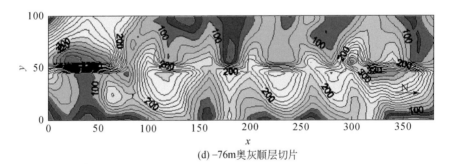

(d) −76m 奥灰顺层切片

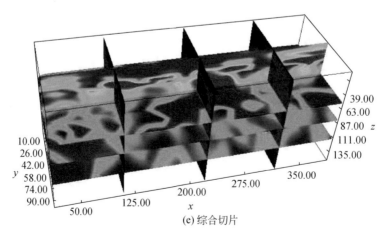

(e) 综合切片

图 11-31　81006 工作面瞬变电磁数据体切片

81006 工作面徐灰赋存深度为 38 ~ 48m，在数据体 40m 左右切片，得如图 11-31（b）、（c）所示的水平切面图，从图上可看出：本层位上在南端以及西侧存在 2 个区域的低阻带，其阻值基本低于 50Ω·m，初步确定为强富水区。在本层东侧中段，以及西侧局部位置电阻率较高基本大于 100Ω·m，为正常岩石阻值，判定为非富水区；其他地段判定为弱富水区。

81006 工作面奥灰顶深度约为-76m，在数据体-76m 左右切片，得如图 11-31（d）所示的水平切面图，探测数据体深度-76m（奥灰）水平切面，切片所属层位应在奥灰顶部，可以看出：本层位上在东西两侧存在数个小区域的低阻带，其阻值相对较低，分布零星，电阻率值多在 100Ω·m 以下，初步判定这些区域为弱富水区，其他区域电阻率较高，确认为非富水区。

在用井下联合物探手段对富水区范围进行初步的圈定之后，矿方根据勘探成果进行了有针对性的探放老空水工作，探放水对比结果显示：涌水量较大钻孔位置基本与断面低阻异常区相对应，而且异常区部位的钻孔涌水量明显大于其他钻孔，从而验证了井下联合物探勘查裂隙富水性的有效性。

## 11.4　谢桥矿地面-井巷联合地震勘探确定岩溶陷落柱分布

华北石炭-二叠系煤田，其基底为寒武系、奥陶系巨厚的灰岩分布，在有利的古岩溶地下水动力条件下，极易形成巨大的岩溶洞穴。巨厚灰岩中形成的巨大的岩溶空洞一旦洞顶陷落，且波及上覆石炭-二叠系煤系地层，便形成煤田中的"陷落柱"。破坏煤岩体的存在，是煤矿采掘活动中基底奥灰水突水的直泄通道。不同煤田因所处的地质构造单元不同，古岩溶地下水动力条件差异，其岩溶发育程度和规模展布各异，且无一定的规律。这就为陷落柱的探查、预测带来极大的难度。

煤田陷落柱的存在，直接威胁煤矿的安全，陷落突水淹井，在矿井水害上屡见不鲜，成为严重危害煤矿生产的重大地质灾害因素。及早发现陷落柱的存在并圈定其分布范围，采取相应的防范对策，不仅能够避免水害保证煤矿安全生产，而且对煤矿采掘布置、经济效益的提高，也具有极其重要的决定性的意义。以往常规的勘探和矿井地质工作中，对于陷落柱的确定，只能依靠钻探、井巷工程揭露，难以超前预测，故而形成煤矿生产中的一项极大的地质灾害隐患。

淮南煤田 50 多年来在勘探与煤炭开采过程中，至今从未遇到过岩溶陷落柱，2005 年在谢桥矿施工的 5 个钻孔所揭露的奥灰层全厚平均不足 100m，且淮南区奥灰层的岩性以白云岩及白云质灰岩为主，与典型的华北型煤系地层下覆的奥灰层岩性相比，其可溶性较差，所以广大地质工作者一直以来认为"淮南不存在岩溶陷落柱"。1996 年 3 月 4 日，距淮南煤田仅 70km 左右的皖北矿务局的任楼煤矿发生了陷落柱特大突水，高峰期突水量达 34570m³/h，造成全矿井淹没。由此说明在淮河以北隐伏煤田的地质历史上曾经具备适宜"陷落柱"发生、发展的特定地质、水文地质条件，自从任楼矿发生陷落柱突水以后，引起了淮南煤田区对陷落柱水害的重视，"淮南究竟有无陷落柱"，成为广大学者和煤田地质工作者所关注的问题。

淮南煤田谢桥煤矿东二采区北部三维地震勘探资料显示出两个异常带，表现为较大的

"断层"或"向斜"现象,异常性质难以确定,为此在异常区布设验证钻孔,并依据验证孔资料对三维资料进行进一步处理解释,初步确定为陷落柱,依据三维勘探成果进行井巷设计,井下进一步开展近距离高分辨率地震探测,来准确确定其空间分布,采取注浆封堵工程措施,确保矿井安全高效生产。

# 11.4.1　地面三维地震勘探

## 1）三维数据处理解释

为了解采区构造分布状况,指导采区设计,在谢桥煤矿东二采区进行了三维地震勘探,三维地震资料解释中发现在工区的北部存在两个地质异常体,异常体总体显示为煤岩层在三维空间内不均匀凹陷,其真实构造性质难以确定。三维地震地质异常体的解释范围见表 11-4。

表 11-4　异常体解释范围

| 横坐标 (x) | 纵坐标 (y) | 纵侧线 (Line) | 横侧线 (CDP) |
|---|---|---|---|
| 444601.24 | 629233.30 | 40 | 454 |
| 444841.86 | 630038.09 | 40 | 622 |
| 446949.67 | 629407.88 | 480 | 622 |
| 446709.06 | 628603.09 | 480 | 454 |

## 2）钻孔验证与层位标定

为验证三维地震资料显示的地质异常体的真实性及其性质,在地质异常体及其附近区域打了 4 个验证孔,并进行数字测井,其中有三个孔用来验证Ⅰ号异常体：Buil5 孔位于异常体中部,Buil6 孔位于异常体北侧,Yan2 孔位于异常体东侧。验证孔揭露各主要煤层的分布状况见表 11-5,钻孔揭露各煤层底板深度变化大,其中 Buil5 孔煤层底板深度明显增大。

表 11-5　验证孔主要煤层分布

| 层位 | Buil5 | | | Buil6 | | | Yan2 | | |
|---|---|---|---|---|---|---|---|---|---|
| | 底板深度/m | 煤层厚度/m | 层间距/m | 底板深度/m | 煤层厚度/m | 层间距/m | 底板深度/m | 煤层厚度/m | 层间距/m |
| 11-2 煤 | 472.23 | 1.50 | | 418.78 | 0.25 | | — | — | — |
| 8 煤 | 568.95 | 2.70 | 96.72 | 501.12 | 2.85 | 83.34 | 537.80 | 2.70 | |
| 6 煤 | 615.20 | 4.40 | 46.25 | 550.40 | 3.02 | 49.28 | 589.10 | 2.80 | 51.30 |
| 4 煤 | 641.90 | 2.60 | 26.70 | 574.30 | 1.64 | 24.10 | 616.50 | 1.15 | 27.40 |
| 1 煤 | 736.30 | 4.15 | 94.40 | 671.90 | 0.79 | 97.60 | 694.10 | 0.95 | 72.45 |
| 终孔 | 776.80 | | | 704.60 | | | 733.86 | | |

为更加准确地弄清地质异常体内层位的变化情况,利用验证孔及其测井曲线,通过人工合成记录标定出地质异常体内的主要煤层层位。图 11-32 即为 Buil5 孔人工合成记录,主要可采煤层 11-2 煤、8 煤、6 煤、4 煤与 1 煤在合成记录上均有较好的反映。

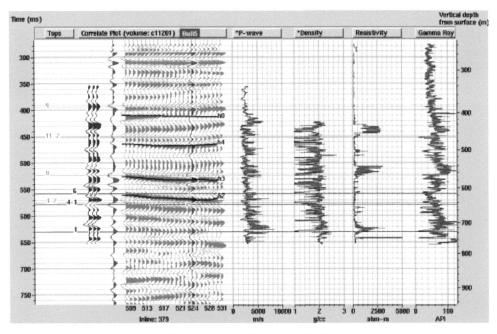

图 11-32　Buil5 孔人工合成记录

3）属性切–剖面

在偏移数据体和相干数据体上进行振幅属性提取，获得沿层振幅和相干振幅切片，图 11-33 为 8 煤层的沿层振幅和相干振幅切片，在两种振幅切片中可以清晰地看到地质异常体在平面上的分布形态。

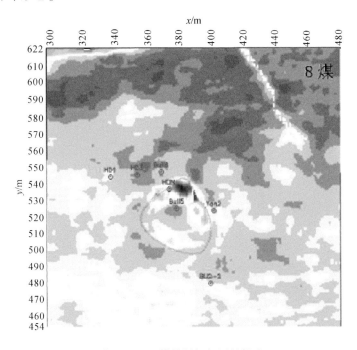

图 11-33　8 煤沿层振幅属性提取

地质异常体在时间剖面上表现为同相轴的弯曲、中断、缺失等特征［图 11-34（a）］，在瞬时相位剖面上表现为相位的明显变化［图 11-34（b）］。地震剖面显示Ⅰ号异常体为上小下大的圆锥状。异常体内的 11-2 煤、8 煤和 6 煤向下塌陷，但未发生明显断裂。

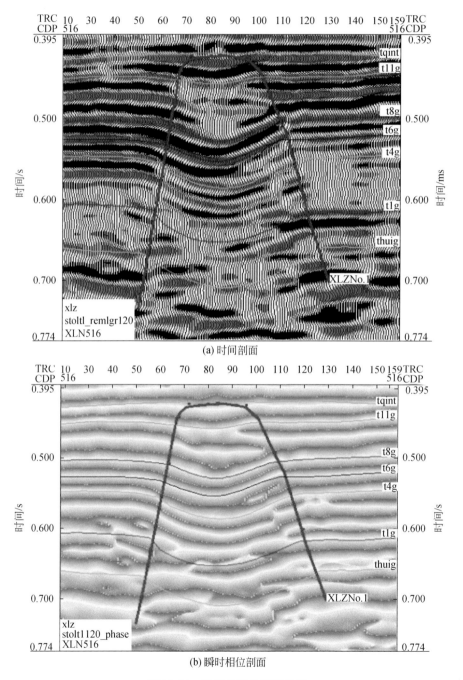

(a) 时间剖面

(b) 瞬时相位剖面

图 11-34　隐伏构造体剖面显示

处理解释结果表明，Ⅰ号地质异常体具有陷落柱的特征，可初步将其构造性质确定为岩溶陷落柱。

## 11.4.2　井下巷道三分量地震探测

地面三维地震初步探查、圈定了陷落柱的发育状况，但由于陷落柱是重大的致灾地质隐患，必须准确确定其空间分布，采取有效措施加以消除，才能矿井确保安全高效生产，因此，依据地面三维勘探资料进行井田设计后，需进一步开展井下探测，获得井下近距离高精度探测数据指导陷落柱加固工程设计。

1）探测布置

地面探测圈定的陷落柱位于新东二 B 组采区 8 煤一阶段 13118 工作面运输顺槽南侧，在 13118 工作面东翼下顺槽底板和南侧帮各布设一条测线（图 11-35）。测线为以 Y105 号测点为中心的长约 300m 段，在巷道南下角打 1～1.5m 斜孔作为激发孔，激发药量 30g，接收检波器打 0.5m 浅孔加长尾锥耦合，一次激发，双测线接收，每测线布设 12 个三分量检波器，偏移距 20m，道间距 4m，炮间距 2m，满覆盖次数为 6 次。

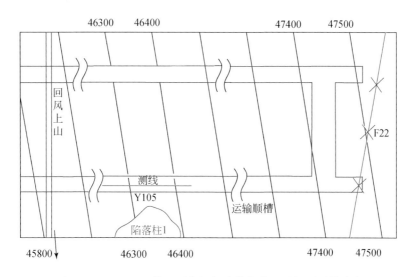

图 11-35　13118 工作面西段疑似陷落柱位置及探测测线分布

2）资料处理与解释

对采集数据进行抽道、静动较正、叠加及偏移处理，得探测成果剖面图（图 11-36）。

图 11-36（a）为叠加 P 波时间剖面，图 11-36（b）为相干振幅剖面。底板下伏 7 煤、6 煤、4 煤、1 煤和 1 灰的同向轴分布较稳定，仍呈连续的层状，没有大的起伏或断裂，但在测线中部 60～112 道区段下伏煤岩层结构受侧向陷落柱的影响而使其完整性遭到破坏，煤层及其顶底板岩层均有挤压破碎现象，局部出现微褶曲或小断裂。说明 13118 工作面下顺槽 8 煤底板向下岩层层位尚稳定，没有发生明显陷落，但受到南侧陷落柱体的影响。

图 11-37 是巷道侧帮探测地震剖面，其中图 11-37（a）为叠加地震剖面，图 11-37（b）为其对应的能谱图，剖面显示在 40～125 道区段前方存在两个散乱反射段，反射波分布和

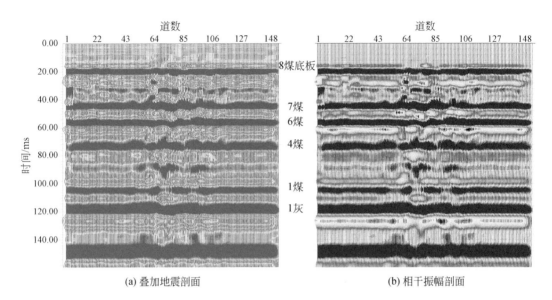

(a) 叠加地震剖面　　　　　　　　　　(b) 相干振幅剖面

图 11-36　巷道底板地震剖面

测线的交角较大，且往前方深处出现不规则或局部逆转，带宽窄也呈变化状态，基本上呈现出一个半圈闭的异常体形态，可以认为前方岩性不均匀，有层位交错或岩性渐变或岩石破碎带，从而形成物性变异的带状界面，界面本身连续性较差，甚至局部破碎形成断续渐变面，在这些界面上因其物性变异较大而会产生能量强弱波动的反射波，根据探测结果确定前方为一近圆形圈闭的陷落柱，陷落柱北边界距 13118 工作面东翼下顺槽最近距离约 17m。之后，矿方布置 5 个钻孔探测验证了该探测结果的正确性，并对陷落柱进行了注浆工程处理，保证了此工作面的安全回采。

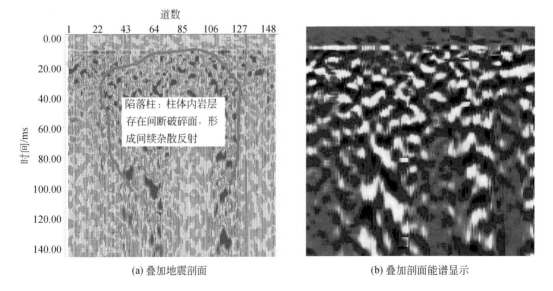

(a) 叠加地震剖面　　　　　　　　　　(b) 叠加剖面能谱显示

图 11-37　巷道侧帮地震剖面

3）工程检验

地面–井巷联合地震勘探成果表明Ⅰ号陷落柱紧邻13118工作面下顺槽，为防止在采动条件下陷落裂隙薄弱带发生透水，综合研究拟定对以陷落柱为中点，两侧各100m范围内下顺槽巷道南下帮进行注浆加固，增加采动条件下岩体的抗压强度。实际施工中以Ⅰ号陷落柱中心100m为重点段，两侧分别以85m和65m为非重点段进行了打钻注浆，重点段布置15列3排孔，第一排（上排）向下倾角为11°，钻孔深度为25.5m。第二排向下倾角为21°，钻孔深度为26.8m。第三排（下排）向下倾角为30°，钻孔深度为28.9m。Y90点以西85m以及重点加固段以西65m为非重点加固段，85m非重点加固段布置6列两排注浆钻孔，65m非重点加固段布置5列两排注浆孔，上排孔倾角为11°，孔深15.3m。下排孔倾角为27°，孔深16.8m。注浆孔布置如图11-38所示。

图11-38　13118工作面下顺槽过Ⅰ号陷落柱注浆加固段钻孔布置图

在钻进施工中过煤8~13m孔深位置（陷落柱边界），先后有大小不等的喷孔现象发生，一般发生在全煤段钻进时，煤从钻孔断断续续地涌出，钻液混合气体成分从钻孔周围煤层（松动圈）内涌出。瓦斯含量相对较大，施工过程中发生喷孔现象的钻孔如图11-38中的实心孔所示。

发生喷孔的深度位于8~13m之间，其中重点加固段，即陷落柱较近段喷孔现象较易发生。当钻进到煤层顶底板岩体后，没有发生喷孔现象，但在钻进过程中有多孔明显感觉有裂隙存在；在注浆时，所有钻孔都有跑浆的现象，从煤壁顶底板多处跑浆，第一次注浆未达到设计压力就跑浆卸压，经反复多次注浆，最终压力上来后，水泥注入量却不理想，说明煤层虽受构造影响，但裂隙联通性却不好，加固注浆区域无大的裂缝或陷落空间。

综合钻探注浆施工情况，下顺槽南侧加固段由东向西前110m左右，钻孔揭露深度范围内，煤层倾角变化不大，8煤层受陷落柱的影响不大，煤层产状较为正常；在110~170m，钻孔所揭露范围内，煤层受到陷落柱的影响，有下倾的趋势，且由陷落柱边部至中部煤层底板下倾程度逐渐增加；在170~190m，煤层倾角又急剧地变缓，之后又由缓变陡；在205~250m，煤层底板的倾角又由陡过渡到缓，此段可能受陷落柱的影响程度较小。在114~135m，施工过程中明显有裂隙存在的感觉，其深度在17~20m之间（图11-39），说明此段及附近已为陷落柱影响围岩的变形区，也是陷落柱伴生裂隙发育的地段。

注浆钻孔施工探明下顺槽南侧Ⅰ号陷落柱总体状况为：①在钻进施工中过煤8~13m孔深位置，有大小不等的喷孔现象；②南帮在全煤段钻进时，瓦斯含量总体来说较高；③距探测陷落柱较近段喷孔现象较易发生，重点加固段喷孔率最高；④施工中有些钻孔能明显感觉到有裂隙的存在，且主要为重点加固段，有裂隙感的钻探深度一般在17~20m；⑤见岩深度与水泥用量及注浆压力的综合分析结果，都说明重点加固段较非重点段岩体受到陷落柱的影响程度较高。以上结果证明了地震综合勘探结果的正确性。

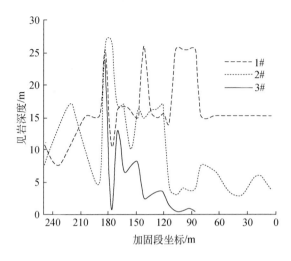

图 11-39　见岩深度

# 参 考 文 献

陈民振.2006.中国煤炭物探研究.北京：地质出版社.

陈仲候，王兴泰，杜世汉.1993.工程与环境物探教程.北京：地质出版社.

程壮.2017.矿井反射波超前探测数值模拟与逆时偏移成像.北京：中国矿业大学（北京）.

戴世鑫.2012.基于物理模型的煤田地震属性响应特征的关键技术研究.北京：中国矿业大学（北京）.

戴世鑫，朱国维，张鹏，等．2011.深部煤系地质条件地震物理与数值模型研究.中国矿业，（8）：115-118.

戴世鑫，朱国维，张鹏，等.2012.地震模型干扰波去除技术的研究与应用.煤矿开采，17（1）：21-25.

邓玉琼，戴霆范，郭宗汾.1990.弹性波叠前有限元反时偏移.石油物探，29（3）：22-34.

狄帮让.2006.裂隙与砂体地震物理模型研究.北京：中国矿业大学（北京）.

董敏煜.2002.多波多分量地震勘探.北京：石油工业出版社.

董守华.2004.地震资料煤层横向预测与评价方法.徐州：中国矿业大学出版社.

冯晓君.2012.矿井物探技术应用现状与发展前景.科技创新导报，（13）：47-59.

高峰，魏建新，狄帮让，等.2018.地层衰减定量模拟的地震物理模拟方法.地球物理学报，61（12）：5019-5033.

郭珍.2016.大柳塔矿区裂隙煤样弹性参数分析及 AVO 响应特性研究.北京：中国矿业大学（北京）.

韩军，张宏伟.2009.淮南矿区地应力场特征.煤田地质与勘探，37（1）：17-21.

韩堂惠.2008.矿井工作面地质条件地震勘探技术研究.北京：中国矿业大学（北京）.

韩堂惠，戴世鑫，李小华，等.2011.淮南煤系地层地震物理模型研究.煤炭学报，36（4）：588-592.

何兵寿，张会星.2006.多分量波场的矢量法叠前深度偏移技术.石油地球物理勘探，41（4）：369-374，492，355.

何振起，李海，梁颜忠.2000.利用地震反射法进行隧道施工地质超前预报.铁道工程学报，4：81-85.

贺志云.2008.矿井多分量地震勘探数据处理系统的设计与应用.北京：中国矿业大学（北京）.

李军锋.2012.高精度有限差分波场正演模拟方法研究及应用.成都：成都理工大学.

李宁，李质虎.2018.矿井物探技术应用现状与发展展望分析.世界有色金属，（22）：252-254.

李术才，刘斌，孙怀风，等.2014.隧道施工超前地质预报研究现状及发展趋势.岩石力学与工程学报，33（6）：1091-1113.

李小华.2009.淮南煤系地层地震物理模型研究.北京：中国矿业大学（北京）.

李宇志，费海涛，孙国栋.2006.浅谈高精度地震勘探检波器选型及仪器采集参数的确定.石油仪器，2：48-50.

李忠，刘秀峰，黄成麟.2003.提高 TSP-202 超前预报系统探测距离的技术措施的研究.岩石力学与工程学报，22（3）：472.

刘盛东，张平松.2008.地下工程震波探测技术.徐州：中国矿业大学出版社.

刘盛东，刘静，岳建华.2014.中国矿井物探技术发展现状和关键问题.煤炭学报，39（1）：19-25.

刘天放，潘冬明，李德春，等.1994.槽波地震勘探.徐州：中国矿业大学出版社.

鲁光银，熊瑛，朱自强.2011.隧道反射波超前探测有限差分正演模拟与偏移处理.中南大学学报（自然科学版），1：136-141.

陆基孟，王永刚，等．2009．地震勘探原理．青岛：中国石油大学出版社．

孟召平，郭彦省，王赟，等．2006a．基于地震属性的煤层厚度预测模型及其应用．地球物理学报，49（2）：512-517．

孟召平，李明生，陆鹏庆，等．2006b．深部温度、压力条件及其对砂岩岩石力学性质的影响．岩石力学与工程学报，25（6）：1177-1181．

孟召平，张吉昌，Joachim T．2006c．煤系岩石物理力学参数与声波速度之间的关系．地球物理学报，49（5）：1505-1510．

孟召平，程浪洪，雷志勇．2007．淮南矿区地应力条件及其对煤层顶底板稳定性的影响．煤田地质与勘探，35（1）：21-25．

牟永光．1984．有限单元法弹性波偏移．地球物理学报，27（3）：268-278．

牟永光．2003．三维复杂介质地震物理模拟．北京：中国石油工业出版社．

牟永光，陈小宏，李国发，等．2007．地震数据处理方法．北京：石油工业出版社．

彭苏萍，王世瑞，勾精为．2002．淮南煤田东2孔VSP测井及其应用．煤炭学报，27（6）：576-580．

彭苏萍，高云峰，彭晓波．2004．淮南煤田含煤地层岩石物性参数研究．煤炭学报，29（4）：177-181．

石建新，王延光，毕丽飞，等．2006．多分量地震资料处理解释技术研究．地球物理学进展，21（2）：505-511．

宋韦剑．2009．基于矿井多分量地震勘探数据处理系统的功能模块开发．北京：中国矿业大学（北京）．

唐华风，王璞珺，姜传金，等．2007．松辽盆地白垩系营城组隐伏火山机构物理模型和地震识别．地球物理学进展，22（2）：530-536．

万雪林．2011．矿井物探数据三维可视化及其应用．北京：中国矿业大学（北京）．

王怀秀．2004．分布式多波地震仪的研制．北京：中国矿业大学（北京）．

王怀秀，朱国维．2008．24位高性能、4/8通道同步采样模数转换器ADS1274/1278及其应用．国外电子元器件，5：53-56．

王怀秀，朱国维．2009．ADS1274及在新型数字三分量检波器中的应用研究．计算机技术与应用进展，2：1061-1065．

王怀秀，王汝琳，朱国维．2003a．用RS-485构成分布式地震数据采集系统．北京工业职业技术学院学报，2（4）：17-20．

王怀秀，朱国维，彭苏萍．2003b．微型检波一体化三分量地震仪及其应用．煤田地质与勘探，3：45-48．

王怀秀，刘红梅，朱国维．2008．新型本安分布式矿井三分量地震仪的研制．电子测量与仪器学报，15：347-352．

王开燕，徐清彦，张桂芳，等．2013．地震属性分析技术综述．地球物理学进展，28（2）：815-823．

王玲玲，魏建新，黄平．2017．裂缝储层地震物理模拟研究．地球物理学进展，228（3）：210-227．

王齐仁．2007．隧道地质灾害超前探测方法研究．长沙：中南大学．

魏建新，狄帮让．2005．多波多分量波场的地球物理模型观测．石油物探，44（6）：539-544．

魏建新，牟永光，狄帮让．2002．三维地震物理模型的研究．石油地球物理勘探，37（6）：556-562．

熊煜，李录明，罗省贤．2006．各向异性介质弹性波场正演及偏移．成都理工大学学报（自然科学版），33（3）：310-316．

薛东川，王尚旭．2008．波动方程有限元叠前逆时偏移．石油地球物理勘探，43（1）：17-21，7，6，130．

杨子龙，雷鸣．2017．地震仪器的现状及发展趋势．物探装备，27（4）：211-217．

张丙和，崔樵，裴云广．2005．新型三分量数字检波器DSU3．石油仪器，19（4）：39．

张平松，刘盛东．2006．断层构造在矿井工作面震波CT反演中的特征显现．煤炭学报，31（1）：35-39．

张慎河 . 2004. 采动岩体声波速度特征实验研究 . 北京：中国矿业大学（北京）.

张慎河，彭苏萍，刘玉香 . 2006. 含煤地层裂隙岩石声波速度特征试验研究 . 山东科技大学学报（自然科学版），（1）：28-31.

钟世航 . 1995. 陆地声纳法的原理及其在铁路地质勘测和隧道施工中的应用 . 中国铁道科学，16（4）：48-55.

周俊杰，杜振川 . 2018. 资源与工程地球物理勘探（第2版）. 北京：化学工业出版社 .

朱国维 . 2003. 三分量地震数据采集系统的研究与开发 . 北京：中国矿业大学（北京）.

朱国维，王怀秀 . 2009. 本安便携式矿井地震记录仪 . ZL200610165382. 9.

朱国维，邸兵叶，马文波，等 . 2008a. 深部矿井工作面地质条件及其地球物理勘探技术 . 煤炭工程，3：66-68.

朱国维，丁雯，武彩霞 . 2008b. 华北煤田底板矿井水分布及突水机理浅析 . 中国煤炭，34（2）：9-11.

朱国维，宋韦剑，王富强 . 2008c. 淮南潘三矿地质构造及煤与瓦斯突出特征 . 中国煤炭，34（7）：78-81.

朱国维，王怀秀，韩堂惠，等 . 2008d. 地面-井下联合地震勘探确定岩溶陷落柱分布 . 煤炭科学技术，36（5）：83-86.

朱国维，王怀秀，李小华，等 . 2008e. 地层条件下煤层顶底板声波速度与反射特征 . 煤炭学报，33（12）：1391-1396.

邹冠贵 . 2009. 孔隙介质地震波传播及衰减特征评价研究 . 北京：中国矿业大学（北京）.

Alistair R B. 1996. Seismic attributes and their classification. The Leading Edge, 15（10）：1090.

Balch A H, Chang H, Hofland G S, et al. 1991. Use of forward-and back-scattered P-, S-and converted waves in cross-borehole imaging. Geophysical Prospecting, 39（7）：887-913.

Baysal E, Kosloff D D, Sherwood J W C. 1983. Reverse time migration. Geophysics, 48：1514-1524.

Bohlen T, Lorang U, Rabbel W, et al. 2007. Rayleigh-to-shear wave conversion at the tunnel face from 3D-FD modeling to ahead-of-drill exploration. Geophysics, 72：67-79.

Cerveny V, Molotkov I A, Psencik I. 1977. Ray Method in Seismology. Prague：University Karlova.

Chang W F, Mc Mechan G A. 1986. Reverse-time migration of offset vertical seismic profiling data using the excitation-time imaging condition. Geophysics, 51（1）：67-84.

Chapman, M. 2003. The effect of fluid saturation in an anisotropic, multi-scale equant porosity model. Journal of Applied Geophysics, 54：191-202.

Dai S X, Zhu G W, Zhang P. 2011. Analyse application and development of seismic physical modeling for coal measure strata. The 2nd IEEE International Conference On Emergency Management and Management Sciences：5-9.

Dong, Zhengxin, Mc Mechan G A. 1993. 3-D prestack migration in anisotropic media. Geophysics, 58（1）：79-90.

Essen K, Bohlen T, Friederich W. 2007. Modelling of rayleigh-type seam waves in disturbed coal seams and around a coal mine roadway. Geophysical Journal International, 170（2）：511-526.

Hu L Z, Mc Mechan G A. 1988. Acoustic pre-stack migration of cross-hole data. Geophysics, 53（8）：1015-1023.

Inazaki T, Isahai H, Kawamura S, et al. 1999. Stepwise application of horizontal seismic profiling for tunnel prediction ahead of the face. The Leading Edge, 18：1429 -1431.

Krollpfeifer D. 2008. Detection and resolution of thin layers：a model seismic study. Geophysical Prospecting, （36）：244-264.

Levin S. A. 1984. Principles of reverse time migration. Geophysics, 49: 581-583.

Li R X. 1994. Data structures and application issues in 3D geographic information systems. GEOMATICA, 48 (3): 209-224.

Loewenthal D, Mufti L R. 1983. Reverse migration in the spatial frequency domain. Geophysics, 48: 627-635.

Loewenthal D, Hu L Z. 1991. Two methods for computing the imaging condition for common- shot prestack migration. Geophysics, 56 (3): 378-381.

Luth S, Giese R, Otto P, et al. 2008. Seismic investigation of the Piora Basin using S- wave conversions at the tunnel face of the Piora adit (Gotthard Base Tunnel). International Journal of Rock Mechanics and Mining Sciences, 45: 86-93.

Mc Mechan G A. 1983. Migration by extrapolation of time- dependent boundary values. Geophysical Prospecting, 31: 413-420.

Mougenot D. 2004. How digital sensors compare to geophones. Expanded Abstracts CPS/SEG, International Geophysical conference.

Neil D M, Haramy K Y, Hanson D H, et al. 1999. Tomography to evaluate site conditions during tunneling: 3rd National Conference of the Geo- Institute, American Society of Civil Engineers. Geotechnical Special Publication, 89: 13-17.

Polettol F, Petroniol L. 2006. Seismic interferometers with a TBM source of transmitted and reflected waves. Geophysics, 71 (4): 85-93.

Qin F H, Luo Y, Olsen K B, et al. 1992. Finite- difference solution of the eikonal equation along expanding wavefronts. Geophysics, 57 (3): 478-487.

Raiaskaran S, Mc Mechan G A. 1995. Prestack processing of land data with complex topography. Geophysics, 60 (6): 1875-1886.

Roche S, Constance P, Bryans B. 1999. Simultaneous acquisition of 3- D surface seismic and 3- C, 3- D VSP data. 69th Annual Internat. SEG Technical Program Expanded Abstracts, 18 (1): 2061.

Schneider WA, Kurt A, Ranzinger A, et al. 1992. A dynamic programming approach to first arrival traveltime computation in media with arbitrarily distributed velocities. Geophysics, 57 (1): 39-50.

Sun R, Mc Mechan G A. 1986. Prestack reverse-time migration for elastic waves with application to synthetic offset vertical seismic profiles. Proceedings of IEEE, 74 (6): 457-465.

Trier J V, Symes W W. 1991. Upwind finite difference calculation of traveltime. Geophysics, 56 (6): 812821.

Tsvankin I. 2012. Body-wave radiation patterns and AVO in transversely isotropic media. Geophysics, 60 (5): 1409-1425.

Vidale J. 1988. Finite difference calculation of travel times. Bulletin of Seismic- logical Society of America, 78 (6): 2062-2076.

Zhu G W, Wang H X. 2009. Research of intrinsic safe distributed 3- component seismic data acquisition system and its application. Proceedings of 9th International Conference on Electronic Measurement & Instruments, 4: 413-416.

Zhu J, Lines L R. 1998. Comparison of Kirchhoff and reverse-time migration methods with applications to prestack depth imaging of complex structures. Geophysics, 63 (4): 1166-1176.

Zhu Z H, Mc Mechan G A. 1988. Acoustic modeling and migration of stacked cross- hole data. Geophysics, 53 (8): 492-500.